焊接作业与配套电器设备

于文强　金铁钢　田　波　主　编

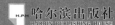
哈尔滨出版社
HARBIN PUBLISHING HOUSE

图书在版编目（CIP）数据

焊接作业与配套电器设备 / 于文强, 金铁钢, 田波
主编. — 哈尔滨 : 哈尔滨出版社, 2022.9
ISBN 978-7-5484-6745-8

Ⅰ.①焊… Ⅱ.①于… ②金… ③田… Ⅲ.①焊接工
艺②焊接设备 Ⅳ.①TG44②TG43

中国版本图书馆CIP数据核字(2022)第172575号

书　　名：**焊接作业与配套电器设备**
HANJIE ZUOYE YU PEITAO DIANQI SHEBEI

作　　者：于文强　金铁钢　田　波　主　编
责任编辑：韩伟锋
装帧设计：百悦兰亭

出版发行：哈尔滨出版社（Harbin Publishing House）
社　　址：哈尔滨市香坊区泰山路82-9号　　邮编：150090
经　　销：全国新华书店
印　　刷：廊坊市海涛印刷有限公司
网　　址：www.hrbcbs.com
E-mail：hrbcbs@yeah.net
编辑版权热线：（0451）87900271　87900272

开　　本：787mm×1092mm　　1/16　印张：23.25　　字数：367千字
版　　次：2023年1月第1版
印　　次：2023年1月第1次印刷
书　　号：ISBN 978-7-5484-6745-8
定　　价：90.00元

凡购本社图书发现印装错误，请与本社印制部联系调换。

服务热线：（0451）87900279

编委会

主编：

于文强　金铁钢　田　波

副主编：

牛连山　宋明利　王　东　高伟生　张金平　刘　牧　邵洪波　李　阳　李方全

简　单　郭连京　周怀杰　武国峰　李忠波　李洪海　李龙飞　汤海东　王振平

王　喜　陈　强　何江涛　王召军　谭喜来　高继红　孙洪业　国成立　武国辉

臧立欢　赵　辉　扈振财　林士军　刘永庆　缴殿龙　钱玮民　赵　辉　张仕经

都宏海　高　畅　于洪波　时　军　赵　沫　段云阳　吕俊峰

参编人员：（按姓氏笔画排列）

于文刚　马玺宇　王　帅　王建才　王建民　王建伟　王桂明　王景海　尹纪利

田忠旭　冉俊义　冯志勇　左成玉　毕永庆　乔立彬　刘　智　汲红波　许邵俊

许　斌　孙继福　杜　亮　李少奎　李名武　余志刚　汪　明　张家宇　陈　雷

邵庆军　金　迪　金　磊　郑　永　赵　健　郝　杰　姜　威　姜大为　姜　涛

姜学田　祖宝华　姚　健　聂鑫磊　黄建龙　董俊军　裴运涛

审核人员：

孟昭兴　王红庆　杜　鸿　王　军　徐庆海　苗　磊　谢　忠

目 录
CONTENTS

第一章　焊接工程…………………………………………… 1

　　第一节　结构焊接基础 ………………………………… 1

　　第二节　焊接修复 …………………………………… 20

　　第三节　焊接质量管理 ……………………………… 62

第二章　焊条电弧焊工艺………………………………… 76

　　第一节　焊接接头的形式与加工工艺 ………………… 76

　　第二节　焊条电弧焊工艺过程与运条方法、焊丝摆动 ………… 79

　　第三节　焊接工艺参数及选择 ………………………… 81

　　第四节　各种位置的焊接方法 ………………………… 85

第三章　焊接质量的工艺保障………………………… 120

　　第一节　坡口形式和尺寸的选择 …………………… 120

　　第二节　焊接结构的装配 …………………………… 128

　　第三节　焊接工艺评定 ……………………………… 151

　　第四节　焊接工艺规程的编制 ……………………… 177

　　第五节　焊件清理 …………………………………… 181

　　第六节　焊件的预热及其焊后热处理 ……………… 183

第四章　焊接缺陷及对策………………………………… 189

　　第一节　焊接结构的断裂事故 ……………………… 189

　　第二节　焊接缺陷的分类及危害 …………………… 192

　　第三节　焊接缺陷的形成机理、影响因素及消除对策 ………… 195

第四节　焊接缺陷检测及容限 ……………………………… 208

第五节　焊接缺陷的排除与修复 …………………………… 211

第六节　焊接断口分析 ……………………………………… 216

第五章　配套电气设备相关知识 …………………………… 236

第一节　基础知识 …………………………………………… 236

第二节　电气设备相关知识问答 …………………………… 245

第三节　电气设备安全问答 ………………………………… 257

第四节　配套电气设备故障分析及处理 …………………… 267

第六章　焊接生产管理中的问题与现场实例 ……………… 291

第一节　质量管理中几个基本概念的区别 ………………… 291

第二节　焊接质量保证和工艺评定 ………………………… 298

第三节　质量体系建立和运行中的问题 …………………… 328

第四节　现场实例 …………………………………………… 347

参考文献 ……………………………………………………… 361

第一章 焊接工程

第一节 结构焊接基础

一、焊接应力和变形

结构焊后一般都存在着不同程度的应力和变形。按照应力和变形存在的时间可分为两种情况：一种是当焊接时受到不均匀加热而产生的内应力和变形，是暂时存在于结构中的。另一种是当这种应力达到材料的屈服极限使局部区域产生塑性变形，并且等结构完全冷却后就会产生新的内应力和变形，它们是温度冷却后残存于结构中的，称残余应力和残余变形。通常所说的焊接应力与变形就是指这种残存的焊接应力和变形。

焊接变形不仅影响结构的尺寸精确性和外形美观，还可能因降低结构的承载能力而引起事故。

焊接应力是焊接裂纹产生的主要原因之一，并在一定条件下影响结构的承载能力，尤其对低温和动载荷下工作的结构是不利的，对焊后要进行机械加工的构件，还将影响其加工精度和尺寸稳定性。

（一）焊接应力和变形产生的原因

在焊接过程中，由于焊接热源的特点（热量集中且不断运动），工件中温度的分布是不均匀的，且在焊接过程中还要发生变化。通常焊缝及其邻近区域的母材温度要比未受焊接热影响的母材高出很多。因此加热时焊缝及近缝区金属受周围同"冷"金属制约而不能自由膨胀，必然会产生不可恢复的压缩塑性变形。高温时产生压缩塑性变形的焊缝及近缝区金属在冷却到常温后，它们的长度必然要缩短，这时金属已处于弹性状态，因此这样不仅引起金属构件的变形，而且产生了内应力。由此可知，焊接时局部不均匀的加热和冷却是焊接应力和变形产生的根本原因。

（二）焊接残余变形的形式

常见的焊接残余变形如图1-1所示。

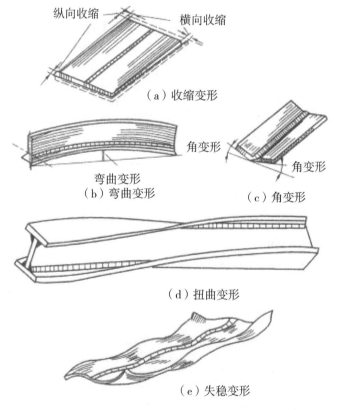

图1-1 常见的焊接残余变形

1.收缩变形

分纵向收缩及横向收缩两种。

纵向收缩取决于构件的长度、截面和压缩塑性变形。压缩塑性变形与焊接线能量、焊接方法、焊接顺序及材料的热物理性能有关，其中线能量是主要的工艺因素。

同截面的焊缝可一次焊成，也可分几层焊，多层焊每次所用的线能量比单层焊时小得多，又由于各层所产生的塑性变形区面积是相互重叠的，所以多层焊的纵向收缩比单层焊小。

提高焊件初始温度，相当于加大线能量，使焊接塑性变形区扩大，焊后的纵向收缩也增大。但当预热温度过高也可能出现相反的结果。因为随着预热温度的提高，塑性变形区虽增大，同时由于较高预热温度缩小了构件在焊接时的温差，温度趋于均匀化，塑性区的压缩应变反而减小，使纵向收缩减小。间断焊的纵向收缩比连续焊小。

横向收缩取决于焊接线能量、坡口形式、焊缝截面积、金属的热膨胀系数及焊接工艺等因素。对接接头的坡口角度和间隙越大，焊缝截面积也越大，所需的焊接线能量越大，横向收缩也越大。

多层多道对接接头的横向收缩主要取决于最初几层焊缝。这是由于随着层数增加，工件的刚性增加，每层焊道所引起的横向收缩减小。

2. 弯曲变形

弯曲变形可由纵向收缩和横向收缩引起。纵向焊缝偏离构件中性轴不仅引起纵向收缩，还引起构件弯曲。横向焊缝在构件上分布不对称，其横向收缩也将引起弯曲变形。

3. 角变形

焊后构件的平面围绕焊缝产生的角位移即为角变形。

角变形发生的根本原因是横向收缩在厚度方向上的不均匀分布，焊缝正面的变形大，背面的变形小，因此造成构件平面的偏转。

对接接头的角变形随坡口角度增大而增大。焊接层数和道数越多，角变形就越大。

T形接头的角变形取决于角焊缝的焊角尺寸和板厚。

4. 扭曲变形

扭曲变形与角焊缝所造成的角变形沿焊接方向逐渐增大的影响有关，另外装配质量不好、构件搁置不当、焊接顺序和焊接方向不合理，都可能引起扭曲变形。

5. 失稳变形

失稳变形主要出现在薄板结构中，当焊缝纵向缩短时对薄板两侧造成的压应力达到或超过某一临界值时薄板便会丧失稳定而产生失稳变形。有些角变形在外观上也会引起类似的失稳变形，但它与失稳变形的本质不同。实际生产中常是两种变形的综合。

（三）控制焊接残余变形的措施

1. 设计措施

（1）选用合理的焊缝尺寸和形状。在保证结构有足够承载能力的前提下，应尽量采用小的焊缝尺寸。

（2）尽可能减少焊缝的数量。

（3）合理安排焊缝位置。焊缝对称于构件的中性轴，或使焊缝接近中性轴，可减少弯曲变形。

2. 工艺措施

（1）反变形法：这是生产中最常用的一种方法。即为了抵消焊接变形，焊前估计好结构变形的大小和方向，然后装配时将工件向相反的方向进行人为的变形，使结构焊后保持设计要求。

（2）刚性固定法：这种方法是在没有反变形的情况下采用强制手段来限制焊接变形。刚性固定法不能完全消除变形，因为焊接过程中所产生的弹性变形在夹具拆除后必然要表现出来。采用刚性固定法，对防止角变形和失稳变形的效果较好，而对防止弯曲变形的效果远不如反变形法。

（3）选择合理的装焊顺序：同样的结构采用不同的装焊顺序，焊后残余变形也不同。把结构适当的分成零部件，分别装配焊接，然后再拼焊成整体。使不对称的焊缝或收缩量较大的焊缝能比较自由地收缩而不影响整体结构，这有利于控制复杂的大型焊接结构的变形。

（4）选用合理的焊接方法和规范：选用线能量集中的焊接方法，如二氧化碳气体保护焊来代替气焊和焊条电弧焊，可有效地减小薄板结构的变形及提高生产率。

焊缝不对称的构件，可通过选用适当的焊接工艺参数，在没有反变形或夹具的条件下，控制弯曲变形。

3. 矫正变形的方法

（1）机械矫正法：利用外力使物件产生与焊接变形方向相反的塑性变形，使二者互相抵消。锤击焊缝使之延展也能达到消除焊接变形的目的。

（2）火焰矫正法：它是利用火焰局部加热时产生压缩塑性变形，使较长的金属在冷却后收缩，来达到矫正变形的目的。

（四）焊接应力的种类

根据结构中焊接应力在空间作用的方向可分为线应力、面应力和体应力。

（1）线应力：应力在构件中只沿一个方向发生，如薄板对接和表面堆焊时存在的应力是单向的，也称单向应力。构件在应力方向（x）上的伸长可由另两个方向（y，z）的收缩来补偿，材料在线应力作用下的塑性变形能力较好。

（2）面应力：应力作用于构件中同一平面的不同方向。构件在应力方向（x，y）的伸长只能由 z 向来补偿，因此材料在面应力作用下的塑性变形能力较小，一般在厚度小于 15~20mm 的构件中存在的应力基本上是面应力。

（3）体应力：在厚板中或三个方向焊缝的交叉处，应力是沿空间三个方向发生的，也称三向应力。当构件受三向等轴拉伸应力时，切应力为零，即材料没有任何塑性变形的能力。一旦应力超过材料的 σ_b 时就会发生脆性破坏。因此结构在体应力作用下，会使材料性能发生严重恶化。

严格地说，结构中的应力总是三向的，但当一个方向或两个方向的应力很小时，内应力可近似看成是面应力或线应力。

另外，根据焊接应力形成的原因，可分为温度应力、凝缩应力和组织应力。

（1）温度应力：温度应力是焊接应力的主要形式，是由于焊接过程中局部不均匀的加热而造成的。

（2）凝缩应力：熔池金属自液态向固态转变时，体积收缩受阻所引起的应力称凝缩应力。

（3）组织应力：固态金属发生相变时，比容突变引起的体积变化受阻时所产生的应力称组织应力或相变应力。

（五）残余应力的影响

1. 对静载强度的影响

由于塑性材料在外力作用下可以通过塑性变形而使内应力均匀化，因而残余应力的存在不影响塑性材料的静载承受能力。但对于脆性材料，由于不能通过塑性变形使应力均匀化，因而使承载能力降低。

2. 对疲劳强度的影响

内应力的存在使交变载荷的应力循环发生偏移，这种偏移只改变其平均值，不改变其幅值。结构的疲劳强度与应力循环的特征有关。当应力循环的平均值增加时，其极限幅值就降低，反之则提高。因此，如应力集中处存在着拉伸内应力，疲劳强度将降低。

3. 对刚度的影响

如果构件中存在着与外力方向一致的内应力，且内应力的数值又达到 σ_s，则在外力作用下刚度将降低，同时卸载后构件也不能恢复原来的尺寸。

构件经过第一次加载和卸载后内应力将下降，如再加载，只要载荷不超过第一次，应力之和也就不大于 U，外载也不影响内应力的分布。整个加载过程只在弹性范围内进行。在卸载后也没有新的残余变形。

4. 对受压杆件稳定性的影响

焊接内应力在构件中是平衡的，构件截面上的压缩内应力将与外载所引起的压应力叠加，使压应力到达 U，该区应力不再增加，导致该区丧失进一步承受外力的能力，相当于削弱构件的有效面积。另一方面，拉应力区中的拉应力与外载引起的压应力方向相反，使此区截面积的应力到达 U。因此该区还能继续承受外力。

5. 对机械加工精度的影响

如果工件中存在内应力，则在机械加工切去一部分材料的同时，把原先在那里的内应力也一起去掉，从而破坏了原工件中内应力的平衡，使工件产生变形，加工精度也就受到了影响。

6.对应力腐蚀开裂的影响

金属材料在某些特定介质和拉应力共同作用下所发生的延迟裂纹现象称应力腐蚀裂纹或应力腐蚀开裂。应力腐蚀开裂所需的时间与应力大小有关。拉应力越大，应力腐蚀开裂的时间越短。

（六）减小焊接残余应力的措施

在焊接过程中应采取一定的工艺措施来降低焊接残余应力的峰值，以免在大面积内产生较大的拉应力，使内应力的分布更为合理。

1.采用合理的焊接顺序和方向

（1）焊接平面上的焊缝时，要保证焊缝的纵向及横向（特别是横向）收缩较自由，不能受到较大的拘束。

（2）收缩量大的焊缝应当先焊，因先焊的焊缝收缩时受阻较小，故应力较小。图1-2中带盖板的双工字钢构件，应先焊盖板的对接焊缝1，后焊盖板和工字钢之间的角焊缝2。

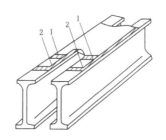

图1-2 按收缩量大小确定焊接顺序

（3）当焊接受力较大的焊缝时，如图1-3所示，在工地焊接梁的接头时，应预先留出一段翼缘角焊缝，先焊受力最大的翼缘对接缝1，然后焊腹板对接缝2，最后再焊翼缘角焊缝3。这样的焊接顺序使受力较大的翼缘焊缝预先承受压应力，而腹板则为拉应力。翼缘角缝最后焊，是为了使腹板有一定的收缩余地。焊接翼缘对接缝时可同时采取反变形措施，防止角变形。如此焊成的梁，疲劳强度比先焊腹板后焊翼板的高30%。

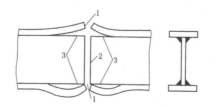

图1-3 按受力大小确定焊接顺序

（4）拼板时应先焊错开的短缝，再焊直通的长缝（图1-4），以免短缝的横向收缩受阻而产生很大的拉应力。

（5）对接平面上带有交叉焊缝时，必须保证交叉点部位不产生缺陷。如果在接近纵缝的横缝处有缺陷，则此缺陷正好位于纵缝的拉伸应力场中（图1-5），会造成复杂的应力状态，因此该处往往是脆断的根源。

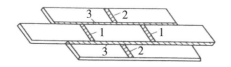

图1-4 按焊缝布置确定焊接顺序

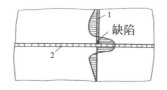

图1-5 交叉焊缝

交叉焊缝的焊接顺序如图1-6所示，横向收缩比较自由，以免在焊缝的交叉点部位产生裂纹。焊缝的起弧及收尾处应避开交叉点。如果避不开，则焊接相交的另一条缝时，应事先铲掉原来的起弧或收尾处。大型油罐和船舶建造等大面积拼焊时必须注意这一点。

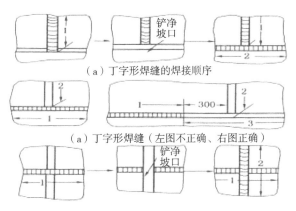

（a）丁字形焊缝的焊接顺序

（a）丁字形焊缝（左图不正确、右图正确）

图 1-6 交叉焊缝的焊接顺序

2. 利用反变形增加焊缝的自由度

焊接封闭缝或刚度较大的焊缝，例如将容器上已有的孔用钢板堵焊死，由于此环缝的纵向和横向均不能自由收缩，因此会产生很大的焊接应力，特别在焊第一、二层焊缝时很容易引起裂纹。可把补板边缘压成一定的凹鼓形（图 1-7）。焊后由于焊缝的收缩，凹板被拉平，并起到减小焊接应力的作用。

3. 开缓和槽

厚件的刚度大，焊接时容易产生裂纹。在不影响结构强度的前提下，可在焊缝附近开缓和槽，以减小结构的局部刚度，尽量使焊缝有自由收缩的可能性。图 1-8 所示的圆形封头需补焊一塞块，由于是封闭缝且钢板较厚，焊后易裂。在靠近焊缝的地方开槽，以减小该处的刚度，以避免产生裂纹。图 1-9（a）是一圆棒焊到厚板上，采用图中（b）或（c）所示的措施可减小刚度避免裂纹。

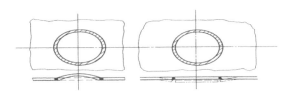

图 1-7 补板的堵焊

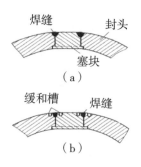

图 1-8 锅炉封头补焊

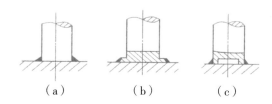

图 1-9 减小圆棒端部刚度

4. 采用"冷焊"方法

"冷焊"即使整体结构的温度分布尽可能均匀,以达到结构温差小而减小焊接应力的目的。

(1)尽量用小线能量(细焊条、小电流)焊接、多层多道焊、分段退焊、控制层间温度及用能量密度高的热源进行快速不摆动焊接等措施,减小加热区范围和焊缝收缩量。

(2)每次只焊很短一段缝,如补焊铸铁件时每次只焊 10~20mm。对刚度很大的工件如锅炉封头(图 1-8)补焊,每次焊半根至一根焊条,待温度降到不烫手时再继续焊接。同时锤击焊缝可更有效地减小焊接应力。

(3)整体或局部预热,其目的是缩小焊接区与结构整体的温差,达到减小焊接应力的目的。焊接冷裂倾向大的材料如中、高碳钢,合金结构钢,铸铁及焊补刚性较大的构件时常用此法。预热温度取决于结构材料、刚度与散热条件等因素。当构件很大或很长时,可在焊缝两侧 40~70mm 的区域内局部预热。加热方法有气焊火焰、喷灯、电感应、红外线、烘烤等。

5. 锤击或碾压焊缝

如前所述,锤击或碾压焊缝,可使焊缝得到延伸而降低焊接应力。禁止锤击第一层和最后一层焊缝，应认真选用锤击用的工具。锤击力应保护均匀、适度，既有足够的打击力量，又不致造成过大的加工硬化或锤击过分而产生裂纹。

6. 加热"减应区"法

选择结构的适当部位进行加热，如图 1-10 所示的框架断口的焊接，先使加热区的伸长带动焊接部位产生一个与焊缝收缩方向相反的变形，然后再焊接或焊补原来刚性很大的断口处，冷却时焊缝和加热区同步收缩，则可大大减小焊接应力。所选择的加热部位称为"减应区"。与整体预热法相比，它减小了焊接区和工件上阻碍焊缝自由收缩部位之间的温差，使加热成本大大降低。

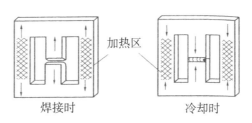

图 1-10　框架断口的焊接

利用这种方法可以焊接一些刚性比较大的焊缝，从而降低焊接应力。例如图 1-11（a）所示的大皮带轮或齿轮的某一轮辐需要焊修，为了减小内应力，则在需焊修的轮辐两侧轮缘上进行加热，使轮辐向外变形。图 1-11（b）所示的焊缝在轮缘上，则应在焊缝两侧的轮辐上进行加热，使轮缘焊缝产生反变形，然后进行焊接，都可取得良好的降低焊接应力的效果。

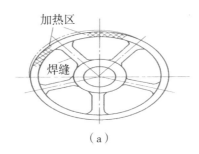

（a）

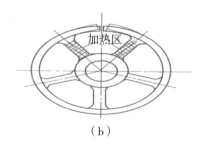

（b）

图 1-11 轮辐、轮缘断口焊接

7. 正确设计焊接结构，注意尽量减小焊接应力，防止脆断倾向

（1）尽量减小结构或焊接接头部位的应力集中。避免在截面剧烈过渡区设置焊缝，以免焊接应力和构件的应力集中区重叠后增大应力峰值。例如不同厚度的对接接头，要避免断面厚薄相差大而造成的刚性差别和受热差别，应采用圆滑过渡的等厚连接（图 1-12）。其中（b）的形式最好，因应力集中程度最小，而（c）的形式中虽然厚件削薄，但焊缝部位仍有相当大的应力集中。

（2）避免结构上有尖角过渡的接头 [图 1-13（a）]，而应采用平滑过渡的接头 [图 1-13（b）]。

（3）设计中应尽量采用应力集中系数小的对接接头，而避免采用应力集中系数大的搭接接头（图 1-14）。

（4）焊缝彼此要尽量分散，以免造成应力叠加。焊缝之间的最小距离应如图 1-15 所示。

（5）焊缝应尽量布置在结构中应力最简单、最小的地方，这样即使焊缝有些缺陷也不致对结构承载能力带来很大影响。由于焊缝横向抗拉强度较差，故在结构拉伸应力大的地方不要布置焊缝，如图 1-16 所示工字形截面吊车梁，最大应力在梁中间，故在中间没有翼板和腹板的拼接焊缝。下翼板是受拉的，故它的拼接缝是采用斜接的，使焊缝的横向受拉避开了梁的最大拉伸力的方向。

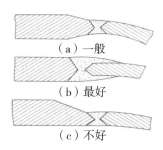

（a）一般

（b）最好

（c）不好

图 1-12　不同厚度的对接接头设计方案

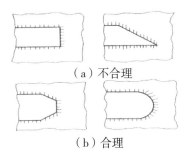

（a）不合理

（b）合理

图 1-13　尖角过渡和平滑过渡的接头

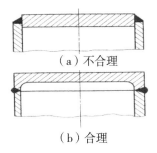

（a）不合理

（b）合理

图 1-14　封头的设计

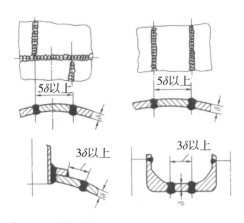

图 1-15 焊接容器中焊缝之间的最小距离

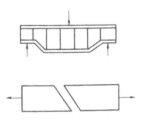

图 1-16 避开锋芒的设计

（6）在满足结构的使用条件下，应尽量减小结构的刚度，以便降低应力集中和附加应力的影响。例如在压力容器中，经常要在容器的器壁上开孔，焊接接管。为避免焊接部位的刚度过大，可开缓和槽（图 1-17）。

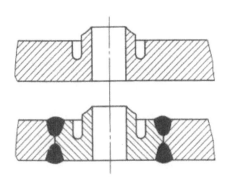

图 1-17 容器开缓和槽

（7）不要采用过分厚的截面，因为厚度增大，会提高钢的脆性转变温度，降低其断裂韧性值，反而容易引起脆断。

（七）消除焊接残余应力的方法

大多数情况下，焊接残余应力的存在对结构质量影响不大。只有在一定条件下才表现出不利影响。如对常用的低碳钢及低合金结构钢来说，只有当工作温度低于某一临界值及存在严重缺陷的情况下，才可能降低其静载强度。当焊接残余应力对结构的工作性能有严重影响时，应在焊后进行消除应力处理。

1. 在下列情况下要求消除焊接应力

（1）大型容器对各种钢材都有一个必须消除应力的壁厚界限（表1-1）。特别在低温下运输、安装或使用时更应考虑焊接应力的不利影响。

表1-1　常用钢材必须消除应力的厚度及回火温度

钢号	必须消除应力的厚度 /mm	回火温度 /℃
Q235/20、20g、22g	≥ 35	600~650
25g、16Mn、15MnV	≥ 30	600~650
14MnMoV、18MnMoNb	≥ 20	600~680

（2）焊后要求机械加工的构件，应先做消除应力处理，再进行机械加工，否则加工后会破坏内应力的平衡，引起结构变形或尺寸不稳定。

（3）可能产生应力腐蚀开裂的结构要进行消除应力处理。

（4）屈服强度大于490MPa的低合金结构钢，焊后要求及时消除应力处理，以免产生延迟裂纹，且可改善接头的力学性能。

2. 消除焊接残余应力的方法

（1）整体高温回火（又称去应力退火）：焊后将整体结构缓慢加热到Ac以下20~30℃（对低碳钢为600~650℃）；保温一段时间（按每毫米厚度保温4~5min计算，但不得少于1h），以保温时的蠕变来产生消除应力所需的塑性变形；最后在空气中冷却或随炉冷却。

消除应力的效果取决于加热的温度、钢材成分和组织、应力状态及保温时间。对同一种钢材，回火温度越高及保温时间越长，应力消除得越彻底。热强性好的材料消除应力所需的回火温度比热强性差的材料高。一些重要结构如锅炉、化工容器等都有专门的规程确定回火温度。常用钢材消除应力的回火温度参见表1-1。

较小结构的消除应力处理可在加热炉内进行。为避免结构自重可能引起的变形，放入炉内时应支垫好。大型结构如厚壁高压容器、球罐、原子能发电站设备的压力外壳等按规定应整体进炉热处理，若分段进炉热处理，重叠部分一般不小于1500mm，且炉外部分要保温以防温差太大而影响钢材的组织和性能。当无条件在炉内进行热处理时，可在容器外壁覆盖绝缘层、容器内部用电阻或火焰等方法加热，进行消除应力处理。

整体高温回火消除应力的效果最好，可消除80%~90%的焊接应力，但成本较高。

（2）局部高温回火：将焊缝周围局部区域进行加热。它的效果不如整体处理，只能降低应力峰值并使应力分布较平缓，且有改善接头力学性能的作用。处理的对象只限于结构很长且比较简单的接头，如管接头环缝、局部返修也可进行局部高温回火。可采用电阻、红外线、火焰和感应（工频和400~8000Hz的中频）等加热方法；壁厚＞40mm的构件可采用工频感应加热。

（3）机械拉伸法：将已焊完的整体结构进行加载拉伸，使接头的拉应力区在外载作用下产生与焊接时的压缩塑性变形方向相反的拉伸塑性变形。由于焊接残余应力是局部压缩塑性变形引起的，因此加载应力越高，压缩塑性变形抵消得越多，内应力也就消除得越彻底。加载的拉伸应力达 σ_s 时，经过加载、卸载能达到部分消除焊接应力的目的。当外载使构件截面全面屈服时，则可消除全部内应力。这种方法又称过载法或整体结构加载法。

机械拉伸法对焊接容器特别有意义，可通过水压试验来加载。但注意水温应高于容器材料的脆性转变温度，以免加载时发生脆断。这类事故在国内外都曾发生过。

对应力腐蚀敏感的材料，要慎重选择液压试验的介质。

（4）温差拉伸法（又称低温去应力）：其原理与过载法相同，是利用局部加热造成的温差来拉伸焊缝区，以抵消焊接时所产生的压缩塑性变形。如图1-18所示，在焊缝两侧各用一定宽度的氧－乙炔焰炬加热，焰炬后一定距离设有排水管喷水冷却。焰距和喷水管以相同速度向前移动，这样就形成一个两侧温度较高（约200℃）而焊缝区温度较低（约1000℃）的温度场。两侧金属的热膨胀造成对焊缝的拉伸塑性变形，可取得较好的消除应力效果。

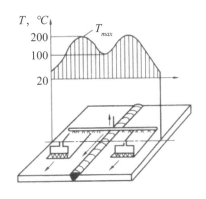

图 1-18 温差拉伸法

这种方法适用于焊缝较规则且厚度不太大的板壳结构，如容器、船舶等。

对塑性材料来说，这是一种低成本的消除应力方法。

焰炬宽度为 100mm 时，每个焰炬乙炔消耗量为 17m³/h，耗水量为 5~6L/min，焰炬与喷水管距离为 130mm。此规范适用于 $\sigma_b \leqslant 490MPa$ 的低碳钢。

对大多数材料来说，低温消除应力处理不能改善焊缝和 HAZ（焊接热影响区）的性能，因此不能用这种方法代替焊后热处理来改善接头的力学性能。

必须指出，为保证焊接结构不发生低应力脆断，消除应力仅仅是手段之一。还应注意合理选材、改进焊接工艺、加强焊接质量检验、避免产生严重缺陷等方面的措施。

二、焊接结构设计原则

（一）焊接结构的特点

1. 焊接结构的优点

焊接结构与铆接、螺栓连接的结构及铸造、锻造方法制造的结构相比较，其主要优点是：

（1）焊接接头的强度高：现代的焊接技术已经能做到焊接接头的强度等于甚至高于母材的强度，而铆接或螺栓结构的接头，因须预先在母材上钻孔，因而削弱了接头的工作截面，其接头的强度比母材大约低 20%。

（2）焊接结构设计的灵活性大：焊接结构设计的灵活性表现在结构的几何形状、外形尺寸和壁厚不受限制，可以和其他工艺方法联合，如设计成铸→焊、锻→焊、栓→焊、冲压→焊接等联合的金属结构，异种金属也可以组合成一个焊接结构。

（3）焊接接头的密封性好。

（4）焊前准备工作简单，制作方便，尤其适用于大型、重型、结构简单而且是单件生产的产品结构制造。

（5）成品率高，焊接缺陷修复容易。

2. 焊接结构的缺点

（1）产生焊接变形和应力。

（2）对应力集中敏感。

（3）焊接接头的性能不均匀。

（二）焊接结构设计的基本要求

对所设计的焊接结构应满足下列基本要求：

（1）实用性：结构必须达到产品所要求的使用功能和预期效果。

（2）可靠性：结构在使用期内必须安全可靠。因此，结构受力必须合理，能满足强度、刚度、稳定、抗震、耐蚀等方面的要求。

（3）工艺性：应该是能够进行焊接施工的结构，其中包括焊前预加工、焊后处理、所选金属的焊接性、结构的焊接与检验的可达性等。

（4）经济性：制造结构时，所消耗的原材料、能源和工时应最少，其综合成本低。

（三）焊接结构设计的基本原则

为了使所设计的焊接结构能达到上述基本要求，设计人员应遵循的基本原则是：

1. 合理选择和利用材料

（1）所选用的金属材料必须能同时满足使用性能和加工性能的要求。使用性能包括强度、塑性、韧性、耐磨、抗腐蚀、抗蠕变等。加工性能主要是保证材料的焊接性，其次是考虑其他冷、热加工的性能。

（2）有特殊性能要求部位，可采用特种金属，其余采用能满足一般要求的廉价金属。

（3）尽可能用轧制的标准型材和异形型材。

（4）力求提高材料的利用率。

2. 合理设计结构形式

（1）以最理想的受力状态去确定结构的几何尺寸和形状。焊接结构属于刚性连接的结构，尤其应注意结构的整体性。对于应力复杂或有应力集中部位要慎重处理，如结构的结点、断面变化部位、焊接接头的形状变化处等。

（2）尽量采用简单、平直的构造形式，减少短而不规则的焊缝。要有利于实现机械化和自动化焊接。

3. 减少焊接量

尽量选用轧制型材来减少焊缝，甚至可用冲压件、铸件来代替部分焊件。对于角焊缝，在保证强度要求的前提下，尽可能用最小的焊脚尺寸。对于对接焊缝，在保证焊透的前提下选用填充金属量最少的坡口形式。

4. 合理布置焊缝

有对称轴的焊接结构，焊缝宜对称布置或接近对称轴处，这样有利于控制焊接变形。要避免焊缝汇交和密集。在结构上使重要焊缝连续，次要焊缝中断，这样有利于重要焊缝实现自动焊。尽可能使焊缝避开高工作应力处，避开有应力集中部位和机械加工面，以及需变质处理的表面等。

5. 施工方便

必须使结构上每条焊缝都能方便地施焊和方便质量检查，焊缝周围要留有足够焊接和质量检查的操作空间。尽量使焊缝都能在工厂中焊接，减少工地焊接量。减少手工焊接量，扩大自动焊接量。双面对接焊时，操作较方便的一面用大坡口，施焊条件差的一面用小坡口。必要时改用单面焊双面成型的接头坡口形式和焊接工艺。

6. 有利于生产组织与管理

大型焊接结构采用部件组装的生产方式，以利于工厂的组织与管理。因此，设计大型焊接结构时，要进行分段。一般要综合考虑起重运输条件、焊接变形的控制、焊后处理、机械加工、质量检查和总装配等因素，力求合理划分。

第二节　焊接修复

一、铸铁冷焊补实例

（一）球墨铸铁泵壳裂纹的冷焊补

石油天然气总公司第四石油机械厂曾对水泥车泵壳裂纹进行焊补，并取得了较好的效果。泵壳的结构复杂，轮廓尺寸为 1470mm × 964mm × 717mm，裂纹发生在泵壳侧壁上，且为穿透性裂纹，还扩展到待加工面上，裂纹长度为 380mm 左右（图 1-19）。

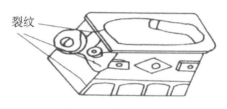

图 1-19　裂纹位置

1. 球墨铸铁泵壳补焊特点分析

泵壳材料为 QT50-5（牌号）球墨铸铁，由于球墨铸铁中有镁、钇、铈、钙等球化剂，焊接过程中大大增加接头的过冷倾向，镁、铈是强烈的反石墨化元素，以上元素能提高奥氏体的稳定性，使焊缝和熔合区更容易形成白口和淬硬组织，故焊接裂纹和白口化倾向更大。因此球墨铸铁比灰铸铁的焊接性更差。此外，补焊部位的厚薄不均（厚度在 16~26mm），结构刚度大，所以焊接应力大，也是导致焊接裂纹倾向大的原因之一。

2. 补焊工艺过程

根据泵壳结构特点和裂纹发生的部位，选用电弧冷焊法。

（1）焊前准备

①用磁粉探伤确定裂纹的起止点。

②在距裂纹两端 3~5mm 处钻 φ4mm 止裂孔，再用手电钻、扁铲等工具将整条裂纹开成 60°~70° 的 U 形坡口（见图 1-20）。

③焊前严格清理坡口及其两侧 30mm 范围内的油污、铁屑等，直至露出金属光泽。

④焊条选用 φ3.2mm 的 Z408 及 J507，采用直流反接电源。Z408 焊条进行 150℃ ×2h 烘干；J507 焊条 350℃ ×1h 烘干后放入保温筒随用随取。

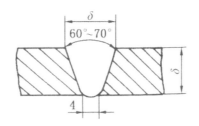

图 1-20 坡口形状与尺寸

（2）焊补裂纹工艺要点

①焊前用氧 - 乙炔焰沿坡口两侧 200mm 范围局部预热至 150℃，再在距坡口 10mm 处盖以石棉布，用来防止飞溅。

②采用加垫板焊补，即在焊缝背面点焊垫板（图 1-21），并在垫板上撒一层石墨粉，以保证背面成形良好及防止垫板与焊缝熔合，有利于焊后去除垫板。

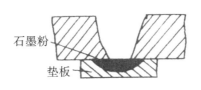

图 1-21 点焊垫板

③球墨铸铁的强度较高且有一定的伸长率，为使接头的金相组织、力学性能和切削加工性与母材匹配，对球墨铸铁的焊接工艺要求应更高。焊接顺序如图 1-22 所示，先用 φ3.2mmZ408 焊条打底，并沿坡口堆焊 3.0mm 厚的隔离层，电流为 90~110A。然后用 φ3.2mm 的 J507 焊条进行多层多道焊作为填充层。最后再用 Z408 焊条盖面层。这样的焊接方法既可保证焊缝的强度和切削

加工性，又能降低成本。

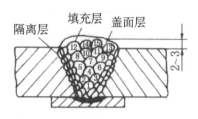

图 1-22 焊接顺序

Z408 为 Ni55、Fe45 的镍铁合金焊芯、石墨型药皮，铁的固溶强化作用使焊缝的强度较高；镍铁合金的膨胀系数较小，有利于降低焊接应力。操作时应严格掌握异质焊缝电弧冷焊的工艺要点。即采用短段焊、断续焊、分段退焊及直线运条；焊接电流应选下限，以减小母材熔化量；焊速应较快，弧长较短；且每段焊道长 30mm。焊后立即用带圆角的小锤快速锤击焊缝，使焊缝金属承受塑性变形，以降低焊接应力（一般可减少 50% 的内应力）。为避免焊补处局部温度过高而应力增大，应采用断续焊，即待前道焊缝冷却至预热温度时再焊下一道缝。必要时还可采取分散焊，即不连续在一固定部位焊，以免焊补处局部温度过高，防止裂纹的产生。隔离层焊道应排列紧密，相邻焊道应有 1/3 左右的重叠。焊完隔离层后用石棉布覆盖缓冷至不烫手（50~60℃）后，清除焊渣，并用 20 倍放大镜检查焊层质量，不允许有裂纹、夹渣、未熔透等缺陷。

填充焊道的第一层用短弧、小电流（90~110A）、焊条不摆动的快速焊，且应与隔离层熔合良好，焊层厚度小于 3.0mm。以后各层的电流可稍大，焊条不横摆，但可作直线往复运条，以使焊道自身回火和促使半熔合区的石墨化，同时也避免铁水冷却过快。各层焊道均采用分段退焊，每段长度小于 50mm，每层厚度 3.0~4.0mm，焊后立即锤击，待焊道冷却至不烫手时再焊下一道。注意起弧和收弧位置应错开，收弧时应填满弧坑。

盖面焊时，焊条直径为 $\phi 3.2mm$，电流 100~120A，也是采用快速短弧，每段焊道长 60mm，焊道应稍高出母材表面 2.0~3.0mm。

泵壳裂纹用上述工艺焊补后，经 20 倍放大镜和磁粉检查，未发现裂纹、气孔、咬边等缺陷，机械加工后证明，半熔合区的白口层薄，呈断续分布，切削加工性好。

（二）介绍一种灰铁冷焊新材料及补焊工艺

猴王集团焊接材料研究所新研制成一种牌号为MK.Z208DF的铸铁冷焊焊条。该焊条采用碳钢芯（H08A），外涂石墨化元素和球化剂的药皮。当冷焊厚度大于灰铸件时，在适当的工艺措施下，可获得无白口、以铁素体为基体、石墨化为I级、硬度为HB230的焊缝组织。半熔化区可完全消除白口，有良好的切削加工性和抗裂性，焊缝金属与母材颜色一致。焊条工艺性能优良，焊缝抗球化衰退能力强，大电流焊接时无红尾现象。焊条价格比纯镍焊芯石墨型药皮的Z308焊条低20倍左右。

1. 焊条特征

（1）渣系

采用 $CaO-CaF_2$ 渣系，提高了熔渣的脱氧脱硫能力（氧和硫是铸铁组织中的白口化促进元素）。

（2）孕育剂和球化剂

为了防止白口产生，应使焊缝充分石墨化并提高基体中铁素体含量，可在药皮中加入Si-Ca（含Ca量为29%）孕育剂。另外还加入了适量的球化剂，使石墨形态由片状变为细小的圆球状，提高焊接接头的强度和塑韧性，这些对防止裂纹也是有利的。

（3）焊缝成分和组织

熔敷金属的化学成分与母材的化学成分近似，见表1-2。

表1-2 焊条熔敷金属的化学成分

%

C	Si	Mo	S	P
3.2~4.2	2.5~4.5	≤ 0.75	0.10	0.15

焊缝组织是以铁素体为基体，石墨化为I级的组织。

2. 焊接工艺

为了提高焊缝金属的抗裂性和增强焊缝组织的石墨化能力，除了从焊条配方着手来改善其冶金性能外，工艺因素的影响也是重要的。

对于同质焊缝的电弧冷焊来说，总的工艺原则是要有较大的缺陷体积，采用大电流、连续焊，焊后保温缓冷。焊前应进行清理缺陷杂质、开坡口、焊条烘干等正常工艺，此处主要考虑热输入量和开坡口的影响。

增大热输入即采用大电流有利于改善焊缝的组织和性能。表1-3和表1-4分别为焊接电流和电弧燃烧时间对焊缝组织与性能的影响。

表1-3　焊接电流对焊缝组织与性能的影响

焊接电流 / A	热输入量 / kJ	工艺性能	断口状况	金相组织
250	126	药皮熔化慢，套筒长，药皮稍脱落，飞溅大	灰白	P 约为 90%，几乎全为 Fe_3C
280	141.1	药皮熔化比较均匀	下部为黑色，上部为白色	熔合区无白口，下部 F 约为 40%~45%，上部几乎为 Fe_3C
320	161.3	药皮熔化好，渣流动性好	断口几乎全为灰黑色	F 为 60%~65%，球化级
350	176.4	药皮熔化好，渣流动性好	断口几乎全为灰黑色	F 为 70%~85%，球化1级
380	191.5	药皮熔化好，渣流动性好，无红尾	断口全为灰黑色	F 为 70%~85%，球化1级
400	201.6	药皮熔化好，渣流动性好，稍有红尾	断口全为灰黑色，且粗糙	F 为 70%~85%，球化2级

表1-4　电弧燃烧时间对焊缝组织与性能的影响

电弧燃烧时间 /s	热输入量 / kJ	断口情况	金相组织
10	58.8	焊完即有尖锐的脆裂声，焊缝完全断开	全为白口（Fe_3C）
20	117.6	有裂声，焊缝下部白口带宽约3~4mm，上部为灰黑色	下部为 Fe_3C，上部为石墨 +P（80%）+F（余）
35	205.8	无裂声，熔合区无白口，断口全为灰黑色，且有韧性撕裂棱	石墨球化1级，基体为70%~80% F
69	405.7	无裂声，熔合区无白口，断口全为灰黑色，且有韧性撕裂棱，为典型的高韧性球铁断口	石墨球化1级，F 在90% 以上

实践证明，当 $t_{700} \geq 25s$、$t_{815} \geq 30s$，可保证焊接接头无白口组织和良好的加工性能。

开坡口与否影响的熔深。当不开坡口时，母材的熔深大，母材熔入焊缝金属的成分多；反之，开坡口时，母材的熔深浅，母材熔入焊缝金属的成分少。因为母材为灰铁，石墨化元素多，球化元素少，反球化元素多。所以当熔深大时，对焊缝中的球化元素起到稀释作用，破坏了焊缝金属中球化—石墨化的平衡关系，使得焊缝中的石墨形态发生变化。表1-5是坡口对焊缝组织与性能的影响。

表1-5 坡口对焊缝组织与性能的影响

	断口状况	石墨形态	铁素体量		断口状况	石墨形态	铁素体量
开坡口	黑色，组织细腻	石墨球细小圆整，球化1级	约80%	不开坡口	深黑，组织粗大	石墨球数量少，不均匀，球化1级	约80%

（三）灰口铸铁 CO_2 冷焊

采用 $H08Mn_2Si$ 细丝 CO_2 保护焊焊补灰口铸铁，在我国汽车、拖拉机修理业中获得一定的应用。例如，四川省达州市铜江机械厂生产的硫棉机、汽车等产品上的铸件缺陷修复，最初用环氧树脂加铁粉粘补，易脱落且强度低；后来用价高的镍丝及Z308焊条补焊，焊后不热处理，但由于焊缝白口化而不能加工；最后采用 CO_2 冷焊焊补，达到了质量要求而避免产品报废。

1. 冷焊材料及工艺

（1）采用 $\phi0.8mmH08Mn_2SiA$ 焊丝，电源为交流或直流正接。

（2）焊前将缺陷处制成适当形状的坡口，如果补焊处有油污和杂质，可用碱水刷洗、汽油擦洗或用气焊火焰烘烤。

（3）细丝 CO_2 焊采用小电流（60~100A）、低电压（20~24V），是属于短路过渡焊接，有利于减少母材熔深，降低焊缝含碳量。由于热输入小，有利于降低焊接应力。CO_2 气体流量为15L/min。引弧时电流约为100A，当工件温度略升高后可采用90A左右的电流进行焊补，每焊40~50mm长度，立即用小锤锤击，冷至不烫手时再继续焊接。

焊速过快，焊缝冷却速度加快，焊缝的马氏体量增多而易出现裂纹；焊速过慢时，HAZ的半熔化区白口层显著增加，一般以15~20m/h为宜。

（4）为减小焊接应力，采用短段、断续分散焊，焊后用石棉网（或新鲜石灰）覆盖焊缝，保温缓冷12h。

（5）厚件多层焊时，焊接应力大，特别由于是采用碳钢焊缝，其收缩率大，屈服强度高于灰铁的抗拉强度，不易发生塑性变形而松弛应力，故半熔化区往往是发生剥离性裂纹的薄弱环节。多层焊时应合理安排焊接顺序，必要时采用栽丝焊，以防止剥离性裂纹的发生，并提高该区承受冲击负荷的能力。

2. 性能试验结果

采用上述工艺补焊的硫棉机锡林筒试件，24h 后进行机械加工（用 TG8 铸铁铣刀），由母材至焊缝一次铣削成功而不跳刀。

试件经铣、磨加工后，焊缝、HAZ 及母材上的硬度测试结果如表1-6，看出各部分硬度值均小于国家规定的硬度上限值 HB270，可顺利进行机械加工。

为进一步了解 CO_2 焊冷焊补灰铁的性能，在硫棉机锡林筒取下一块灰铁（HT200），制成中间带有 CO_2 焊焊缝的试件三个及用母材 HT200 制成同样的三个试件，在 D1Y – 10A 万能材料试验机上做抗拉强度试验，结果见表1-7，看出焊缝强度大于母材强度，且大于母材间抗剥离强度，因此焊层与母材的结合是牢固的。

表1-6　硬度测试结果（HB）

位置	焊缝		热影响区		母材	
	点1	点2	点1	点2	点1	点2
硬度值	214	216	220	222	197	195

表1-7　抗拉强度试验结果

试件种类	有焊缝			纯母材		
次数	1	2	3	1	2	3
$\sigma_b h$/MPa	3131	3097	3205	2259	2367	2308

对试件金相分析的结果是：堆焊层的金相组织为铁素体，含少量网状铁素体和很少的粒状珠光体，与 HT200 母材的组织基本一致。颜色也基本与母材相同。

（四）白口铸铁轧辊的焊补修复

白口铸铁由于耐磨性好、价格低廉，在工业中已获得广泛应用，特别是通过激冷措施形成的冷硬铸铁，其表层为硬而耐磨的白口铸铁，内部为具有一定强度、韧性的球墨铸铁或灰口铸铁（如轧辊、车轮、犁铧等），应用较广。

表层为白口铸铁的轧辊在铸造和使用中常常由于局部缺陷造成报废。轧辊在热轧过程中受力复杂，且白口铸铁硬脆而焊接性很差，因此白口铸铁轧辊的焊补修复已引起国内外的重视。下面将以某铝箔制品厂的白口铁轧辊焊补修复，说明其工艺特点。

1. 轧辊表面剥离的失效分析

该轧辊经长期使用，由于表面发生剥离而失效。轧辊的尺寸及损坏形式如图 1-23 所示，损坏区域面积约 30cm^2，深度为 15~25mm。

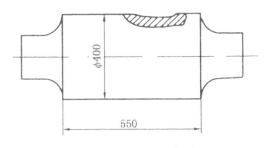

图 1-23　轧辊示意图

轧辊脱落层的化学成分（％）为：C3.6、Si0.5、Mn0.6、S0.05、P0.10。

金相组织为莱氏体和渗碳体。

由轧辊损坏处的断口形态中可看到有疲劳破坏的痕迹。这是由于轧辊旋转时表面温度在 450~500℃和室温下交替变化，重复交变的热应力导致辊面的热疲劳是轧辊表面破坏的最重要因素。另外，轧辊与轧件之间的轧制压力，工作辊与支承辊之间的作用力将引起轧辊表面的机械疲劳。因此，轧辊表面剥离是热疲劳和机械疲劳共同作用的结果。

2. 损坏轧辊的焊接性分析

轧辊表面为白口铸铁，其显微组织是以连续的硬脆渗碳体为基体，伸长率为零，冲击韧性极低，线收缩率为灰口铸铁的 2~3 倍。而焊接热源的温度高而集中，焊接接头受热不均造成很大的温度梯度，产生很大的焊接应力。又由于直径较大的轧辊在焊接过程中冷却速度很快，易形成大量网状渗碳体及使熔合区形成大量位错、空位、微裂纹等微观缺陷，因而很容易产生裂纹与剥离，焊接性极差。该轧辊由于长期使用，表面发生龟裂，更增大了裂纹敏感性。

采取预热焊可减小裂纹敏感性，但对厚大的轧辊进行热焊的劳动条件极其恶劣，且成本高。高温加热还会使母材性能改变，加热速度控制不当很易产生裂纹,故确定采用手工电弧冷焊。此外,焊补时还要保证焊补区域具有与白口铸铁相接近的耐磨性。

3.轧辊焊补工艺

(1)焊前准备:对未脱落的剥离层一定要清除干净,并除去表面污物和杂质,直至露出金属光泽。将坡口修整成图1-24所示的形状,注意坡口表面不能有尖槽。

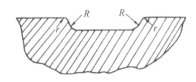

图1-24 坡口形状

(2)焊接材料的选择:正确选择焊接材料是白口铸铁轧辊修复的关键,尤其是应使底层焊道不产生裂纹。这是补焊成功的保证。选用抗裂性好且焊缝具有良好塑韧性的纯镍铸铁焊条Z308打底,底层焊道的显微组织为奥氏体+石墨,奥氏体的塑性好,承受或松弛应力的能力强;石墨的析出伴随着体积膨胀,可减小收缩应力,因此,这种组织有利于提高焊缝的抗裂性能。另外,半熔化区中的镍能限制碳向焊缝中扩散,且采取的焊接工艺是尽量限制热输入,因此限制了母材中渗碳体的分解。所以半熔化区的白口层较窄且焊接应力小,避免在打底层中产生裂纹。

为保证轧辊表面的耐磨性,用自行研制的常温耐磨堆焊焊条D002,堆焊层金属具有良好的抗裂性,硬度大于HRC55。为避免表面层与底层间的硬度差别太大,采用J506焊条作堆焊过渡层,使硬度逐渐变大且能节省大量昂贵的Z308焊条。

(3)冷焊工艺:焊底层时应遵循异质焊缝冷焊的工艺要点,即"小电流、小熔深,短段断续分散焊,焊后立即小锤敲",采用交流电源,焊条不横摆。应由底部向上逐层施焊(图1-25),各层的焊接规范参数见表1-8。

图 1-25 堆焊各层示意图

表 1-8 焊接参数

堆焊层	焊条牌号	焊条直径 / mm	焊接电流 /A	电弧电压 / V	堆焊层数	焊后锤击
打底层	Z308	3.2	90~100	26	2~3	圆头锤轻锤
过渡层	J506	3.2	90~110	26	2~3	圆头锤轻锤
耐磨层	D002	3.2	90~110	32	3	不锤击

底层第一道采用短段分散焊，每段焊道长度不超过 20mm，焊后立即锤击焊道表面，注意应在焊缝塑性较好的热态下进行锤击，当焊道温度降至 300℃以下便不再敲击。焊下一道应离前一道一定距离，保持层间温度低于 100℃。这种工艺可保证最大限度地减小焊补区的应力，因而避免底层焊道产生裂纹。

在底层焊缝上堆焊过渡层，堆焊至距离表面 2.0~3.0mm 即可。最后焊表面耐磨层，焊至所需尺寸并留加工余量。为了保持焊缝美观，表层焊缝不锤击。

补焊完后用外圆磨床磨削加工表面至符合要求的尺寸。加工后的表面硬度大于 HRC55。

用上述工艺补焊的白口铸铁轧辊，底层和过渡层中均未发现裂纹，表面耐磨层中有少量弧坑裂纹，修补后不影响使用。

可见，只要正确选择焊接材料并制定合理的焊补工艺，白口铸铁轧辊是可焊的。

二、其他焊接修复

（一）制氢转化炉尾管断裂修复

某厂制氢一号转化炉炉管为 φ52×15mm 的 HK-40 离心浇铸管；出口尾管为 φ32×3.5mm 的原西德 X12NiCrSi36.16 铁镍基高温合金管，共 80 根尾管。它们的化学成分见表 1-9。炉管与出口尾管连接焊口部位的工作温度为

800℃，工作压力为 2MPa，介质为 $H_2+CO_2+CH_4$。在一次停工检修中发现有 17 根尾管与炉管连接焊口部位的尾管侧上半部焊趾处有严重的周向裂纹，且在离焊趾裂纹边缘约 30mm 内的尾管上存在程度不同的裂纹及龟裂。单根尾管的结构形式和损坏情况见图 1-26。

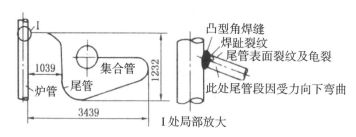

图 1-26 单根尾管结构形式及损坏情况示意图

表 1-9 炉管和尾管材料的化学成分

%

材料	C	Mn	Si	Cr	Ni	S	P	Mo
X12NiCrSi36.10	0.095	1.59	1.85	16.58	35.83	0.006	0.013	0.04
HK-40	0.39	1.00	1.42	24.06	19.11	0.013	0.014	—

1. 产生裂纹的原因分析

X12NiCrSi36.16 高温合金管长期在高温下运行，显微组织将发生变化，一方面在晶界甚至晶内析出片状碳化物相使合金变脆；另一方面在合适温度下（使用温度正好处于该合金形成 σ 相的温度范围 750℃~980℃）会形成 σ 相。σ 相硬度高达 HRC68，大多呈薄片状或针状分布在晶界，降低塑性和韧性，合金管在应力作用下将沿析出相发生断裂且不断扩展为宏观裂纹。

造成裂纹还与结构所受的各种应力作用有关。炉管与尾管连接的焊口部位，除受正常的工作应力外，还受到一个较大的结构应力，单根尾管长度为 7m，悬空下垂时其自身重量加保温材料重量形成一个较大的下坠力 G（图 1-27）。力 G 对紧靠炉管焊缝部位产生较大的弯矩，使焊缝处的尾管轴线上半部受到较大的拉应力，下半部受到较大的压应力。尾管轴线上侧成为产生裂纹的危害点，当高温长时间运行时，尾管上侧焊趾部位会产生蠕变损伤而开裂。

由于炉管与尾管的材质不同，故线膨胀系数和导热系数不同，且两管的直径与壁厚差别较大，径向和轴向的温差会引起径向和轴向的热应力，在转化炉频繁地开、停车时，会使炉管与尾管连接处因温度反复变化而承受交变热应力，即热疲劳，这也是炉管与尾管连接处焊趾部位产生周向裂纹的原因之一。

炉管与尾管的连接为 T 形接头形式（图 1-28）。在角焊缝焊趾处的 A、B 两点存在很大的应力集中系数。A 点的应力集中系数随 θ 角的增大而增加。若焊缝局部凸度大或有咬边，则应力集中系数更大。

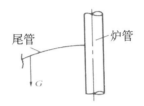

图 1-27 尾管受结构重力作用示意图

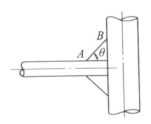

图 1-28 T 形接头角焊缝示意图

由此可见，较大的结构应力、交变热应力、焊趾处应力集中系数大这三个因素的共同作用，是导致尾管在使用状态下发生龟裂和周向裂纹的外因。

当在已产生裂纹的中性轴线上半部进行补焊时，经局部补焊的上半部焊缝在冷却过程中及冷却后又会产生很大的拉应力，与原承受的各种应力叠加将形成更大的拉应力。同时由于合金管在高温长期运行下性能已恶化，所以补焊时每焊一道缝，焊趾处又重新出现裂纹且不断扩展，致使补焊失败。

2. 修复的工艺措施

根据转化炉的结构特点和补焊中出现的问题，采取消除残余应力并预制反向应力的措施，便能有效地进行 17 根有裂纹尾管的补焊。焊前先将焊缝及 200mm 范围内的尾管段加热至 750~800℃，与此同时用起重葫芦将尾管缓慢地上提（图 1-29），焊缝及其附近的尾管部位在力 F 作用下产生一个与原受力方向相反的应力，直至使原下垂产生弯曲的那段尾管恢复水平位置时停止加热，并保温 10min，再自下而上地进行急冷，待冷却后把尾管上提适当距离。这样既可消除尾管上半部的残余拉应力，又可预制一个反向的压应力，以抵消或减小焊接时所产生的拉应力，便可避免产生裂纹。

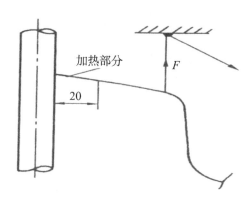

图 1-29 消除应力和预制反向应力示意图

3. 补焊工艺特点

（1）彻底清理裂纹、龟裂及焊缝附近 50mm 范围内的氧化物及污垢，并将原凸形角缝打磨成凹形。

（2）铁镍基高温合金应采用热量集中、保护可靠的 TIG 焊进行补焊。填充材料应选用耐热和抗热裂性能好的 ERNiCr-3 焊丝，其化学成分（%）为：C0.062、Mn2.83、Si0.50、Cr21.09、Ni65.00、S0.013、P0.017.

（3）为减小焊接应力，补焊时可先对焊缝附近 30mm 内的尾管表面进行一次较缓慢的氩弧重熔，然后再进行裂纹处的补焊。为防止金属过热，避免出现热裂纹，应采用分段焊（图 1-30）以避免尾管顶端局部应力峰值过高。

图 1-30 分段焊示意图

（4）采用小线能量焊接（焊丝直径2.4mm，焊接电流90~100A，焊接速度尽可能快）且层间温度控制在60℃以下，以防止金属过热而增大热裂倾向。

补焊后应使角焊缝呈平滑过渡的凹形缝，θ角应尽可能小些，且尾管上的焊缝高度控制在0~1.0mm，防止产生咬边，以免有应力集中现象。

（5）各焊道均应进行着色检查。

（二）聚合釜异种钢焊缝裂纹的返修

聚合釜是生产苯乙烯的关键设备，上海高桥石化公司化工厂的五台苯乙烯聚合物运行数年后出现了泄漏。泄漏原因是夹套的18-8与Q235钢之间的环缝1、3中产生了贯穿性裂纹。返修后不到两年的时间内又检修过三次，其中有一次补焊焊缝的长度占整个异种钢焊缝长度的80%以上，但裂纹与泄漏的现象却愈演愈烈，造成了很大的经济损失。为根治泄漏，经招标由合肥工业大学与合肥通用机械研究所共同承担了这五台聚合釜的返修工作。

1.聚合釜的运行状况

聚合釜内筒的工作介质是苯、乙烯和苯乙烯，工作压力为0.8MPa。夹套内的介质是经一次净化的黄浦江水和水蒸气，最高工作压力与温度分别为0.55MPa和152℃。

在聚合反应开始前，先向夹套内通入热蒸汽并加温引发反应。反应开始后内筒发热，再向夹套内通水冷却。反应结束后（内筒与夹套均处于常压）卸料，即完成一个运行周期。如此反复，一昼夜4~6次循环，因而设备在运行中经受一定的温度变化和低周疲劳载荷。

2.产生裂纹及返修失败的原因分析

由于无法从聚合釜的焊缝上取样进行微观分析，只能通过对裂纹宏观形态的观察及根据设备的技术资料档案进行分析，得出环缝产生裂纹及返修失败的原因，有三个方面：

（1）焊缝根部未焊透：18-8与Q235钢之间的环缝采用外侧单面焊，焊缝根部存在大量的未焊透，且为避免根部背面的水垢对补焊焊缝产生不良影响，几次补焊的坡口深度最大只有5mm左右，未达到原焊缝的根部，且焊接的空间位置不利于操作，影响焊缝的成形和质量。原未焊透和裂纹并未去除，反而导致应力集中，成为裂纹萌发的根源。

（2）熔合区附近的脆性组织：18-8奥氏体钢与Q235低碳钢焊接时，焊缝金属受到Q235钢的稀释，会在Q235钢一侧的熔合区附近形成脆性的马氏体组织。若焊接材料和焊接规范参数选择不当，则脆性层的宽度会加大。实际观察到的贯穿裂纹也正是由Q235钢一侧的熔合区发展的。可见，这种裂纹由根部缺陷处萌发后，沿Q235钢一侧的脆性层扩展至表面。

几次补焊选用的焊条均为25-13型的A302焊条，但焊接线能量特别是焊接电流偏小，虽可减小稀释率却减弱了熔池边缘的搅掉作用，所以有可能增大Q235钢一侧熔合区附近的脆性层宽度。此外，由于几次返修补焊时都用碳弧气刨开坡口，若坡口表面清理不彻底，残留的渗碳层将加剧脆性层的脆化，且马氏体组织存在很多的晶格缺陷，这些都是加速裂纹萌生与扩展的原因。

（3）应力与介质的作用：聚合物运行时夹套内的温度呈周期性变化；两种母材的热膨胀系数与导热系数差别较大，且局部补焊时焊缝的拘束度大，因此异种钢焊缝除承受工作应力外，还受到较大的焊接残余应力及温度变化带来的热应力作用。这些应力是促使裂纹萌发和扩展的外因。此外，夹套内的一次净化水内含有较多的杂质离子，特别是Cl-氯离子含量偏高，这也是促使裂纹扩展的一个原因。

3. 焊接工艺试验

为保证返修焊缝在设备再次投入运行后不发生泄漏，应从三方面着手，即彻底消除焊缝根部的未焊透，尽可能改善Q235钢一侧的熔合区组织及减小焊接残余应力。为此进行了模拟试验，以正确制定返修的焊接工艺方案。

（1）水垢对根部未焊透的影响试验：用 $\phi 200 \times 10mm$ 的18-8钢管与$10^{\#}$低碳钢管分别作成筒形容器，内装未净化的水长时间反复烧煮，使内壁结一层约0.5mm的水垢。再将圆筒割成圆环并加工坡口后对接，从外侧进行单面焊，见图1-31。同样条件下焊接另一不带水垢的试件。结果发现带水垢试件的焊缝背面有气孔及渣状物存在，后者却没有。说明水垢会导致焊缝背面形成气孔等缺陷并影响焊缝的背面成形。

（2）焊接工艺评定试验：试件采用18-8钢与Q235钢板对接，进行横焊位置单面焊接，坡口形式与焊道顺序见图1-32。根据JB4708-92《钢制压力容器焊接工艺评定》，选用 φ3.2A302 焊条，烘熔 250℃×1h，直流反接，1、2、4 焊道的电流为 120~130A，3、5、6 焊道为 100~110A，焊速为 13~15cm/min，层间温度＜150℃。

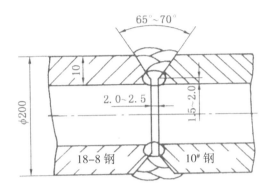

图 1-31 异种钢圆环对接试件示意图

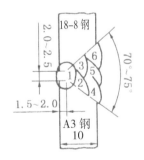

图 1-32 试件坡口

试件焊后经外观检查，焊缝反面成形及熔合情况良好。X 射线探伤为 I 级片。接头力学性能试验结果见表 1-10，对接头横断面进行维氏硬度试验，结果表明 Q235 钢一侧熔合区的脆性层较薄。

表 1-10 焊接接头力学性能试验结果

	抗拉强度 (MPa) 及断裂位置	面弯 $D=3\alpha$ $\alpha=90°$	背弯 $D=3\alpha$ $\alpha=90°$	评定结果
第 1 组	484，断于 Q235-A 母材	无裂纹	无裂纹	合格
第 2 组	478，断于 Q235-A 母材	无裂纹	无裂纹	合格

4.返修焊接工艺方案

焊接工艺评定试验为制定返修焊接工艺方案提供了依据。但实际施工中还应考虑到一些影响接头质量的因素，如返修焊缝1和3分别处于较难焊的横焊和仰焊位置，且周围还有管道的阻碍；应彻底清除总长达40m的原焊缝及多次补焊留下的HAZ等。

（1）焊前准备：

①用碳弧气刨去除原焊缝，刨槽应平滑，刨深为6~7mm，严防刨穿。

②用角向砂轮打磨刨槽及清除渗碳层和HAZ，并修整坡口，坡口根部间隙（2.0~2.5mm）与钝边尺寸（1.5~2.0mm）要尽量保持一致，坡口角度不小于70°。

③检查坡口根部背面水垢情况，水垢严重处应设法清除。对坡口面进行渗透探伤，保证整个坡口面无缺陷。

（2）焊接材料：选用与A302相近的瑞典焊条Avesta252M（ϕ3.2mm）。该焊条的飞溅小，抗药皮尾部发红且脱渣性好。

（3）焊接工艺：焊接规范参数见表1-11。根部第一道焊完后用砂轮打磨光滑再进行渗透探伤，如有缺陷应及时消除后再焊下一层。层间温度应小于150℃。

表1-11　焊接规范参数（直流反接）

焊缝	焊道	焊接电流/A	焊接速度/cm·min^{-1}	焊缝	焊道	焊接电流/A	焊接速度/cm·min^{-1}
环缝1	根部及Q235-A钢侧焊道	120~130	13~15	环缝3	根部及Q235-A钢侧焊道	100~110	13~15
	其余焊道	100~110			其余焊道	80~90	

（4）现场返修焊接。

在现场返修中应严格执行返修焊接工艺方案。还应注意：

①施工中的质量控制：将每台聚合釜的1、3焊缝沿圆同六等分，由两名焊工对称分段施焊，以减小焊接残余应力。对有较多水垢且难以清除的地方做标记。严格按顺序焊接（图1-33），并用测温计确保层间温度＜150℃。对由水垢导致缺陷的地方，可用砂轮去除至恢复原坡口尺寸后重新焊接。

②焊后检验：对返修焊缝进行100%渗透探伤，仅发现表面有个别小于2.0mm

的小气孔。进行不少于50%X射线探伤，共拍片60张，Ⅰ级片16张，Ⅱ级片40张，余为Ⅲ级。主要缺陷是气孔、夹渣和轻微咬边，不需要返修。

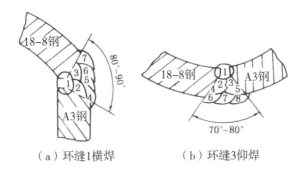

（a）环缝1横焊 （b）环缝3仰焊

图1-33 返修焊缝焊道顺序安排

在夹套内通入压力为0.55MPa的蒸汽进行致密性试验，焊缝无泄漏。对夹套进行0.7MPa的水压试验，焊缝与整体结构的强度均合格。

（三）废热锅炉的焊接修复

下面介绍湘东化工机械厂对102-C第二废热锅炉进行焊接修复的情况。

1.焊接修复的主要工作

102-C第二废热锅炉的结构见图1-34，其主体材料及修复工况见表1-12。需要焊接修复的有连接管的加长、换热管的更换及换热管与上下管板的焊接。

表1-12　废热锅炉主体材料及修复工况

名称	原设计材料	备注
底盖	SA-182GRF	只修保温层
下管箱	SA-387GRC	不修换
转化气进口管 (T_{1a}、T_{1b})	SA-387GRC	接长
隔热层	泡沫混凝土	更换
内衬	1Cr18Ni9Ti	更换
灌浆口接管	SA-182GRF$_{11}$	更换
下管板	SA-182GRF$_{11}$	不修换
给水进口管 (S_1)	SA-105GR II	接长
筒体	SA-516GR70	不修换
转化气旁路 (T_3)	SA-387GRC	接长
换热管	SA-199GRT$_{11}$	更换
蒸汽出口管 (S_2)	SA-105GR II	接长
上管板	SA-182GRF$_{11}$	不修换
上管箱	SA-204GRB	不修换
转化气出口管 (T_2)	SA-182GRF$_1$	接长
上盖	SA-182GRF	不修换

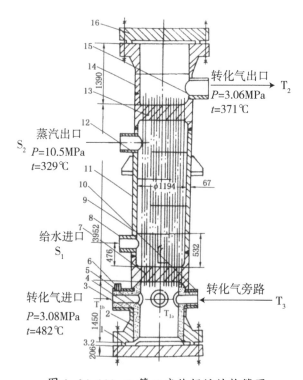

图1-34　102-C 第二废热锅炉结构简图

1- 底盖；2- 下管箱；3- 转化气进口管（T_{1a}、T_{1b}）；4- 隔热层；5- 内衬；
6- 灌浆口接管；7- 下管板；8- 给水进口管（S_1）；9- 筒体；10- 转化气旁路（T_3）；11- 换热管；
12- 蒸汽出口管（S_2）；13- 上管板；14- 上管箱；15- 转化气出口管（T_2）；16- 上盖

焊接修复的难度在于：

（1）主体材料为美国的SA-387GRC（系具有空淬特性的Cr-Mo耐热钢），且壁厚较大，刚性大，故焊接时冷裂倾向很大。

（2）接管焊缝位置的可达性差，操作不便。

（3）管子与管板的焊缝需在管箱内焊接，且要求预热，故劳动条件极其恶劣。

2. 焊接修复措施

代用材料的化学成分、力学性能应与主体材料接近，且为了保证较好的焊接质量，规定含碳量小于0.25%。代用材料见表1-13。

表1-13　选择的代用材料

项目	图纸材料	代用材料	备注
S_1、S_2接管	SA-105GR II	16MnR	代用材料用于接管加长
T_2接管	SA-182GRF1	20MnMo	代用材料用于接管加长
T_{1a}、T_{1b}接管	SA-387GRC	15CrMo	代用材料用于接管加长
T_3接管	SA-387GRC	15CrMo	代用材料用于接管加长
灌浆口接管	SA-182GRF11	15CrMo	代用材料用于接管加长

项目	图纸材料	代用材料	备注
管子、管板			
上管板	SA-182GRF1	20MnMo	评定代材
下管板	SA-182GRF11	15CrMo	评定代材
换热器	SA-199GRT11	13CrMo44	
		12Cr1MoV	更换管子

3. 焊接工艺评定

该废热锅炉的焊接修复按《钢制压力容器焊接工艺评定》（JB 4708—92）进行。

针对转化气旁路接管T进行SA-387GRC+15CrMo的焊接工艺评定，主要目的是检验实际生产中可能用的大线能量对接头质量的影响。

试板为40mm厚的SA-387GRC（取自设备本体）和15CrMo（代用材料），采用手工电弧立焊。由于是属于不同珠光体钢的焊接，焊条的选择应保证焊缝金属能达到与强度较低的母材等强，故选用R307焊条。预热温度应根据淬硬倾向较大的母材来选择，确定为200~250℃。为了改善接头的组织与性能，消除部分焊接残余应力与促使焊缝中的氢逸出，焊后需立即进行660~680℃高温回火。

检验结果是：外观检查合格；X射线探伤符合《钢熔化焊对接接头射线照相和质量分级》GB 3323—87 I级标准；接头力学性能与硬度试验见表1-14和表1-15；宏观及微观分析均未发现焊接接头中有裂纹等缺陷。

表1-14　力学性能试验结果

| σ_b/MPa | 横向弯曲 | |
	面弯、背弯 $D=3\delta=60mm$ $\alpha=50°$	侧弯 $D=30mm$ $\alpha=50°$
638 610	面弯、背弯各2件 无裂纹	2件 无裂纹

表1-15　硬度检查结果

部位	SA-387GRC侧			15CrMo侧		
焊缝	210		233	191		
熔合线	225	216	228	213	209	213
热影响区	219	221	225	192	186	191
母材	219	222	218	206	213	203

注：D-弯曲直径；α-弯曲角度。

4. 焊接修复施工

在焊接工艺评定符合要求的基础上进行现场修复的施工。

T接管的加长修复是：将壁厚为40mm的SA-387GRC接管与等厚的15CrMo管组对成V形坡口对接形式。焊前要仔细清理坡口表面及附近150mm范围，用液化石油气火焰将焊接部位预热至200~250℃。选用R307焊条，焊条应严格烘干（350℃×1h）并放入保温筒内随用随取。焊后缓冷并进行660~680℃的回火处理。

焊接换热管上下管板时，须去除管板上原有的焊缝，且管与管板间的间隙不能过大。

焊接修复后须进行外观检查、表面探伤和X射线探伤。最后在壳程和管程内分别进行水压试验，试验压力分别为17.7MPa和5.2MPa。

102-C废热锅炉的修复成功证明，大犁化肥装置设备采用焊接修复是可行的，且修复中可以采用近似的代用材料。Cr-Mo钢虽然具有较大的淬硬冷裂倾向，但只要严格执行工艺措施，就能获得优质的焊接接头。

（四）氨合成塔裂纹的焊接修复

某氨合成塔的内径为 600mm，内套由 20mm 厚的 16MnR 板卷焊成，外层由 6mm 厚的 16MnR 层板包扎卷制。该塔在检验中发现内壁第一节筒体环缝上端有一周向裂纹 I，第三节筒体中部纵缝上有一条纵向裂纹 II 及下端环缝有两条周向裂纹 III 和 IV（图 1-35）。

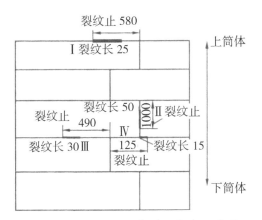

图 1-35　氨合成塔内套裂纹分布示意图

1. 焊修前的检查

（1）采样分析裂纹处的金属成分和显微组织，结果表明，其含碳量为 0.17%；显微组织为铁素体 + 珠光体。

（2）测定裂纹附近塔壁金属的硬度为 HB168—170。

通过上述检查，排除了高温高压下氢腐蚀的可能性，因而可进行焊接修复。

2. 焊修工艺

由于合成塔内壁筒体外还有 42mm 厚的多层包扎板，所以结构的刚度与拘束度很大。此外，补焊的操作要在筒体内部进行，可见焊接操作的难度相当大，应制定合理的工艺措施。

（1）清除缺陷：首先根据划出的缺陷位置和无损探伤结果确定裂纹的长度，再用手砂轮彻底清除裂纹。返修焊缝长度应按裂纹的终止长度而定，不得少于 100mm，且返修处应磨成 30°~45° 的 V 形坡口。

（2）焊前准备：彻底清理坡口内的油污锈蚀，并打磨至露出金属光泽。由于在筒内操作，故在下接管处装排风扇，以保持空气流通。还应配备必要的现场监护，保证焊工的安全。

（3）焊接材料：选用 φ3.2mm 的 J507 焊条，焊前经 350℃×1h 烘干，随烘随用。

（4）焊前预热：返修部位应缓慢预热至 150℃。

（5）补焊采用多层多道焊，引弧及收弧处应相互错开。焊接电流应控制在 90~120A 的范围，电源直流反接。保持层间温度为 150℃，且层间可锤击焊道以减小焊接应力。

整个补焊工序是：清洗烘干预热焊第一道，打磨检验，打磨焊第二道，再打磨检验打磨再焊，直至盖面焊后进行最后一次打磨和探伤。

打磨是指将焊缝磨至与原焊缝齐平，且不允许有咬边缺陷。待焊完后冷却 24h，分别用超声波探伤和磁粉探伤检查返修焊缝的内部和表面缺陷。

（五）压力容器返修焊缝的防变形措施

制造压力容器时常要对无损探伤不合格的焊缝进行返修。由于筒体在成型组焊中，焊接接头中总会产生残余应力，且返修部位在碳弧清根和重新焊补时受到反复加热冷却，因而造成焊缝凹陷，既影响外观，又会使焊缝受力情况变坏，对产品质量极为不利。尤其是薄壁（壁厚 < 12mm）容器的焊缝凹陷问题更加突出。这种变形很难消除，即使单节筒体的纵缝凹陷，用三辊卷扳机也难以矫正。

防止焊缝凹陷的措施：

（1）在返修部位加刚性支撑（图 1-36）。对刚度较大的一侧（如封头、法兰与筒节的环缝处，封头和法兰一侧刚度大）可不支撑，只支撑筒节侧。

（2）补焊后用履带式电加热器包扎返修部位进行消除应力热处理，目的是消除返修前和返修过程中叠加的残余应力，并使返修部位尺寸稳定。消除应力热处理制度见图 1-37。加热宽度为壁厚的 6 倍，保温宽度为壁厚的 15~20 倍。

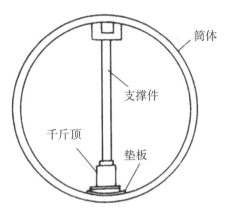

图 1-36　返修部位加支撑

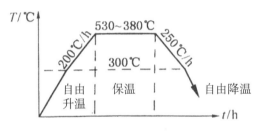

图 1-37　热处理制度

（3）返修焊接宜采用小线能量，以减小 HAZ 宽度和焊接变形。

三、采用不锈钢实芯焊丝的手工 TIG 焊

现场中小直径不锈钢管道的焊接通常采用两种方法：焊条电弧焊单面焊双面成形或实芯焊丝的手工 TIG 焊。前种工艺的缺点是金属飞溅大，背面焊缝高度不易控制，甚至形成较大的焊瘤，焊缝外观成形也不太理想；后者虽能克服上述缺点，但为了防止焊缝根部氧化，要在管道内充氩保护，这对现场来说有一定困难。

采用不锈钢药芯焊丝手工 TIG 焊接管道可取得很好的效果。如中建一局安装公司在建设国家重点工程抚顺洗涤剂化学厂时焊接了 300 多个不锈钢焊口；吉林省火电第一工程公司承建的华能南京电厂二号炉中焊了 30000m 以上管线约 6000 个焊口。下面对这种工艺方法作简要介绍。

（一）焊丝的选择

采用北京电焊条厂生产的长城牌不锈钢药芯焊丝，牌号为 PK-YB132（W），是由碳素钢薄带经光亮退火后再经轧机纵向折叠并加入药粉后拉拔而成。药芯过渡合金元素形成与不锈钢母材相匹配的焊缝金属。该焊丝的熔敷金属成分与力学性能见表 1-16。

表 1-16　PK-YB132（W）药芯焊丝熔敷金属的化学成分与力学性能

| 溶敷金属化学成分 /% | | | | | | | | 熔敷金属力学性能 | |
C	Mn	Si	Cr	Ni	Nb	S	P	σ_b/MPa	δ_s/MPa
0.08	1.0~2.5	≤ 1.0	18~21	9~11	8XC~1.0	≤ 0.03	≤ 0.04	≥ 515	≥ 30

（二）焊接工艺

1. 坡口准备

坡口形式见图 1-38。为保证焊缝质量，须清理坡口内及两侧边缘 10~20mm 的氧化物、水分与油污等杂质。可采用手工或机械清理方法。清理后再用丙酮擦洗。

2. 操作技术

焊接时，焊枪、焊丝与管子之间必须保持正确的相对位置，三者之间相互的角度可通过焊接试验确定。焊炬与管子表面之间的夹角过小会降低氩气保护效果；角度过大会使操作与加热较困难。药芯焊丝与管子间的角度不宜太大，否则会扰乱电弧和气流的稳定。焊炬的后倾角应为 75°~85°，左右角为 900°，焊丝与管子表面夹角为 15°~20°（图 1-39）。从图中看出，水平固定管的施焊方向按 6312 和 6912 的顺序由两侧向上焊接。垂直固定管则只要按顺时针方向进行焊接。

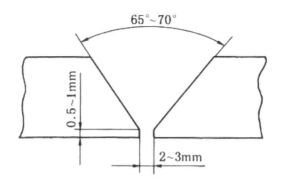

图 1-38 氩弧焊焊件坡口形式

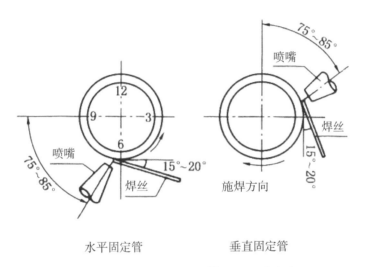

水平固定管   垂直固定管

图 1-39 焊炬、焊丝与管子之间的夹角

注意：水平固定管应在 6 点前 10mm 左右的位置引弧。超前引弧的目的是使接头位置不重叠。垂直固定管对引弧位置无要求，但下一层缝的接头位置应与上一层缝错开。焊接时焊炬作圆弧形摆动，以便加速铁水与熔渣的分离，且容易观察熔池和控制熔透情况。

在填充药芯焊丝时可采取断续送进的方法，即有规则地在熔池中送入、取出，应将焊丝送至熔池的 1/2 处，并向下压一下，以保证根部熔透；取出时应使焊丝端部仍处于氩气保护区内，以免焊丝端部氧化。断续送丝的频率要快，且要绝对防止焊丝与高温的钨极接触，以免钨极被污染、烧损及破坏电弧的稳定性。

当更换焊丝或水平固定管的一侧焊完时，应修磨钨极端部形状。焊缝接头时，应在重叠前段焊缝 5~10mm 处引弧。电弧引燃后，焊炬应在引弧位置停留 5~10s，以获得与前段焊缝等宽的熔池后，焊炬再向前移动，焊缝重叠处可不加或少加焊丝。

焊缝收尾时应按"衰减"钮，以免突然切断电流而容易在弧坑产生气孔和裂纹。为保证弧坑质量，应使电流逐渐减小，加大送丝量。焊后应延迟 5~15s 停气，以保护尚未冷却的钨极和熔池。

焊接过程中应根据熔池温度调整焊炬与管子之间的夹角和焊接速度。当熔池大即焊缝变宽变低时，熔池的温度高，应迅速减小焊炬与管子间的夹角且加快焊速。当熔池小、焊缝窄而高时，熔池温度低，则应增大焊炬与管子间的夹角，且减慢焊速和减少填丝量。

不锈钢药芯焊丝手工 TIG 焊的规范参数见表 1-17。

表 1-17　焊接规范参数

焊接位置	焊丝直径 / mm	对口间隙 / mm	电流 /A	电压 /V	氩气流量 / $L \cdot min^{-1}$	焊接速度 /$mm \cdot min^{-1}$	
						底层	盖面层
水平固定	2.2	2~3	70~75	12~14	6~8	4~5	4.5~6
垂直固定	2.2	2~3	80~90	13~15	6~8	4~5	4.5~6

三、焊接质量检验

（1）焊缝的化学成分（%）：C0.075、Mn1.19、Si0.56、Ni9.3、Cr19.075、Nb0.55、S0.016、P0.020。

（2）焊缝金属的力学性能列于表 1-18。

表 1-18　焊缝金属的力学性能

焊接位置 及检验编号	σ_b/MPa	断口	弯曲 90°		抗晶间腐浊	
			面弯	背弯	面弯 90°	背弯 90°
11-1	622.3	合格	合格	合格	合格	合格
11-2	637	合格	合格	合格	合格	合格
12-1	646.8	合格	合格	合格	合格	合格

（3）焊接接头各区的平均硬度值（HVs）见表 1-19。

表 1-19　焊接接头各区的平均硬度值（HVs）

焊接位置及检验编号	σ_b/MPa	断口	弯曲 90°		抗晶间腐蚀	
			面弯	背弯	面弯 90°	背弯 90°
11-1	622.3	合格	合格	合格	合格	合格
11-2	637	合格	合格	合格	合格	合格
12-1	646.8	合格	合格	合格	合格	合格

（4）金相分析结果是焊缝组织为奥氏体 +δ 铁素体。

（5）熔敷金属采用舍夫勒焊缝组织图估算结果：Cr_{eq}=22.6%，Ni_{eq}=13.92%；铁素体含量采用磁性检测仪测量结果：测量值 FN（平均）=5.2。

四、混合气体保护焊在薄板对接和低温压力容器制造上的应用

（一）薄板对接的单面焊双面成形

厚度为 1.5~3.0mm 的薄板对接采用常规的非自动焊接方法生产的效率低，焊缝成形不美观，焊接变形大，且焊后矫正变形的工作量大。若采用 CO_2 气体保护焊，焊缝外观质量虽比焊条电弧焊稍有提高，但金属飞溅大。当采用混合气体保护自动焊，不仅大大提高生产率，且提高了焊缝内在和外观质量，焊接 HAZ 小及焊接变形小，焊后不需矫正变形。下面介绍安徽芜湖造船厂采用混合气体保护自动焊接 1.5~3.0mm 薄板的单面焊双面成形工艺。

1. 焊接条件

（1）焊接设备：包括具有平特性的弧焊电源 NBC-315、控制箱 NZC-500-1 及行走小车 HK-8。HK-8 小车的冷却系统、喷嘴和导电嘴做了改进，使易损件可与 CO_2 半自动焊机的零件互换，减小喷嘴尺寸并采用自然冷却。

（2）试验平台：焊薄板时需在焊缝两侧用夹具（或压铁等）压紧，以减小波浪变形。可分两步进行，先在小型压力架上焊接 500mm 长的平板；再在电磁平台上焊接 1600mm 长的较大平板。

（3）紫铜衬垫：平板对接焊缝自动焊时普遍采用双面焊，生产效率低。单面焊双面成形是一种高效的自动焊方法，是使用较大的焊接电流，将工件一次熔透。由于电流大则熔池也较大，只有采用强制成形衬垫，使熔池在衬垫上冷却凝固，才能达到一次成形。可用紫铜垫板，并在上面开一条深 0.5mm

宽 3.5mm 的圆弧形凹槽，以保证焊缝背面的正常成形。紫铜垫板还可起散热作用，缩小了近缝区的受热面，从而减小焊接变形。若采用通水冷却的紫铜垫板，则效果更佳。

（4）保护气体：混合气体保护是指在惰性气体中加入一定比例的氧化性气体，可分别在细化熔滴、减少飞溅、提高电弧稳定性、改善熔深形状及提高电弧温度等方面获得满意的结果。这里选用的是 $Ar+CO_2$，这种混合气体通常广泛用于焊接低碳钢和低合金钢。Ar 纯度为 99.9%，CO_2 纯度 $\geqslant$ 99.5%，二者比例为 75/25。

（5）焊丝：为防止合金元素烧损、气孔和飞溅，保证良好的焊缝力学性能，焊接低碳钢和低合金钢时应选用 H08Mn2Si 焊丝。有散装自绕及盘装镀铜两种焊丝，焊丝直径分别为 1.0mm 和 1.2mm。

2. 影响混合气体保护焊接薄板的质量因素分析

（1）混合气体的比例：纯 CO_2 焊时，熔滴呈非轴向过渡，飞溅大，焊缝成形不理想，而纯 Ar 保护焊接薄板时，阴极斑点游动造成电弧飘移和熔滴过渡不稳，焊缝成形差（焊缝边缘不齐、焊缝凸起和产生咬边）。当在 Ar 中加入 CO_2 后，就可克服上述缺点，焊缝边缘整齐，焊道平缓，咬边消除，且焊缝外形均匀美观。

Ar 和 CO_2，比例对焊缝熔深、熔池形状、焊缝成形系数、焊缝边缘情况、气孔敏感性、焊丝熔化速度和渣的生成量均有影响。经过反复试验，Ar 和 CO_2 的最佳比例值为 75 ： 25。

（2）气体流量：混合气体流量应保证气体有足够的挺度，以加强保护效果。流量过大易造成紊流，将外界空气卷入焊接区，降低保护效果；流量过小易使气体挺度不够，也影响对熔池的保护。经试验气体流量为 18~25 L/min。

（3）焊接电流和电弧电压：焊接电流和电弧电压是焊接规范中重要的参数。它们的大小决定了熔滴过渡形式，不同直径的焊丝必须在合适的电流区间，焊接过程才能稳定进行。

焊缝的熔深和熔宽随焊接电流的增大（或减小）而增大（或减小）。对薄板单面焊双面成形，还要考虑电流大小，既要保证充分熔透又不致使焊缝烧穿。

电弧电压过大时，飞溅增大，焊接过程不稳定；电压过小时，焊丝易插入熔池，过程也不稳定。

（4）焊接速度：熔深随焊速增大而增加，并有一最大值，当焊速再继续增大，单位长度上电弧传给母材的热量显著降低，熔深和熔宽则减小。焊速过高可能产生咬边。

焊速减小时，单位长度上填充金属的熔敷量增加，由于这时电弧直接接触的只是液态熔池金属，固态母材的熔化是靠液态金属的导热作用实现的，故熔深减小而熔宽增加。

（5）焊丝直径：焊丝直径对焊接过程稳定性、飞溅、熔滴过渡和短路频率均有影响。短路过渡焊接主要采用 $\phi 0.6\sim1.4mm$ 的细丝。薄板可采用细丝短路过渡焊接。本试验中 $\phi 1.0mm$ 焊丝的焊接过程更稳定，焊缝成形更光滑。

此外，焊丝绕制情况对焊缝成形也有影响。若绕制不紧密则焊缝可能不直。盘装镀铜焊丝的效果较好。

（6）焊丝干伸长：焊丝干伸长是指从导电嘴到焊丝端部的距离。由于细丝的电阻大，电流密度较大，因此当干伸长过大（＞14mm），电阻热过大，则相同电流下焊丝熔化加快而使焊缝余高增大，且焊丝易过热而成段熔断，造成严重飞溅，焊接过程不稳定，气体保护效果变坏，焊缝成形不良。焊丝干伸长过小（＜8mm），妨碍观察电弧和熔池情况，且飞溅金属易堵塞喷嘴。一般干伸长应取为焊丝直径的10~12倍，即10~12mm。

（7）电源极性：采用直流反接，以保证电弧稳定且飞溅小。

（8）工件准备：焊前必须清除接缝及其两侧的油、锈、水分等杂质，否则容易产生气孔。

3.薄板混合气体保护单面焊双面成形的焊接规范参数（表1-20）

表1-20　（Ar+CO₂）自动焊薄板的焊接规范参数

板厚 / mm	焊丝牌号	焊丝直径 / mm	焊接电流 /A	电弧电压 / V	焊接速度 / mm·min⁻¹	气体流量 / L·min⁻¹		焊丝干伸长 /mm	电流种类	接头形式
						Ar	CO₂			
1.5	H08Mn2Si	1.0	110~120	19	500	15	5	10~12	直流反接	对接，不开坡口，间隙均匀0~1mm单面一次焊双面成形
2	H08Mn2Si	1.0	150~160	20	500	15	5	10~12	直流反接	
2.5	H08Mn2Si	1.0	170~180	21	500	15	5	10~12	直流反接	
3	H08Mn2Si	1.0	200~210	22	500	15	5	10~12	直流反接	

4.焊后检验

（1）外观检查：焊缝正、反面成形美观，且熔合情况良好。

（2）焊缝的化学成分测定：焊缝的化学成分能满足被焊母材的要求（表1-21）。

表1-21　焊缝金属的化学成分

%

材料	部位	C	Mn	Si	S	P	材料	部位	C	Mn	Si	S	P
Q195	母材	0.08	0.33	0.26	0.015	0.014	A-ZC	母材	0.09	0.50	0.12	0.021	0.015
	焊缝	0.11	1.28	0.68	0.021	0.018		焊缝	0.11	1.27	0.68	0.021	0.017

（3）焊缝力学性能试验（表1-22）。

表1-22　焊缝力学性能试验结果

材料	σ_b/MPa	弯曲		结果
		正弯	背弯	
Q195	405	2个完好	2个完好	断于母材，合格
A-ZC	495	2个完好	2个完好	断于母材，合格

弯曲：$\alpha=180°$，$D=4t$，$l=2.5t$

（二）低温压力容器的半自动焊

由于熔化极混合气体保护焊具有质量好、成本低、效率高等优点，近年来在我国已越来越广泛地应用于各种焊接结构的生产中。下面介绍茂名石油化工公司机械厂用熔化极混合气体保护半自动焊方法焊接低温压力容器氨冷套管结晶器的工艺。

该容器材质为 16MnDR 低温容器用钢，工作温度为 –40℃，工作压力为 3.92MPa，工作介质为液氨和石蜡。

1. 焊接性分析

16MnDR 属于无镍类的低温钢，由于含碳量低，淬硬冷裂倾向很小，所以具有较好的焊接性。关键是保证焊缝和粗晶区有足够的韧性和低温韧性。

2. 焊接方法选择

低温用钢的焊接方法可选焊条电弧焊、埋弧焊及熔化极气体保护焊。采用含 Ni 低温焊条电弧焊，虽可保证低温韧性，但成本高、生产效率低且焊缝成形较差。故选用较便宜的普通焊丝 H08Mn2SiA，用混合气体保护半自动焊，已获得满意的焊缝成力学性能，生产成本为焊条电弧焊的 55%~60%，而生产率高 2~3 倍。

3. 焊接条件

（1）焊接设备：采用 NBC-250 型 CO_2 半自动焊机，直流反接。气路系统由气瓶、减压阀、预热干燥器、流量计、QP-1 型气体配比器等组成。

（2）焊接材料：焊丝为镀铜的 H08Mn2SiA，直径为 1.2mm。保护气体为 $80\%Ar+20\%CO_2$。

（3）焊接规范：焊接低温钢时为避免焊缝及近缝区形成粗晶组织而降低低温韧性，要求采用小线能量。焊接电流不宜过大，宜用快速多道焊以减轻焊道过热，并通过多层焊的重热作用细化晶粒，控制层间温度为 100℃。焊接规范参数列于表 1–23。

4. 焊接质量检验

经 X 射线探伤，焊缝一次合格率 95% 以上，其中 I 级片达 90% 左右。焊接接头的力学性能试验结果见表 1–24。

表 1–23　混合气体保护半自动焊氨冷套管结晶器的焊接规范

层次	气流量 / $L \cdot min^{-1}$	焊接电流 /A	电弧电压 /V	焊接速度 / $cm \cdot min^{-1}$	层次	气流量 / $L \cdot min^{-1}$	焊接电流 /A	电弧电压 /V	焊接速度 / $cm \cdot min^{-1}$
1	15	90~100	19~20	15~16	4、5	15	140~150	20~21	13~14
2、3	15	140~150	20~21	12~13	6、7	15	150~160	20~22	12~13

表 1-24　焊接接头力学性能试验结果

拉伸试验 /MPa		弯曲试验		冲击功 /J（-40℃、V 形缺口、试样尺寸 $10 \times 10 \times 55$mm)		
σ_s	σ_b	面弯 50°	背弯 50°	焊缝	熔合区	热影响区
534.0	540.0	合格	合格	78.5	70.6	58.8

注：每个项目均检验三次，数据取平均值

5. 影响焊接质量的因素

（1）气体配比：混合气体的配比影响电弧特性、焊缝成形及接头的低温冲击韧性。

①对电弧特性和焊缝成形的影响：保护气体为 80%Ar+20%CO_2 采用小线能量（小电流、低电压）时为与 CO_2 焊时相同的短路过渡。由示波器观察到焊接电流和电弧电压的波形比 CO_2 焊时稳定，且规律、周期基本不变，断弧和冲击现象少。熔滴和熔池都较平静，并测得短路频率与 Ar 气含量关系如图 1-40 所示，看出短路频率 f 随 Ar 气含量增加而增大，含 Ar 量为 80% 时，f 为最大值。再进一步增加 Ar 含量，f 反而下降。这是由于当 Ar 含量大于 80% 时，熔滴过渡失去 CO_2 电弧的特征，而呈现氩弧的特征。

气体配比对飞溅率的影响见图 1-41，飞溅率随 Ar 含量的降低而下降，且含 Ar 量为 75%~85% 时下降最快。

综上所述，对于小规范的短路过渡混合气体保护焊，Ar/CO_2 比配为 80/20 时，电弧既有明显的 Ar 弧性质（即电弧稳定、飞溅小、电弧轴向力大），又因气体的氧化性克服了电弧飘移和表面张力大的不利影响。熔深呈碗形，金属流动性好，因而获得外形美观、致密的焊缝。

②对焊接接头低温韧性的影响：由于 CO_2 在高温条件下具有较强的氧化作用，故气体配比会影响焊接冶金的进行，进而影响焊缝金属的性能。

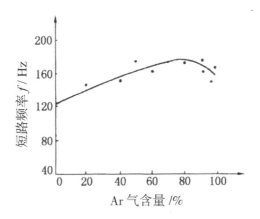

图 1-40 Ar 气含量与短路频率的关系

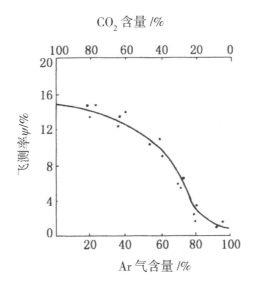

图 1-41 混合比对飞溅率的影响

根据表 1-23 规范参数，层间温度为 100℃，测出 80%Ar+20%CO$_2$，及 100%CO$_2$ 两种气体成分下焊缝和 HAZ 的脆性转变曲线（图 1-42）。前者焊缝和 HAZ 的脆性转变温度（A_{kv}=27J 时）分别为 –75℃ –70℃和 –70℃ –65℃；后者则分别为 –30℃ –25℃和 –20℃ –15℃。可见，采用 80%Ar+20%CO$_2$ 时可明显提高接头的低温韧性。这是由于 80%Ar+20%CO$_2$ 比 100%CO$_2$ 的氧化性小，焊丝中 Mn、Si 的过渡系数高，焊缝的含氧量在（300~350）×10^{-6}，而 CO$_2$ 焊时焊缝金属含氧量达（600~700）×10⁻⁶，是以金属氧化物夹杂形式出现的，使焊缝的冲击韧性严重下降。

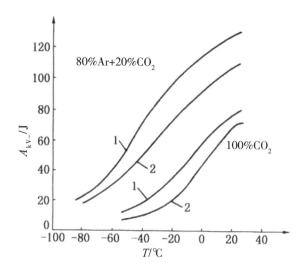

图 1-42 气体保护焊低温冲击曲线

另外，由于低温钢对焊接缺陷和应力集中的敏感性大，而 80%Ar+20%CO₂ 混合气体保护焊时，焊缝成形和质量好，焊接缺陷明显减少，因而减少了引起低温脆断的裂纹源和应力集中。

（2）焊接线能量与层间温度对低温韧性的影响

前面已提到低温钢焊时应尽量采用小线能量。线能量 E 对 -40℃下的低温冲击功影响如图 1-43 所示。由图中看出，当 E=20kJ/cm 时，$A_{kV-40℃}$=65~70J；而 E=30kJ/cm 时，$A_{kV-40℃}$ 仅为 15~20J，显然已不满足质量要求了。

低温钢焊接还要考虑焊缝和 HAZ 的组织形态的影响。除应采用小线能量外，还要采用多层多道焊。后道焊缝对前道焊缝可起退火热处理作用，以细化晶粒而提高韧性。

多层多道焊与多层焊相比，各道焊缝结晶的杂质偏析分散 [图 1-44（a）]；多层焊时杂质偏析易集中在焊缝中部 [图 1-44（b）]，也是冲击试样的缺口部位，形成受力最大的脆弱面。

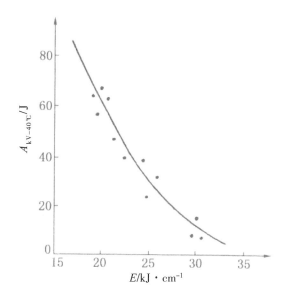

图 1-43 线能量 E 对 $A_{kV-40℃}$ 的影响

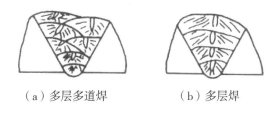

（a）多层多道焊　　　　（b）多层焊

图 1-44 多层多道焊与多层焊的杂质偏析区域

此外，多层多道焊的层间温度对低温韧性也有很大的影响。从表 1-25 数据可见，当层间温度＜ 100℃时，$A_{kV-40℃}$ 值较高；层间温度＞ 300℃时，$A_{kV-40℃}$ 值大大降低。

表 1-25　层间温度对 $A_{kV-40℃}$ 值的影响

层间温度 /℃	＜ 100			150~200			＞ 300		
$A_{kV-40℃}$/J	79	72	76	64	60	56	21	36	30
	84	70	81	59	48	50	46	18	23

实践证明：采用小线能量多层多道焊，层间温度控制在 100~150℃，焊缝的显微组织为细小均匀的针状铁素体＋珠光体＋少量粒状贝氏体，这种焊缝组织具有良好的低温韧性。焊缝正、背面焊道为块状铁素体沿柱状分布，晶

内有针状铁素体、珠光体和粒状贝氏体。HAZ 为铁素体 + 珠光体 + 少量无碳贝氏体。

五、在役压力容器超声波探伤

锅炉和压力容器的工作条件恶劣，加以制造、安装、运行中的问题，极易发生腐蚀、磨损、变形、疲劳等缺陷，若不能及时发现和消除这些缺陷，很可能造成重大事故。特别是设备制造中的超标缺陷，当运行中操作失误或运行后定期检验不及时或不规范，导致国内外多次爆裂事故。例如，美国和中国的锅炉与压力容器爆裂事故统计如图 1-45 所示。为及时发现和消除缺陷，促使锅炉、压力容器安全运行和延长寿命，锅炉及压力容器监察规程规定必须对运行锅炉和压力容器进行定期检验（包括外部检验、内部检验和水压试验等内容）。美国于 1884 年建立 ASME 检规，1911 年建立 ASME 锅规，我国于 1982 年颁布容规，1990 年初颁发了《在用压力容器检验规程》，对检验周期、检验方法与程序和安全状况等级评定都做了规定。

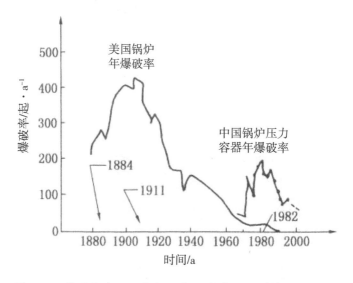

图 1-45 美国和中国历年锅炉与压力容器爆裂事故统计

不同焊接方法和焊接产品的缺陷率统计结果见表 1-26。

这些缺陷中的大部分超标缺陷在制造过程中已经修复，但也有少部分因漏检而成为以后运行中事故的隐患（表 1-27）。压力容器的设计寿命一般为

15~20 年，在运行中又可能受高温或低温、高压、腐蚀介质、热疲劳、低周疲劳和材质恶化等工况条件的作用，使焊缝中原有缺陷扩展或引发出新的缺陷。因此在定期检验中应对焊缝表面和焊缝内部进行严格的无损探伤。如果需要锅炉和压力容器超期服役，则更应加强定期检验以确保安全运行。

表 1-26　焊接结构制造过程中产生的焊接缺陷

焊缝类型	缺陷率 /%	产品名称	缺陷率 /%
环缝埋弧焊	2.36	现场储罐焊缝	0.72~4.87
焊条电弧焊	2.99	船体焊缝	~4.92
纵缝埋弧焊	1.55	近海采油平台节点	~5.94
焊条电弧焊	0.19	主蒸汽管线焊口	~6.00
		低合金钢压力容器（车间制造）	0.68~1.06

表 1-27　运行中的事故隐患

缺陷类型	产生原因	破坏台数	破坏率 /%	缺陷类型	产生原因	破坏台数	破坏率 /%
裂纹	维修失误蠕变等	27	19.4	其他缺陷	查不明原因	18	12.95
	疲劳	20	14.3		制造时遗留的裂纹	48	34.5
	腐蚀	4	2.87			22	15.8

焊缝是锅炉和压力容器的薄弱环节，故应列为定期质量检查的重要部位。尤其因纵缝受力是环缝受力的两倍，因此对纵缝的要求高于环缝。角焊缝不易施焊，且角焊缝处于形状不连续部位，易形成应力集中或产生附加弯曲应力，所以对角焊的要求也较高。锅炉压力容器受压元件上的全部焊缝应首先作外观检查。外观检查合格后才能进行无损探伤。采用磁粉法和着色法检查焊缝表面缺陷；采用射线探伤或超声波探伤检查焊缝内部缺陷。

超声波探伤与 X 射线探伤相比（表 1-28），其优点是灵敏度高、操作方便、检测速度快、成本低、对人体无害、对缺陷能定量和定位、可与其他工序平行作业等，因而受到越来越广泛的重视。缺点是工件表面要求平滑光洁、对缺陷没有直观性，对缺陷定性需有丰富的经验等。射线和超声波探伤的缺陷检出率见图 1-46。

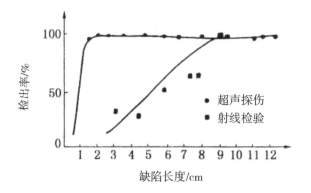

图 1-46 射线、超声波探伤的缺陷检出率

表 1-28   射线探伤与超声探伤方法特点的对比

比较项目	4—9MeV 加速器 （固定式）	400kV X 射线机 （固定式）	300kV X 射线机 （便携式）	超声波检验 （便携式）
设备投资	52~62 万美元	12 万美元	4 万美元	1.5 万元人民币
检验材料	108 元 / 米	108 元 / 米	108 元 / 米	12 元 / 米
检验周期	长	长	长	短
对人体损害	有	有	大	无
缺陷显现	直观	直观	直观	不直观
灵敏度	不灵敏	不灵敏	不灵敏	灵敏

此外，超声波还适于检查复杂的焊接接头（如 T、Y、K 形接头），见图 1-47，且超声波探伤可从单面进行，而不必如射线检验那样扒开容器的保温层，这点对石油化工容器更有意义。下面主要介绍超声波探伤在锅炉压力容器检验中应注意的事项。

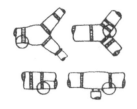

图 1-47 复杂的焊接接头

（一）焊缝超声波探伤缺陷尺寸与性质的确定

超声波探伤应用最多的是单探头式脉冲反射法，采用斜探头横波探伤是焊缝探伤的主要方法。

它是通过测量缺陷反射声波的强度和有反射波的区域范围来确定缺陷的尺寸。缺陷的定量有当量法和半波高法。

1. 当量法

当量法是以试块中不同人工缺陷波作为与缺陷波比较的依据，来确定缺陷的大小。当缺陷尺寸小于声波波束直径时，采用当量面积法（AVG 图）或波幅法进行测量。例如，厚壁容器焊缝中产生的孤立缺陷（气孔或单个夹杂）的当量直径统计值见图 1–48 和图 1–49。

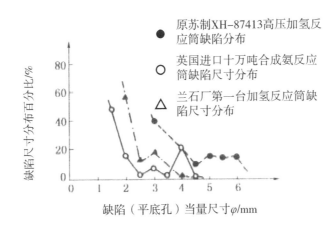

图 1-48 埋弧焊缝中单个缺陷当量尺寸的统计

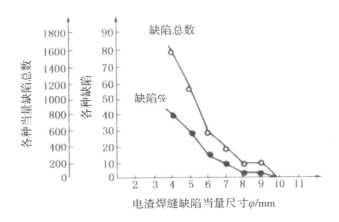

图 1-49 电渣焊缝中单个缺陷当量尺寸的统计

（统计的产品有：7.25×10^4 kW 水轮机主轴；援阿 5×10^4 kW 水轮机转子；64 吨水压机立柱；万吨锻模水压机横梁；3.6×10^4 t 摸锻水压机纵向板、水缸；云峰 10×10^4 kW 水轮机轴。总共发现缺陷＞ +5mm 平底孔 1995 处）

2. 半波高法

半波高法是先测出对声束全反射的缺陷波高，再左右或前后移动探头，使该波幅降至最大波幅的一半（当缺陷波高超过满幅度时，则降至满幅度的一半），二半波高两点之间的距离即为缺陷的长度。当缺陷尺寸大于声波波束直径时（一般为大面积未焊透、未熔合和裂纹），广泛采用半波高法和端点峰值法进行测量。球罐焊条电弧焊缝的未熔合和裂纹长度的统计见图 1-50。厚壁容器埋弧焊、电渣焊时的裂纹统计与判定见图 1-51。判定缺陷性质的一般方法见图 1-51。

（二）超声波探伤时缺陷尺寸测量的误差

对在役压力容器探伤时，要求测量内部缺陷的真实位置与尺寸及表面裂纹的深度，以便对压力容器的安全状况作出正确的评估。由于超声波在缺陷表面上反射的能量强度与波束对缺陷表面的垂直度有关，当声波波束垂直于缺陷表面时，反射能量越强。因此，为提高准确度，应对缺陷采取多用几种角度并从几个方向探测同一个缺陷，但所测缺陷尺寸的误差仍较大，最大达 10mm 左右。必要时可采用聚焦探头和衍射探头进行补充测量以提高对缺陷测量的准确度，衍射波探头测量表面裂纹的深度更准确。

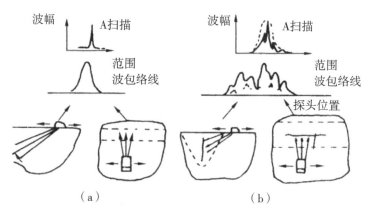

图 1-50　$2 \times 1500m^3$ 和 $4000m^3$ 球罐焊条电弧焊缝

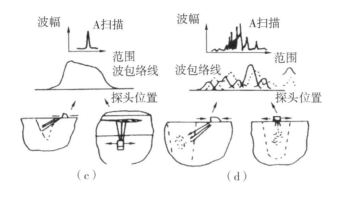

图 1-51 厚壁容器埋弧焊和电渣焊裂纹尺寸的统计

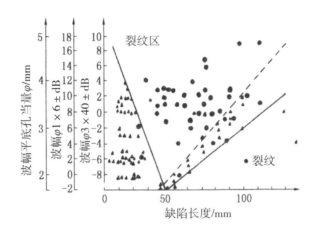

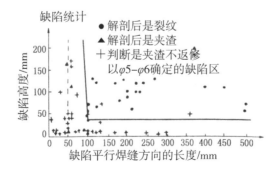

图 1-52 裂纹性质判定的一般规律

（三）在役压力容器超声波探伤的重点

超声波探伤对较小的体积型缺陷如单个气孔的检出率较低；而对面积型缺陷，只要与声波波束方向垂直，就可获得很高的检出率。因此做压力容器超声波探伤的重点是发现焊缝中的面积型缺陷如裂纹、未熔合和未焊透等。这些缺陷均有一定长度和高度，并有较宽的动态波形包络线。焊缝内部裂纹最容易出现在焊接的多次修复区（表1-29），探伤时应特别注意。容器的接管角焊缝属于高应变区，极易引起破裂；对交叉焊缝和错边与角变形严重超差部位，均为容器超声波探伤的重点。这些区域的应力集中、残余应力和重的塑性变形都容易促使裂纹的产生。

表1-29　厚壁球罐焊缝返修次数与裂纹出现的概率

球罐容积/ mm³	材质	壁厚/mm	返修次数与裂纹出现率/%			
			1	2	3	4
1500	9Ni	35	4.6	16.7	44.4	50
150	BS1505224	36	返修区出现裂纹			

第三节　焊接质量管理

一、石油化工设备事故

石油化工设备虽然有换热器、塔器、反应器等不同形式，但从其外壳结构的共性上来看，则都属于压力容器的范畴。这些年来，随着石油化工装置趋向大型化和操作条件严苛化，石油化工所固有的一些特点，例如高温、高压、腐蚀、易燃、易爆等情况，就更为明显和突出，其潜在的危险性就更大了。一旦装置有一处泄漏，往往酿成大祸，造成厂毁人亡。因此，对于石油化工设备的选材、设计和制造，必须强调"安全第一"和"用户第一"的思想。

据我国压力容器安全监察部门的统计，1973年至1986年的14年间，爆炸事故（灾难性事故）1730起，年均爆炸124起。1981年至1985年的5年间压力容器事故造成的总死伤人数为1554人，年均死伤310.8人。试举例如下：

例1.×× 液氯钢瓶恶性爆炸事故（1979年9月7日）

这次事故是由于氯化石蜡倒灌入瓶与液氯发生反应，造成内压激增，从而导致粉碎性爆炸。爆炸时又击中邻近 4 支钢瓶，引起连续爆炸。爆炸所产生的气柱高达 40 余米，呈蘑菇状。有一块重 0.8kg 的碎片飞出 800 多米。还有一块 72.5kg 的下封头碎片，飞越厂区，击断树干，打穿砖墙，落在离爆炸中心 85m 远的居民住宅中，将地面砸一个大坑，又蹦起打死一居民。这次事故，倒塌厂房 414m²，死 59 人，中毒几百人，紧急疏散 8 万余人，损失 63 余万元。

例 2.×× 液化石油气厂恶性爆炸事故（1979 年 12 月 18 日）

爆炸事故首先是由 2 号球罐［容积 400m³，直径 9.2m，壁厚 25mm，材质 15MnVR+15MnV。设计压力 1.6MPa（16kgf/cm²）］突然破裂引起的。裂口长 13m，喷出大量液化石油气，遇明火燃烧，形成一片火海。邻近 1 号球罐受大火烘烤 4 个多小时后，严重超压，发生强烈爆炸，碎片飞出百余米，大火持续 23h，厂区消防系统全部失灵，整个罐区被毁，死 32 人，伤 54 人。毁球罐 6 台，卧罐（50m³）4 台，液化石油气瓶 3000 多只，机动车 12 辆。直接损失 539 万元，间接损失 89 万元。事故原因是焊接质量低劣引起的低应力脆性断裂。

例 3.×× 厂催化裂化车间爆炸事故（1984 年元旦）

这次爆炸事故是由于气体分馏装置液化石油气管道中一个焊口破裂引起的。焊口破裂造成液化石油气泄漏扩散，遇加热炉明火而爆炸，引起 1.2 级地震。大火持续两个多小时，车间破坏严重。邻近几套装置也遭受不同程度损坏，损民房 2000 余间，死 7 人，重伤 16 人，轻伤 300 人。

根据我国压力容器监察部门的统计，在 1979 年 188 起压力容器灾难性失效中，由于管理不善引起的失效高达 61.2%，设计和制造引起的失效达 29.8%。英国 1968 年公布的 121 起压力容器灾难性失效，由于管理不善引起的亦高达 66%。日本高压气体保安协会 1976—1983 年对石油化工企业进行过一次大规模的安全检查，共调查出失效 909 起，其中压力容器失效 414 起，管道失效 254 起。对 414 起压力容器失效进行分析得出：管理不善引起的失效比率为 55%，设计制造原因为 28%，漏检为 4%，其他原因为 13%。可见，在压力容器失效事例中，管理不善引起的失效，国内外均占首位，其次才是设计制造的原因。

压力容器失效的表现形式，绝大多数表现为裂纹的扩展。英国在 1962—

1978 年间对压力容器作了三次大规模调查，共调查了 30 多万台在役压力容器，调查出失效事例 229 起，并得出如下规律：

（1）失效的主要原因是裂纹扩展（占 94%），而裂纹主要是先由缺陷（材料和制造中的缺陷）、疲劳和腐蚀所引起。

（2）工作压力和工作温度较高的容器，失效比例较大，低碳钢的失效比例占很大比重。

（3）役龄小于 5 年的失效比例达 42%，而役龄小于 10 年的失效比率高达 64%。

根据公布的一些数据计算我国压力容器的万台爆炸率约为美国的 172 倍，万台死亡率为美国的 22.5 倍，万台伤亡率为美国的 17 倍。

因此，所有生产焊接产品的企业，必须严格执行安全监察法规和设计制造标准，建立健全质量保证体系。在产品设计、制造、检验、验收的全过程中，必须对企业的技术装备、人员素质、技术管理提出严格的要求，应保证产品的合理设计与制造流程的合理安排。对焊接接头的质量要求，应通过可靠的试验和检验。

二、安全监察法规和设计制造标准

世界各国对压力容器的管理都有两种法规，一是技术上的法规，即设计制造规范（标准）；二是行政上的法规，即权力机关制定的监察法规。后者管辖范围很广，从设计、制造、安装到检修，是强制性的。

我国压力容器监察法规由两部分组成：一是行政上的监察法规，二是技术上的监督法规。行政上的监察法规是指 1982 年 2 月 6 日国务院以国发〔1982〕22 号通知发布的《锅炉压力容器安全监察暂行条例》（以下简称《条例》），以及 1982 年 8 月 7 日劳动人事部根据《条例》第二十三条的规定，以劳人锅〔1982〕6 号通知颁发试行的《锅炉压力容器安全监察暂行条例》实施细则（以下简称《细则》）。

条例中包括总则、监督检查、机构和职权、事故处理、附则五章。《条例》第三条规定了"各级劳动部门领导的锅炉压力容器安全监察机构，对锅炉、压力容器实行监督检查。劳动部门领导的锅炉压力容器检验所是专门从事锅炉、压力容器检验工作的事业单位"。《条例》对锅炉压力容器的设计、制造、安装、使用、修理等单位的责任和资格审批程序，以及对各级监察机构的职权作了明确规定。对事故处理的有关内容也作了明确规定。《细则》中对设计和设计的审批、制造单位的审批、产品质量的监督、检验单位的审定和检验员资格的考核及使用登记等做了明确规定。

技术上的监督法规是指 1981 年国家劳动总局以劳总锅字第 7 号通知颁发的《压力容器安全监察规程》（以下简称《规程》）。这部法规包括总则、材料、设计、制造与安装、使用与管理、安全附件、附则七章。另外，还有 12 个附件。《规程》吸收了《钢制石油化工压力容器设计规定》，JB741《钢制焊接压力容器技术条件》，以及化工部《维护检修规程》等共 43 个标准。

我国压力容器设计制造标准中的基础标准基本上是参照美国 ASME（American Society of Mechanical Engineers，美国机械工程师协会）压力容器规范制定的。由全国压力容器标准化技术委员会负责起草的《钢制压力容器》是我国压力容器设计制造的国家标准。

三、质量保证体系

我国《锅炉压力容器安全监察暂行条例》实施细则中，规定压力容器制造单位必须具有健全的质量保证体系和质量管理制度。制造单位为取得压力容器的制造资格，应获得由劳动部门签署的《压力容器制造许可证》，必须按规定程序向主管部门和当地锅炉压力容器安全监察机构提出书面申请，接受初审和复审。在书面申请时需同时报送《压力容器制造与质量保证手册》。其内容包括：

（1）制造厂的基本情况，包括：厂房面积和规模、职工总数及组成比例、车间和机构设置、主要产品、生产能力和制造历史。

（2）制造厂的技术力量状况，包括：各类技术干部的数量、专业、职称和各类技术工人的数量、等级及技术力量的比例等。

（3）工装设备和检测手段，包括：各种加工、成型、铆焊、起重、理化试验、热处理、检测和运输设备等数量、规格和性能情况。

（4）产品制造与质量管理制度，包括：图纸审核、材料验收、仪器设备的检查、技术人员和技术工人的考核、制造工艺和制造质量的管理、检验及试验，外协外购件、标准化和资料管理制度、各类人员岗位责任制度及用户意见反馈制度等。

（5）质量保证体系，包括：控制制造质量的机构、人员、职能、权限、工作程序，以及按《条例》《规程》、图纸、合同进行监督的方法等。

根据《细则》的规定，压力容器制造单位领证的程序如图1-53所示。图中主管部门和监察机构是指：

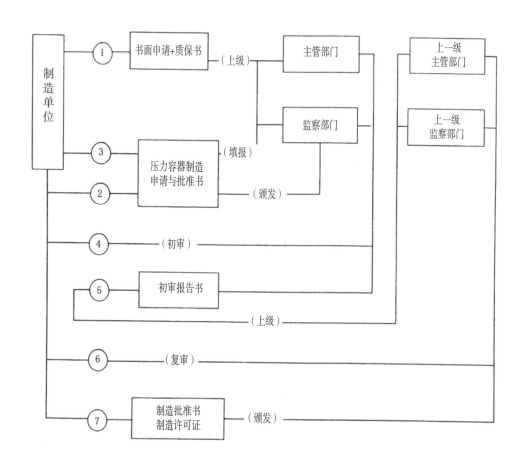

图 1-53 压力容器制造单位领证程序

①制造一、二类压力容器的单位：

主管部门——指地、市级主管部门

监察机构——指地、市劳动部门

上一级主管部门——指省级主管部门

上一级监察机构——指省、市、自治区锅炉压力容器安全监察机构

②制造三类压力容器的单位：

主管部门——指省级主管部门

监察机构——指省、市、自治区锅炉压力容器安全监察机构

上一级主管部门——指国务院主管部门

上一级监察机构——指劳动人事部锅炉安全监察机构

《细则》规定：压力容器制造许可证有效期为四年。持证单位应在制造许可证有效期满前三至六个月提出申请更换许可证，期满不办理换证的单位，原许可证作废。

压力容器制造厂如要将自己的产品推向国际市场，则必须取得国外权威机构的证书，例如 ASMFJ 许可证书。

ASME 制造许可证的申请程序属于一种法律程序。它的法律语言叫作向 ASME 备案。制造厂一词的法律语言为"卖主"。因此制造厂向 ASME 申请制造许可证的法律语言为"卖主向 ASME 备案"。

（1）申请厂按 ASME 规范要求建立质量控制系统，并按实际情况编写质量控制手册（以英文版本为主）。

（2）申请厂与某一授权机关签订服务协议。这个协议规定检验机关的服务费用。合同检验机关派人（1~2人）到申请厂了解准备工作情况。必要时可派一人到该厂帮助指导。

（3）上述迎检工作就绪，申请厂向 ASME 致函，说明申请 ASME 某一卷（某种钢印）制造许可证的愿望。ASME 向申请厂复函，并寄来申请表，填表费用100美元。ASME 收到填好的申请表后通知 NB（美国国家锅炉和压力容器检验师协会）。

（4）NB 与授权检验机关组成联合检查组，按商定的时间到工厂进行检查。主要检查工厂的质量控制手册和质量控制系统的实施情况。手册与系统的实施情况必须一致，否则得不到认可。实施情况的检验以示范容器为主。从设计、材料准备、制造与检验等各个环节检查该台容器是否符合 ASME 规范要

求，同时对工厂的制造和检验能力进行考察。检查日期一般为两天。

（5）联检组写出检查报告。

（6）ASME 根据联检组的报告，经审查同意后，发给申请工厂制造许可证和钢印。许可证上签证人为 ASME 和秘书。NB 每年都出版公布持证人花名册，以供随时检查，许可证有效期为三年，到期如要继续申请，重新履行上述手续。

一般来说，制造厂从开始与检验机关签约到一次成功取证，所需费用约20000 美元。

根据有关部门的取证经验，成功的关键是容器的材料是否符合 ASME 规范第 II 卷所指定的材料。很多工厂往往因材料不符合 ASME 规范要求而得不到批准。

四、焊接工艺评定

焊接工艺评定是确保锅炉和压力容器制造质量的重要前提，2000 年国家颁发了《钢制压力容器焊接工艺评定》（JB 4708—2000）。焊接工艺评定是从焊接工艺角度，确保钢制压力容器焊接接头使用性能的重要措施。它是按照所拟定的焊接工艺（包括焊前准备，焊接材料，设备、方法、顺序、操作的最佳选择，以及焊后处理等），根据标准所规定的焊接试件、检验试样测定焊接接头是否具备所要求的性能，经过焊接工艺评定，提出《焊接工艺评定报告》，并结合实践经验制定《焊接工艺规程》，作为焊接生产的依据。

（一）焊接工艺评定的条件与规则

焊接工艺评定应以可靠的钢材焊接性能为依据，并在产品焊接前完成。

焊接工艺评定所用设备、仪表应处于正常工作状态，钢材焊接材料必须符合相应标准，由本单位技能熟练的焊接人员使用本单位焊接设备焊接试件。

评定对接焊缝焊接工艺时，采用对接焊缝试件。对接焊缝试件评定合格的焊接工艺亦适用于角焊缝。评定非受压角焊缝焊接工艺时，可采用角焊缝试件。

板材对接焊缝试件评定合格的焊接工艺适用于管材的对接焊缝；管与板角焊缝试件评定合格的焊接工艺适用于板材的角焊缝。反之亦然。

在焊接工艺评定时，将焊接工艺因素分为重要因素、补加因素和次要因素，见表1–30。当变更任何一个重要因素时都需要重新评定焊接工艺；当增加或变更任何一个补加因素时，则可按增加或变更的补加因素增焊冲击韧性试件进行试验；当变更次要因素时不需要重新评定焊接工艺，仅需重编焊接工艺指导书。

凡属下列情况之一者，需要重新进行焊接工艺评定：

（1）改变焊接方法，需重新评定。

（2）新材料或施工单位首次焊接的钢种，需重新评定。

为了减少焊接工艺评定数量，将母材按其化学成分、力学性能和焊接性能进行分类、分组，见表1–31。凡一种母材评定合格的焊接工艺，可用于同组别号的其他母材。表中组别为VI–2母材的评定，适用于II–1的母材。高组别号母材的评定，适用于同组别号母材与低组别号母材所组成的焊接接头。除上述两种情况外，母材组别号改变时，需重新评定。当不同类别号的母材组成焊接接头时，即使母材各自都已评定合格，仍需重新评定。但类别号II、组别号VI–1、VI–2母材的评定，适用于该类别号或该组别号母材与类别号I母材所组成的焊接接头。

（3）改变焊后热处理类别，需重新评定。

（4）对接焊缝评定合格的焊接工艺，适用工件的母材厚度和焊缝金属厚度有效范围见表1–32。超出适用有效范围需重新评定。

（二）焊接工艺评定方法

焊接工艺评定的主要目的在于证明某一焊接工艺能否获得力学性能符合要求的焊接接头。其评定的方式是通过对焊接试板所做的力学性能试验，判断该工艺是否合格。因此，焊接工艺评定是评定焊接工艺的正确性，而不是评定焊工技艺。焊接工艺评定对焊接工人只要求熟练，并没有"考试合格"的要求。两者的关系是：先有焊接工艺评定的合格，而后才有焊工技能评定的合格。焊接工艺评定报告并不直接指导生产，只是焊接工艺规程的支持文件，没有一份或多份焊接工艺评定报告支持的焊接工艺规程是没有意义的。据此，焊接工艺评定的程序见图1–54。

表 1-30　各种焊接方法的焊接工艺评定因素

类别	焊接条件	重要因素						补加因素						次要因素					
		气焊	焊条电弧焊	埋弧焊	熔化极气体保护焊	钨极气体保护焊	电渣焊	气焊	焊条电弧焊	埋弧焊	熔化极气体保护焊	钨极气体保护焊	电渣焊	气焊	焊条电弧焊	埋弧焊	熔化极气体保护焊	钨极气体保护焊	电渣焊
接头	1. 坡口形式	—	—	—	—	—	—	—	—	—	—	—	—	○	○	○	○	○	○
	2. 增加或取消钢垫板	—	—	—	—	—	—	—	—	—	—	—	—	○					
	3. 在同组别号内选择不同钢号做垫板	—	—	—	—	—	—	—	—	—	—	—	—	○				○	
	4. 坡口根部间隙	—	—	—	—	—	—	—	—	—	—	—	—	○	○	○	○	○	
	5. 取消单面焊时的钢垫板（双面焊接按有钢垫板的单面焊考虑）	—	—	—	—	—	—	—	—	—	—	—	—						
	6. 增加或取消非金属或非熔化的金属焊接衬垫	—	—	—	—	—	—	—	—	—	—	—	—	○	○	○	○		
	7. 增加钢垫板	—	—	—	—	—	—	—	—	—	—	—	—					○	
	8. 焊接面的装配间隙	—	—	—	—	—	—	—	—	—	—	—	—					—	○
填充材料	1. 焊条牌号（只考虑类别代号后头两位数字）	—	○																
	2. 用非低氢型药皮焊条代替低氢型药皮焊条							—	○										
	3. 用低氢型药皮焊条代替非低氢型药皮焊条														○				
	4. 焊条直径														○				
	5. 焊条的直径改为大于6mm								○										
	6. 药芯焊丝牌号（只考虑类别代号后头两位数字）、焊丝钢号	○	—	○	○	○													
	7. 用具有较低冲击吸收功的药芯焊丝代替具有较高冲击吸收功的药芯焊丝										○	○	—						
	8. 用具有较高冲击吸收功的药芯焊丝代替具有较低冲击吸收功的药芯焊丝																○	○	—

续表

类别	焊接条件	重要因素						补加因素						次要因素					
		气焊	焊条电弧焊	埋弧焊	熔化极气体保护焊	钨极气体保护焊	电渣焊	气焊	焊条电弧焊	埋弧焊	熔化极气体保护焊	钨极气体保护焊	电渣焊	气焊	焊条电弧焊	埋弧焊	熔化极气体保护焊	钨极气体保护焊	电渣焊
填充材料	9. 焊丝直径	—	—	—	—	—	—	—	—	—	—	—	—	○	—	○	○	—	—
	10. 焊剂牌号；混合焊剂的混合比例	—	—	○	—	—	○	—	—	—	—	—	—	—	—	—	—	—	—
	11. 焊剂商标名称或制造厂	—	—	—	—	—	—	—	—	—	—	—	—	—	—	—	○	—	—
	12. 增加或取消填充金属	—	—	—	—	—	○	—	—	—	—	—	—	—	—	—	—	—	—
	13. 添加或取消附加的填充金属	—	—	○	○	—	—	—	—	—	—	—	—	—	—	—	—	—	—
	14. 填充金属横截面积	—	—	—	—	—	—	—	—	—	—	—	—	—	○	—	—	○	○
	15. 实芯焊丝改为药芯焊丝或相反	—	—	—	○	○	—	—	—	—	—	—	—	—	—	—	—	—	—
	16. 添加或取消预置填充金属；预置填充金属的化学成分范围	—	—	—	—	—	○	—	—	—	—	—	—	—	—	—	—	—	—
	17. 丝极改为板极或反之；丝极或板极钢号	—	—	—	—	—	○	—	—	—	—	—	—	—	—	—	—	—	—
	18. 熔嘴改为非熔嘴或反之	—	—	—	—	—	○	—	—	—	—	—	—	—	—	—	—	—	—
	19. 熔嘴钢号	—	—	—	—	—	○	—	—	—	—	—	—	—	—	—	—	—	—
焊接位置	1. 焊接位置	—	—	—	—	—	—	—	—	—	—	—	—	—	○	○	○	○	—
	2. 需做清根处理的根部焊道向上立焊或向下立焊	—	—	—	—	—	—	—	—	—	—	—	—	—	○	—	○	○	—
	3. 从评定合格的焊接位置改变为向上立焊	—	—	—	—	—	—	—	○	—	○	○	—	—	—	—	—	—	—
预热、后热	1. 预热温度比已评定合格值降低50℃以上	—	○	○	○	○	—	—	—	—	—	—	—	—	○	—	—	—	—
	2. 最高层间温度比经评定记录值高50℃以上	—	—	—	—	—	—	—	○	○	○	○	—	—	—	—	—	—	—
	3. 施焊结束后至焊后热处理前，改变后热温度范围和保温时间	—	—	—	—	—	—	—	—	—	—	—	—	—	○	○	○	○	—
气体	1. 可燃气体的种类	○	—	—	—	—	—	—	—	—	—	—	—	—	—	—	—	—	—
	2. 保护气体种类；混合保护气体配比	—	—	—	○	○	—	—	—	—	—	—	—	—	—	—	—	—	—

续表

类别	焊接条件	重要因素						补加因素						次要因素					
		气焊	焊条电弧焊	埋弧焊	熔化极气体保护焊	钨极气体保护焊	电渣焊	气焊	焊条电弧焊	埋弧焊	熔化极气体保护焊	钨极气体保护焊	电渣焊	气焊	焊条电弧焊	埋弧焊	熔化极气体保护焊	钨极气体保护焊	电渣焊
气体	3. 从单一的保护气体改用混合保护气体或取消保护气体	—	—	—	○	○													
	4. 当焊接类别号为 IV、VIII 的母材时，取消背面保护气体或改为包括非惰性气体在内的混合气体	—	—	—	○	○													
	5. 当焊接组别号为 IV-2，类别号为 VIII 的母材时，气体流量减少 10% 或更多一些	—	—	—	○	○													
	6. 增加或取消尾部保护气体或改变尾部保护气体成分																○	○	—
	7. 保护气体流量	—	—	—													○	○	—
	8. 增加或取消背面保护气体，改变背面保护气体流量和组成	—	—	—													○	○	—
电特性	1. 电流种类或极性	—	—	—	—	—	—	—	○	○	○	○	—	—	○	○	○	○	—
	2. 增加线能量或单位长度焊道的熔敷金属体积超过已评定合格值								○	○	○	○							
	3. 电流值或电压值														○	○	○	○	
	4. 电流值或电压值超过已评定合格值 ±15%	—	—	—	—	—	○												
	5. 在直流电源上叠加或取消脉冲电流																	○	
	6. 钨极的种类或直径	—	—	—	—	—												○	—
	7. 从喷射弧、熔滴弧或脉冲弧改变为短路弧，或反之	—	—	—	●	—													
技术措施	1. 从氧化焰改为还原焰，或反之	—	—	—	—	—	—							○					
	2. 左向焊或右向焊	—	—	—	—	—	—							○					
	3. 不摆动焊或摆动焊	—	—	—	—	—	—							○	○	○	○	○	—

续表

类别	焊接条件	重要因素						补加因素						次要因素					
		气焊	焊条电弧焊	埋弧焊	熔化极气体保护焊	钨极气体保护焊	电渣焊	气焊	焊条电弧焊	埋弧焊	熔化极气体保护焊	钨极气体保护焊	电渣焊	气焊	焊条电弧焊	埋弧焊	熔化极气体保护焊	钨极气体保护焊	电渣焊
技术措施	4. 焊前清理和层间清理方法	—	—	—	—	—	—	—	—	—	—	—	—	○	○	○	○	○	○
	5. 清根方法	—	—	—	—	—	—	—	—	—	—	—	—	—	○	○	○	○	—
	6. 焊丝摆动幅度、频率和两端停留时间	—	—	—	—	—	—	—	—	—	—	—	—	—	—	○	○	—	—
	7. 导电嘴至工件的距离	—	—	—	—	—	—	—	—	—	—	—	—	—	—	—	○	—	—
	8. 由每面多道焊改为每面单道焊	—	—	—	—	—	—	—	—	○	○	○	—	—	—	—	—	—	—
	9. 单丝焊改为多丝焊，或反之	—	—	—	—	—	○	—	—	—	—	—	—	—	—	—	—	—	—
	10. 电（钨）极摆动幅度、频率和两端停留时间	—	—	—	—	—	○	—	—	—	—	—	—	—	—	—	—	○	—
	11. 焊丝（电极）间距	—	—	—	—	—	—	—	—	—	—	—	—	—	—	○	○	—	○
	12. 增加或取消非金属或非熔化的金属成形滑块	—	—	—	—	—	○	—	—	—	—	—	—	—	—	—	—	—	—
	13. 手工操作、半自动操作或自动操作	—	—	—	—	—	—	—	—	—	—	—	—	—	○	○	○	○	—
	14. 有无锤击焊缝	—	—	—	—	—	—	—	—	—	—	—	—	○	○	○	○	○	—
	15. 钨极间距	—	—	—	—	—	—	—	—	—	—	—	—	—	—	—	—	○	—
	16. 喷嘴尺寸	—	—	—	—	—	—	—	—	—	—	—	—	—	—	—	○	○	—

表 1-31　铜号分类分组表

类别号	组别号	钢号	相应标准号
I	I-1	Q235-A·F	GB/T 912，GB/T 3274
		Q235-A	GB/T 912，CB/T 3274
		Q235-B	GB/T 912，GB/T 3274
		Q235-C	GB/T 912，GB/T 3274
		10	GB 3087，GB 6479，GB/T 8163，GB 9948
		20	GB 3087，GB/T 8163，GB 9948，JB 4726
		20G	GB 5310，GB 6479
		20g	GB 713
		20R	GB 6654
II	II-1	16Mn	GB 6479，JB 4726
		16MnR	GB 6654
	II-1	15MnNbR	GB 6654
		15MnVR	GB 6654
		20MnMo	JB 4726
		10MoMVNb	GB 6479
III	III-1	13MnNiMoNbR	GB 6654
		18MnMoNbR	GB 6654
		20MnMoNb	JB 4726
	III-2	07MnCrMoVR	GB 150
IV	IV-1	12CrMo	GB 6479，GB 9948
		12CrMoG	GB 5310
		15CrMo	GB 6479，GB 9948，JB 4726
		15CrMoR	GB 6654
		15CrMoG	GB 5310
		14Crl Mo	JB 4726
		14Crl MoR	GB 150
		12Crl MoV	JB 4726
		12Crl MoVG	GB 5310
	IV-2	12Gr2Mo	GB 6479
		12Cr2Mol	JB 4726
		12Cr2MolR	GB 150
		12Cr2MoG	GB 5310
V	V-1	1Cr5Mo	GB 6479，JB 4726
VI	VI-1	09MnD	GB 150
		09MnNiD	JB 4727
		09MnNiDR	GB 3531
	VI-2	16MnD	JB 4727
		16MnDR	GB 3531
		15MnNiDR	GB 3531
		20MnMoD	JB 4727
	VI-3	07MnNiCrMoVDR	GB 150
		08MnNiCrMoVD	JB 4727
		10Ni3MoVD	JB 4727

续表

类别号	组别号	钢号	相应标准号
VII	VII-1	1Cr18Ni9Ti	GB/T 3280，GB/T 4237，JB 4728
		0Cr18Ni9	GB/T 3280，GB/T 4237，GB 13296，GB/T 14976，JB 4728
		0Cr18Ni10Ti	GB/T 3280，GB/T 4237，GB 13296，GB/T 14976，JB 4728
		00Cr19Ni10	GB/T 3280，GB/T 4237，GB 13296，GB/T 14976，JB 4728
	VB-2	0Cr17Ni12Mo2	GB/T 3280，GB/T 4237，GB 13296，GB/T 14976，JB 4728
		0Cr19Ni13Mo3	GB/T 3280，GB/T 4237，GB 13296，GB/T 14976
		0Cr18Ni12Mo2Ti	GB/T 3280，GB/T 4237，GB 13296，GB/T 14976，JB 4728
		00Cr17Ni14Mo2	GB/T 3280，GB/T 4237，GB 13296，GB/T 14976，JB 4728
		00Cr19Ni13Mo3	GB/T 3280，GB/T 4237，GB 13296，GB/T 14976
VIII	VIII-1	0Cr13	GB/T 3280，GB/T 4237，GB/T 14976，JB 4728

表 1-32 适用工件母材厚度和焊缝金属厚度有效范围

试件母材厚度 T 或焊缝厚度 t	适用焊件母材厚度的有效范围		适用焊件焊缝金属厚度的有效范围	
	最小值	最大值	最小值	最大值
$T < 1.5$	T	$2T$	不限	$2t$
$1.5 \leqslant T$ 或 $t \leqslant 8$	1.5	$2T_1$ 且不大于 12	不限	$2t_1$ 且不大于 12
T 或 $t > 8$	$0.75T$	$1.5T$	不限	$1.5t$

翼板厚度 T_1	腹板厚度 T_2	翼板厚度 T_1	腹板厚度 T_2
$\leqslant 3$	T_1	> 3	$\leqslant 7$，但不小于 3

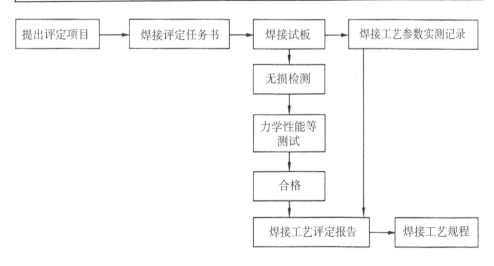

图 1-54 焊接工艺评定程序

75

第二章　焊条电弧焊工艺

第一节　焊接接头的形式与加工工艺

一、焊接接头的形式

焊接接头有对接接头、T形接头、角接接头、搭接接头四种形式，具体结构及应用见表2-1。

表2-1　焊接接头的形式

接头坡口形式		接头结构简图	说明
对接接头	I形		当板厚小于4mm时，不开坡口，但板厚最大不可超过6mm。如果不要求焊透，也可再厚些
	带钝边V形		钢板超过6mm时，为了保证焊透，必须开坡口。一般开V形坡口，坡口下部可留钝边或不留钝边
	单边V形		这种坡口的使用条件与V形坡口相同。一般应采用V形，在一侧板无法加工时才采用单边V形坡口

续表

接头坡口形式		接头结构简图	说明
对接接头	X 形		这种坡口在板的厚度较大时采用，但必须能在反面施焊，并且要便于翻转
	U 形		这种坡口只有在板厚超过 20mm 时，才能减小焊缝的厚度和减小填充金属的数量，但需要有刨边机、铣边机、碳弧气刨的设备支持
	J 形		这种坡口的使用条件与 U 形坡口相同。一般采用 U 形，在一侧板无法加工时才采用 J 形坡口
	双 U 形不同厚度板的对接		这种坡口只有在板厚超过 40mm 时，才能减小焊缝的厚度和减小填充金属的数量。但需要有刨边机、铣边机或碳弧气刨的设备支持。同时这种坡口还要考虑反面能否施焊并且焊件便于翻转
			单面削薄时：$L=（Б-Б_1）$	厚度差小于板厚 1/3 时可削薄

接头坡口形式		接头结构简图	说明
T形接头	I 形		薄板 T 字接头或不要求焊透时采用
	V 形		要求焊透时使用
T形接头	K 形		要求焊透时使用
	双 J 形		要求焊透时使用
角接接头	I 形坡口接头		要求焊透时使用
	单边 V 形坡口角接		要求焊透时使用
	V 形坡口角接		要求焊透时使用，一般内部不焊
	K 形坡口角接		要求焊透时使用，并注意能在内部焊接

续表

接头坡口形式		接头结构简图	说明
搭接接头	普通搭接	$(3\sim5)\delta$　δ	一般不使用，但薄板为防止焊穿时采用
	塞焊搭接		对强度要求不高且要保留边缘时采用
	长孔角焊搭接		对强度要求不高但要保留边缘时采用

第二节　焊条电弧焊工艺过程与运条方法、焊丝摆动

一、焊条电弧焊的工艺过程

任何焊接过程都包含起头和收尾。在焊条电弧焊的焊接过程中，还有一个技术上要求很高的连接问题，即当一根焊条焊完后，用下一根焊条接着焊时需要有一个良好的连接技术，以保证接头的质量。关于焊条电弧焊的操作技术见表2-2。

表2-2　手工（焊条）电弧焊的操作过程的技术问题

过程	方法	简图	操作技巧
引弧	划擦法		先将焊条末端对准焊缝，然后将手腕扭转一下使焊条在焊件上划擦一下打出火花，然后手腕扭平，并将焊条提起3~4mm即可引燃电弧，并保持一定弧长
	直击法		先将焊条末端对准焊缝，然后将手腕放下，使焊条轻碰一下焊件，随后将焊条提起3~4mm即可引燃电弧，并保持一定的弧长
起头		引弧后先将电弧稍微拉长，对焊缝端头进行必要的预热，然后适当缩短电弧长度进行正常的焊接	

79

续表

过程	方法	简图	操作技巧
焊缝的收尾	划圈收尾法		焊条移至焊缝终点时，作圆圈运动，直到填满弧坑再拉断电弧。此法适用于厚板收尾
	反复断弧收尾法	焊条移至焊缝终点时，在弧坑处反复熄弧、引弧数次，直到填满弧坑为止。此法一般适用于薄板和大电流焊接，单碱性焊条不宜使用此法，因为容易产生气孔	
	回焊收尾法		焊条移至焊缝收尾处即停住，并且改变焊条角度回焊一小段。此法适用于碱性焊条
焊缝的连接	首－尾相接	头 ——1—→ 尾头 ——2—→ 尾	后焊焊缝的起头与先焊焊缝的结尾相接，接头方法是在弧坑稍前（约10mm）处引弧，电弧可比正常焊接时略微长些（氢型焊条电弧不可长，否则易产生气孔），然后将电弧后移到原弧坑的2/3处，填满弧坑后即向前进入正常焊接。此法适用于单层焊及多层焊的表层接头
	首－首相接	尾 ←—1—— 头头 ——2—→ 尾	后焊焊缝的起头与先焊焊缝首首相接
	尾－尾相接	头 ——1—→ 尾尾 ←—2—— 头	后焊焊缝的结尾与先焊焊缝尾尾相接
	尾－首相接	头 ——2—→ 尾头 ——1—→ 尾	后焊焊缝的结尾与先焊焊缝尾首相接

二、运条方法与焊丝横向摆动

在手工（焊条）电弧焊时，为了保证焊接质量和熔敷金属覆盖焊缝，焊条（或焊丝）不仅要沿焊接方向移动和向下送进，还要进行必要的横向摆动。根据焊缝的不同，可分别采用直线运条、直线往复运条、锯齿形运条、月牙形运条、斜三角形运条、三角形运条、圆圈形运条、斜圆圈形运条和8字形运条等运条方法。各种运条方法及其应用范围见表2-3。

表2-3　各种运条方法及其应用范围

运条方法	示意图	用途
直线运条	————————————→	缝宽不超过焊条直径的1.5倍。适用于板厚3~5mm不开坡口的对接平焊、多层焊的第一层或多层多道焊

续表

运条方法	示意图	用途
直线往复运条		特点是焊接速度快、焊缝窄、散热也快。适用于薄板焊接和接头间隙较大的焊缝
锯齿形运条		这种方法容易操作，在实际生产中应用较广。多用于厚钢板焊接及平焊、立焊、仰焊的对接接头和立焊的角接接头
月牙形运条		操作时要在两端作片刻停留，以防止咬边。适用范围与锯齿形运条相同
斜三角形运条		适用于 T 形接头的仰焊缝和有坡口的横焊缝
三角形运条		只适用于开坡口的对接接头和 T 形接头的立焊。特点是一次能焊出较厚的焊缝断面，不易产生夹渣缺陷
圆圈形运条		此法只适用于较厚工件的平焊，有利于熔池中的气体和熔渣上浮
斜圆圈形运条		用于平焊、仰焊位置的 T 形接头的焊缝和对接接头的横焊缝
8 字形运条		这种运条方法主要用于多层多道焊的盖面，可焊出均匀的鱼鳞花

第三节　焊接工艺参数及选择

　　焊条电弧焊的焊接工艺参数通常包括焊条牌号、焊条直径、电源种类与极性、焊接电流、电弧电压、焊接速度和焊接层数等。而主要的焊接工艺参数是焊条直径和焊接电流的大小，至于电弧电压和焊接速度，在焊条电弧焊中，不做原则规定，焊工根据具体情况灵活掌握。

　　焊接工艺参数选择得正确与否，会直接影响焊缝的成形和产品的质量，因此选择合适的焊接规范是生产上一个重要的问题。焊条电弧焊时的焊接工艺参数见表2-4。

表2-4 焊条电弧焊适用的焊接工艺参数

焊缝空间位置	焊缝横断形式	焊件厚度或焊脚尺寸/mm	第一层焊缝		其他各层焊缝		封底焊缝	
			焊条直径/mm	焊接电流/A	焊条直径/mm	焊接电流/A	焊条直径/mm	焊接电流/A
平对接焊缝		2	2	50~60	—	—	2	55~60
		2.5~3.5	3.2	90~120	—	—	3.2	120
		4~5	3.2	100~130	—	—	3.2	100~130
			4	160~200	—	—	4	160~210
			5	200~260	—	—	5	220~250
		5~6	4	160~210	—	—	3.2	100~130
							4	180~210
		≥6	4	160~210	4	160~210	4	180~210
					5	220~280	5	220~260
		≥12	4	160~210	4	160~210	—	—
					5	220~280	—	—
立对接焊缝		2	2	50~55	—	—	2	50~55
		2.5~4	3.2	80~110	—	—	3.2	80~110
		5~6	3.2	90~120	4	120~160	3.2	90~120
		7~10	3.2	90~120	4	120~160	3.2	90~120
			4	120~160				
		≥11	3.2	90~120	4	120~160	3.2	90~120
			4	120~160	5	160~200		
		12~18	3.2	90~120	4	120~160	—	—
			4	120~160			—	—
		≥19	3.2	90~120	4	120~160	—	—
			4	120~160	5	160~200	—	—

续表

焊缝空间位置	焊缝横断形式	焊件厚度或焊脚尺寸/mm	第一层焊缝 焊条直径/mm	第一层焊缝 焊接电流/A	其他各层焊缝 焊条直径/mm	其他各层焊缝 焊接电流/A	封底焊缝 焊条直径/mm	封底焊缝 焊接电流/A
横对接焊缝		2	2	50~55	—	—	2	50~55
		2.5	3.2	80~110	—	—	3.2	80~110
		3~4	3.2	90~120	—	—	3.2	90~120
		3~4	4	120~160	—	—	4	120~160
		5~8	3.2	90~120	3.2	90~120	3.2	90~120
		5~8			4	140~160	4	120~160
		≥9	3.2	90~120	4		3.2	90~120
		≥9	4	140~160			4	120~160
		14~18	3.2	90~120	4	140~160	—	—
		14~18	4	140~160			—	—
		≥19	4	140~160	4	140~160	—	—
仰对接焊缝		2	—	—	—	—	2	50~65
		2.5	—	—	—	—	3.2	80~110
		3~5	—	—	—	—	3.2	90~110
		3~5	—	—	—	—	4	120~160
		5~8	3.2	90~120	3.2	90~120	—	—
		5~8			4	140~160	—	—
		≥9	3.2	90~120	4	140~160	—	—
		≥9	4	140~160			—	—
		12~18	3.2	90~120	4	140~160	—	—
		12~18	4	140~160			—	—
		≥19	4	140~160	4	140~160	—	—

焊接作业与配套电器设备

焊缝空间位置	焊缝横断形式	焊件厚度或焊脚尺寸/mm	第一层焊缝 焊条直径/mm	焊接电流/A	其他各层焊缝 焊条直径/mm	焊接电流/A	封底焊缝 焊条直径/mm	焊接电流/A
平角接焊缝		2	2	55~65	—	—	—	—
		3	3.2	100~120	—	—	—	—
		4	3.2	100~120			—	—
		4	4	160~200	—	—	—	—
		5~6	4	160~200	—	—	—	—
		5~6	5	220~280			—	—
		≥7	4	160~200	5	220~230	—	—
		≥7	5	220~280			—	—
		—	4	160~200	4	160~200	4	160~220
		—			5	220~280		
立角接焊缝		2	2	50~60	—	—	—	—
		3~4	3.2	90~120	—	—	—	—
		5~8	3.2	90~120	—	—		
		5~8	4	120~160			—	—
		9~12	3.2	90~120	4	120~160	—	—
		9~12	4	120~160			—	—
		—	3.2	90~120	4	120~160	3.2	90~120
		—	4	120~160				

续表

焊缝空间位置	焊缝横断形式	焊件厚度或焊脚尺寸/mm	第一层焊缝		其他各层焊缝		封底焊缝	
			焊条直径/mm	焊接电流/A	焊条直径/mm	焊接电流/A	焊条直径/mm	焊接电流/A
仰角接焊缝		2	2	50~60	—	—	—	—
		3~4	3.2	90~120	—	—	—	—
		5~6	4	120~160	—	—	—	—
		≥7	4	140~160	4	140~160	—	—
		—	3.2	90~120	4	140~160	3.2	90~120
			4	140~160			4	140~160

还要强调的是如何确定厚板焊条电弧焊的层数。当板厚较大时，为了焊透需要开坡口，开了坡口后多数都不能焊一层，应根据板的厚度来确定焊接层数，用式（2-1）计算

$$n=t\frac{t}{k\delta}$$

式中

n——焊接层数；

t——钢板厚度，mm；

δ——焊条直径，mm；

k——厚度系数，一般取 0.8~1.2。

在多层焊时，要合理地确定焊接层数，并要考虑是用多层焊还是用多层多道焊。对于怕过热的材料，宜采用多层多道焊；对于易淬火的材料，则宜采用多层焊。

第四节　各种位置的焊接方法

焊接时，由于焊缝所处的位置不同，因而操作方法和焊接工艺参数的选择也就不同。但是它们也存在着共同的规律，所以在进行各种位置的焊接时，应掌握好这些共同的规律。

通过保持正确的焊条角度可以控制好电弧的吹力，掌握好运条的前进、横

向摆动和焊条送进三个动作，把熔池温度严格地控制在一定的范围内，就能使熔池金属的冶金反应趋近完全，气体、杂质排除得比较干净，与基体金属良好熔合，从而得到优良的焊缝质量和美观的焊缝形状。虽然焊接时熔池温度不容易直接判断，但熔池温度与熔池的形状和大小是密切相关的。熔池的大小与焊接工艺参数及运条手法有关，因此焊接时应选择合适的焊接工艺参数及运条手法，把熔池控制在一定的范围内，以保证焊缝质量。

本节将介绍各种焊接位置的操作方法。

一、平焊

平焊时，由于焊缝处在水平位置，熔滴主要靠自重自然过渡，所以操作比较容易，允许用较大直径的焊条和较大的电流，故生产率高。如果参数选择及操作不当，容易在根部形成未焊透或焊瘤。运条及焊条角度不正确时，熔渣和铁水易出现混在一起分不清的现象或者熔渣超前形成夹渣。

平焊又分为平对接焊和平角焊接两种。

1. 平对接焊

（1）不开坡口的平对接焊当焊件厚度小于 6mm 时，一般采用不开坡口对接。

焊接正面焊缝时，宜用直径为 3~4mm 的焊条，采用短弧焊接，并应使熔深达到板厚的 2/3，焊缝宽度为 5~8mm，余高应小于 1.5mm，如图 2-1 所示。

对不重要的焊件，在焊接反面的封底焊缝前，可不必铲除焊根，但应将正面焊缝下面的熔渣彻底清除干净，然后用 3mm 焊条进行焊接，电流可以稍大些。

焊接时所用的运条方法均为直线形，焊条角度如图 2-2 所示。在焊接正面焊缝时，运条速度应慢些，以获得较大的熔深和宽度；焊反面封底焊缝时，则运条速度要稍快些，以获得较小的焊缝宽度。

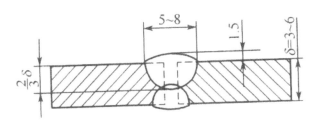

图 2-1　不开坡口的焊缝

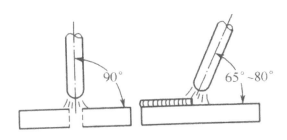

图 2-2　平面对接焊的焊条角度

运条时，若发现熔渣和铁水混合不清，即可把电弧稍微拉长一些，同时将焊条向前倾斜，并往熔池后面推送熔渣，随着这个动作，熔渣就被推送到熔池后面去了，如图 2-3 所示。

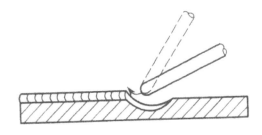

图 2-3　推送熔渣的方法

（2）开坡口的平对接焊当焊件厚度等于或大于 6mm 时，因为电弧的热量很难使焊缝的根部焊透，所以应开坡口。开坡口对接接头的焊接，可采用多层焊法（图 2-4）或多层多道焊法（图 2-5）。

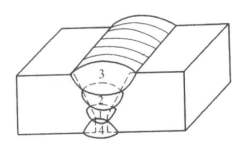

图 2-4 对接多层焊

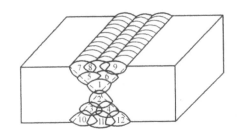

图 2-5 对接多层多道焊

多层焊时，对第一层的打底焊道应选用直径较小的焊条，运条方法应以间隙大小而定，当间隙小时可用直线形，间隙较大时则采用直线往返形，以免烧穿。当间隙很大而无法一次焊成时，就采用三点焊法。先将坡口两侧各焊上一道焊缝（图 2-6 中 1、2），使间隙变小，然后再进行图 2-6 中焊缝 3 的敷焊，从而形成由焊缝 1、2、3 共同组成的一个整体焊缝。但是，在一般情况下，不应采用三点焊法。

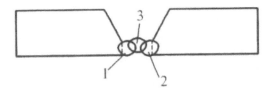

图 2-6 三点焊法的施焊次序

在焊第二层时，先将第一层熔渣清除干净，随后用直径较大的焊条和较大的焊接电流进行焊接。用直线形、幅度较小的月牙形或锯齿形运条法，并应采用短弧焊接。以后各层焊接，均可采用月牙形或锯齿形运条法，不过其摆动幅度应随焊接层数的增加而逐渐加宽。焊条摆动时，必须在坡口两边稍作停留，否则容易产生边缘熔合不良及夹渣等缺陷。为了保证质量和防止变形，应使层与层之间的焊接方向相反，焊缝接头也应相互错开。

多层多道焊的焊接方法与多层焊相似，所不同的是因为一道焊缝不能达到所要求的宽度，而必须由数条窄焊道并列组成，以达到较大的焊缝宽度。焊接时采用直线形运条法。

在采用低氢型焊条焊接平面对接焊缝时，除了焊条一定要按规定烘干外，焊件的焊接处必须彻底清除油污、铁锈、水分等，以免产生气孔。在操作时，一定要采用短弧，以防止空气侵入熔池。运条法宜采用月牙形，可使熔池冷却速度缓慢，有利于焊缝中气体的逸出，以提高焊缝质量。

2. 平角接焊

平角接焊主要是指 T 形接头平焊和搭接接头平焊，搭接接头平焊与 T 形接头平焊的操作方法类似，所以这里不做单独介绍。

T 形接头平焊在操作时易产生咬边、未焊透、焊脚下偏（下垂）、夹渣等缺陷，如图 2-7 所示。

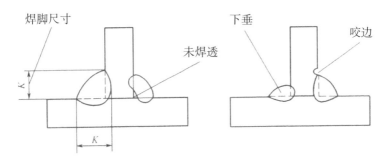

图 2-7　T 形接头平焊在操作时易产生的缺陷

为了防止上述缺陷，操作时除了正确选择焊接参数外，还必须根据两板的厚度来调节焊条的角度。如果焊接两板厚度不同的焊缝时，电弧就要偏向于厚板的一边，使两板的温度均匀。常用焊条角度如图 2-8 所示。

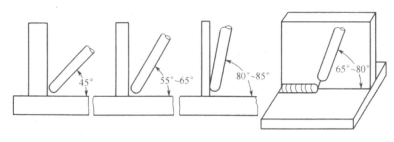

图 2-8 T 形接头焊接时的焊条角度

T 形接头的焊接除单层焊外也可采用多层焊或多层多道焊，其焊接方法如下。

（1）单层焊焊脚尺寸小于 8mm 的焊缝，通常用单层焊（一层一道焊缝）来完成，焊条直径根据钢板厚度不同在 3~5mm 范围内选择。

焊脚尺寸小于 5mm 的焊缝，可采用直线形运条法和短弧进行焊接，焊接速度要均匀，焊条角度与水平板成 45°，与焊接方向成 65°~80° 的夹角。焊条角度过小会造成根部熔深不足；角度过大，熔渣容易跑到前面而造成夹渣。

在使用直线形运条法焊接焊脚尺寸不大的焊缝时，将焊条端头的套管边靠在焊缝上，并轻轻地压住它，当焊条熔化时，会逐渐沿着焊接方向移动。这样不但便于操作，而且熔深较大，焊缝外表也美观。

焊脚尺寸在 5~8mm 时，可采用斜圆圈形或反锯齿形运条法进行焊接，但运条速度不同，容易产生咬边、夹渣、边缘熔合不良等现象。正确的运条方法如图 2-9 所示，a 点至 b 点运条速度要稍慢些，以保证熔化金属与水平板很好熔合；b 点至 c 点的运条速度要稍快些，以防止熔化金属下淌，当从 b 点运条到 c 点时，在 c 点要稍作停留，以保证熔化金属与垂直板很好熔合，并且还能避免产生咬边现象，c 点至 b 点的运条速度又要稍慢些，才能避免产生夹渣现象及保证根部焊透；b 点至 d 点的运条速度与 a 点至 b 点一样要稍慢些；d 点至 e 点与 b 点至 c 点、e 点与 c 点相同，要稍作停留。整个运条过程就是不断重复上述过程。同时在整个运条过程中，都应采用短弧焊接。这样所得的焊缝才能宽窄一致，高低平整，不产生咬边、夹渣、下垂等缺陷。

在 T 形接头平焊的焊接过程中，往往由于收尾弧坑未填满而产生裂纹。所以在收尾时，一定要保证弧坑填满，具体措施可参阅焊缝收尾法。

（2）多层焊焊脚尺寸在 8~10mm 时，可采用两层两道的焊法。

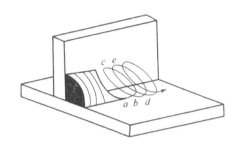

图 2-9 平角焊的圆圈形运条

焊第一层时，可采用 3~4mm 直径的焊条，焊接电流稍大些，以获得较大的熔深。采用直线形运条法，在收尾时应把弧坑填满或略高些，这样在焊接第二层收尾时，不会因焊缝温度增高而产生弧坑过低的现象。

在焊第二层之前，必须将第一层的熔渣清除干净，如发现有夹渣，应用小直径焊条修补后方可焊第二层，这样才能保证层与层之间紧密地熔合。在焊第二层时，可采用 4mm 直径的焊条，焊接电流不宜过大，电流过大会产生咬边现象。用斜圆圈形或反锯齿形运条法施焊，具体运条方法与单层焊相同。但是第一层焊缝有咬边时，在第二层焊接时，应在咬边处适当多停留一些时间，以弥补第一层咬边的缺陷。

（3）多层多道焊当焊接焊脚尺寸大于 10mm 的焊缝时，如果采用多层焊，则由于焊缝表面较宽，坡度较大，熔化金属容易下垂，给操作带来一定困难。所以在实际生产中都采用多层多道焊。

焊脚尺寸为 10~12mm 时，一般用两层三道来完成。焊第一层（第一道）时，可采用较小直径的焊条及较大焊接电流，用直线形运条法，收尾与多层焊的第一层相同。焊完后将熔渣清除干净。

焊第二道焊缝时，应覆盖不小于第一层焊缝的 2/3，焊条与水平板的角度要稍大些（图 2-10 中 a），一般为 45°~55°，以使熔化金属与水平板很好熔合。焊条与焊接方向的夹角仍为 65°~80°，用斜圆圈形或反锯齿形运条，运条速度除了在图 2-9 中的 c 点、e 点上不需停留之外，其他都一样。焊接时应注意熔化金属与水平板要很好熔合。

焊接第三道焊缝时，应覆盖第二道焊缝的 1/3~1/2。焊条与水平板的角度为 40°~45°（图 2-10 中 b），角度太大易产生焊脚下偏现象。一般采用直线形运条法，焊接速度要均匀，不宜太慢，因为速度慢了易产生焊瘤，使焊缝成形不美观。

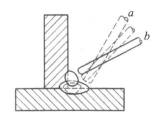

图 2-10 多层多道焊的焊条角度

如果发现第二道焊缝覆盖第一层大于 2/3 时，在焊接第三道时可采用直线往复运条法，以避免第三道焊缝过高。如果第二道覆盖第一道太少时，第三道焊接时可采用斜圆圈运条法，运条时在垂直板上要稍作停留，以防止咬边，这样就能弥补由于第二道覆盖过少而产生的焊脚下偏现象。

如果焊接焊脚尺寸大于 12mm 以上的焊件时，可采用三层六道、四层十道来完成，如图 2-11 所示。焊脚尺寸越大，焊接层数、道数就越多。

在实际生产中，如果焊件能翻动时，应尽可能把焊件放成图 2-12 所示船形位置进行焊接，这种位置是最佳的焊接位置。

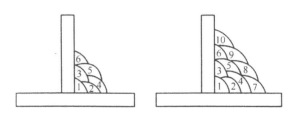

图 2-11 多层多道焊的焊道排列

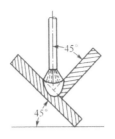

图 2-12 船形焊

因为船形焊时，能避免产生咬边、下垂等缺陷，并且操作方便，易获得平整美观的焊缝，同时，有利于使用大直径焊条和大电流，不但能获得较大的熔深，而且能一次焊成较大断面的焊缝，能大大提高生产率。采用船形焊时，运条采用月牙形或锯齿形运条法。焊接第一层采用小直径焊条及稍大电流，其他各层与开坡口平对接焊相似。

二、立焊

立焊有两种方式，一种是由下向上施焊，另一种是由上向下施焊。由上向下施焊的立焊要求有专用的立向下焊焊条才能保证焊缝成形。目前生产中应用较广的仍是由下向上施焊的立焊法，这里主要讨论这种焊接法。

立焊时由于熔化金属受重力的作用容易下淌，使焊缝成形困难，为此可以采取以下措施。

（1）在立对接焊时，焊条与焊件的角度左右方向各为 90°，向下与焊缝成 60°~80°；而立角接焊时，焊条与两板之间各为 45°，向下与焊缝成 60°~90°，如图 2-13 所示。

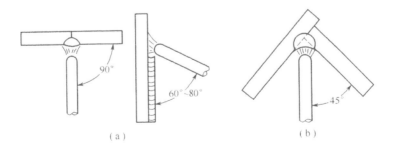

（a）　　　　　　　　　（b）

图 2-13 立焊的焊条角度

（2）用较小的焊条直径和较小的焊接电流，电流一般比平焊时小12%~15%，以减小熔滴的体积，使之少受重力的影响，有利于熔滴的过渡。

（3）采用短弧焊接，缩短熔滴过渡到熔池中的距离，形成短路过渡。

（4）根据焊件接头形式的特点和焊接过程中熔池温度的情况，灵活运用适当的运条法。

此外，气体的吹力、电磁力、表面张力在立、横、仰焊时，都能促使熔滴向熔池过渡，以减小熔滴由于受重力的影响而产生下淌的趋势，有利于焊缝成形。

1. 不开坡口的立对接焊

不开坡口的立对接焊，常用于薄件的焊接，焊接时除采取上述措施外，还可以适当采取跳弧法、灭弧法及幅度较小的锯齿形或月牙形运条法。

跳弧法和灭弧法的特点是：在焊接薄钢板、接头间隙较大的立焊缝及采用大电流焊接立焊缝时，能避免产生烧穿、焊瘤等缺陷。所以在施焊过程中，根据熔池温度的情况，用跳弧法或灭弧法与其他的运条法配合使用，来解决由于采用大电流而易产生烧穿及焊瘤的矛盾，能够提高生产率。

（1）跳弧法：当熔滴脱离焊条末端过渡到熔池后，立即将电弧向焊接方向提起，使熔化金属有凝固机会（通过护目玻璃可以看到熔池中白亮的熔化金属迅速凝固，白亮部分也逐渐缩小），随后即将提起的电弧拉回熔池，当熔滴过渡到熔池后，再提起电弧。具体运条方法如图 2-14 所示。但是必须注意，为了保证质量，不使空气侵入熔化金属，要求电弧移开熔池的距离应尽可能短些，并且跳弧时的最大弧长不超过 6mm（图 2-14 中直线形跳弧法）。

（2）灭弧法：当熔滴从焊条末端过渡到熔池后，立即将电弧熄灭，使熔化金属有瞬时凝固的机会，随后重新在弧坑引燃电弧，这样交错地进行。灭弧的时间在开始焊时可以短些，这是因为在开始焊时，焊件还是冷的，随着焊接时间的增长，灭弧时间也要稍增加，才能避免烧穿及产生焊瘤。一般灭弧法在立焊缝的收尾时用得比较多，这样可以避免收尾时熔池宽度增加和产生烧穿及焊瘤等。

施焊时，当电弧引燃后，应将电弧稍微拉长，以对焊缝端头进行预热，随后再压低电弧进行焊接。在焊接过程中要注意熔池形状，如发现椭圆形熔池的下部边缘由比较平直的轮廓逐渐鼓肚变圆时，表示温度已稍高或过高（图2-15），应立即灭弧，让熔池降温，避免产生焊瘤，待熔池瞬时冷却后即在熔池引弧继续焊接。

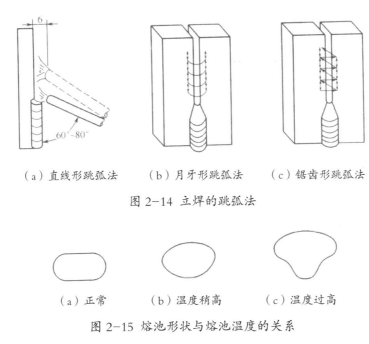

（a）直线形跳弧法　　（b）月牙形跳弧法　　（c）锯齿形跳弧法

图 2-14 立焊的跳弧法

（a）正常　　　　（b）温度稍高　　　　（c）温度过高

图 2-15 熔池形状与熔池温度的关系

立焊是比较困难的，容易产生焊瘤、夹渣等缺陷。因此接头时更换焊条要迅速，采用热接法。先用稍长电弧预热接头处，预热后将焊条移至弧坑一侧进行接头（此时电弧比正常焊接时稍长一些）。在接头时，往往有铁水拉不开或熔渣、铁水混在一起的现象，这主要是由于接头时，更换焊条时间太长，引弧后预热时间不够及焊条角度不正确而引起的。因此，产生这种现象时必须将电弧稍微拉长一些，并适当延长在接头处的停留时间，同时将焊条角度增大（与焊缝成90°），这样熔渣就会自然滚落下去，便于接头。收尾方法可采用灭弧法。

在焊接反面封底焊缝时，可适当增大焊接电流，保证获得较好的熔深，其运条可采用月牙形或锯齿形跳弧法。

2. 开坡口的立对接焊

钢板厚度大于 6mm 时，为了保证熔透，一般都要开坡口。施焊时采用多层焊,其层数多少,可根据焊件厚度来决定。

(1)根部焊法。根部焊接是一个关键,要求熔深均匀,没有缺陷。因此,应选用直径为3.2mm或4.0mm的焊条。施焊时,在熔池上端要熔穿一小孔,以保证熔透。对厚板焊件可用小三角形运条法(运条时在每个转角处需作停留);中等厚度或稍薄的焊件可用小月牙形、锯齿形运条法或跳弧法,如图2-16所示。无论采用哪一种运条法,焊接第一层时除了避免产生各种缺陷外,焊缝表面还要求平整,避免呈凸形(图2-17),否则在焊第二层焊缝时,易产生未焊透和夹渣等缺陷。

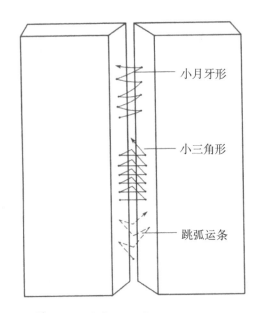

小月牙形

小三角形

跳弧运条

图2-16 开坡口立对接焊的根部焊缝

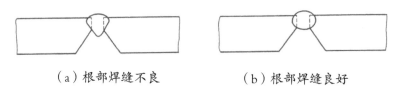

(a)根部焊缝不良　　　　　(b)根部焊缝良好

图2-17 开坡口立对接焊的根部焊缝

(2)其余各层焊法在焊第二层之前,应将第一层的熔渣清除干净,焊瘤应铲平。焊接时可采用锯齿形或月牙形运条法。在进行表面层焊接时,应根据焊缝表面的要求选用适当运条法,如要求焊缝表面稍高的可用月牙形;若要求焊缝表面平整的可用锯齿形。为了获得平整美观的表面焊缝，除了要保持较薄的焊缝厚度外，并应适当减小电流（防止焊瘤和咬边）；运条速度应均匀，横向摆动时，在图2-18中 a、b 两点应将电弧进一步缩短并稍作停留，以防止咬边，从 a 点摆动至 b 点时应稍快些，以防止产生焊瘤。有时候表层焊缝也可采用较大电流的快速摆弧法，在运条时采用短弧，使焊条末端紧靠熔池快速摆动，并在坡口边缘稍作停留（以防咬边）。这样表层焊缝不仅较薄，而且焊波较细，表层焊缝平整美观。

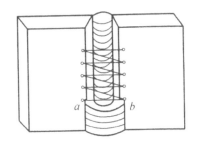

图 2-18　开坡口立对接焊的表层运条

　　在采用低氢型焊条进行立对接焊时，应采用如下方法：焊第一层时，电流要小些，用 3.2mm 直径的焊条，电弧要压低在 1~1.5mm，并紧贴坡口钝边，采用小月牙形或小锯齿形运条法，运条时不允许跳弧。焊条向下倾斜与焊缝成近 90° 的夹角。接头时，更换焊条速度要快，在熔池还红热时就立即引弧接头。第一层焊缝表面要平直，其余各层应采用月牙形或锯齿形运条法。运条时，不仅要压短电弧，并且要注意焊缝两边不可产生过深的咬边，以免焊下一层时造成夹渣。在焊表层焊缝的前一层时，焊缝断面要平直，不要把坡口边烧掉，应留出 2mm 以便表层焊接。表层焊接时，运条要两边稍慢中间快，采用短弧，将焊条末端紧靠熔池进行快速摆动焊接。

3. T形接头立焊

　　T形接头立焊容易产生的缺陷是焊缝根部（角顶）未焊透，焊缝两旁易咬边。因此，在施焊时，焊条角度向下与焊缝成 60°~90°，左右为 45°，焊条运至焊缝两边应稍作停留，并采用短弧焊接。在焊接 T形接头立焊时，其采用的运条方法（图 2-19）及其操作要点均与开坡口立对接焊相似。

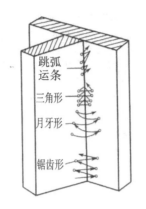

图 2-19 T 形接头立焊运条法

三、横焊

横焊时，由于熔化金属受重力的作用，容易下淌而产生咬边、焊瘤及未焊透等缺陷（图 2-20）。因此，应采用短弧、较小直径的焊条及适当的电流强度和运条方法。此外，熔滴过渡力的作用（与立焊时一样），也有利于焊缝成形。

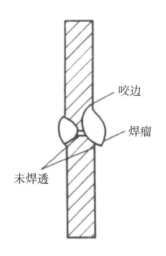

图 2-20 横焊时易产生的缺陷

1. 不开坡口的横对接焊

板厚为 3~5mm 的不开坡口的横对接焊应采取双面焊接。焊接正面焊缝时，宜采用 3.2mm 或 4mm 直径的焊条，焊条角度如图 2-21 所示。

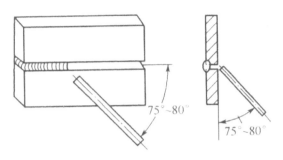

图 2-21　不开坡口横对接焊的焊条角度

较薄焊件采用直线往复运条法焊接，可以利用焊条向前移动的机会使熔池得到冷却，以防止熔滴下淌及产生烧穿等缺陷。

较厚焊件，可采用直线形（电弧尽量短）或斜圆圈形运条法，以得到适当的熔深。焊接速度应稍快些，而且要均匀，避免熔滴过多地熔化在某一点上而形成焊瘤和造成焊缝上部咬边而影响焊缝成形。

封底焊，焊条直径一般为 3.2mm，焊接电流可稍大些，采用直线形运条法。

2. 开坡口的横对接焊

开坡口的横对接焊，其坡口一般为 V 形或 K 形，坡口的特点是下板不开坡口或坡口角度小于上板（图 2-22），这样有利于焊缝成形。

焊接开坡口的横对接焊缝时，可采用多层焊，如图 2-23（a）所示。焊第一层时，焊条直径一般为 3.2mm。运条法可根据接头间隙大小来选择，如间隙较小时，可用直线形短弧焊接；间隙较大时，宜用直线往复运条法焊接。第二层焊缝用 3.2mm 或 4mm 直径的焊条，可采用斜圆圈形运条法焊接，如图 2-23（b）所示。

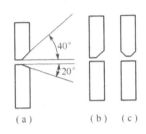

图 2-22 横对接焊的接头

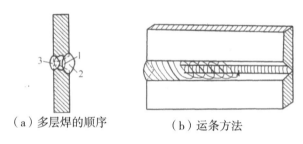

（a）多层焊的顺序　　　　（b）运条方法

图 2-23 V 形坡口对接焊坡口形式

在焊接过程中，应保持较短的电弧长度和均匀的焊接速度。为了更有效地防止焊缝上部边缘产生咬边和下部熔化金属产生下淌现象，每个斜圆圈与焊缝中心的斜度不大于 45°。当焊条末端运到斜圆圈上面时，电弧应更短些，并稍作停留，使较多量的熔化金属过渡到焊缝上，然后缓慢地将电弧引到熔池下边，即原先电弧停留点的旁边，这样往复循环运条，才能有效地避免各种缺陷的产生，获得成形良好的焊缝。

当焊接板厚超过 8mm 的横焊缝时，应采用多层多道焊，这样能更好地防止由于熔化金属下淌而造成焊瘤，保证焊缝成形良好。选用 3.2mm 或 4mm 直径的焊条，采用直线形或小圆圈形运条法，并根据各焊道的具体情况始终保持短弧和适当的焊接速度，焊条角度也应根据各层、道的位置不同相应地调节（图 2-24）。开坡口横对接焊时焊缝各层、道排列顺序如图 2-25 所示。

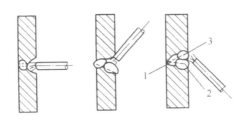

图 2-24 开坡口横对接焊各焊道焊条角度的选择

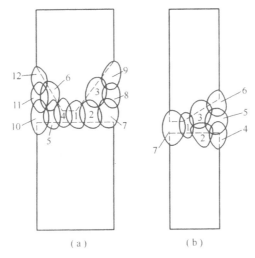

图 2-25 开坡口对接焊时焊缝各层、道的排列顺序

四、仰焊

仰焊是各种位置焊接中最困难的一种焊接方法，由于熔池倒悬在焊件下面，没有固体金属的承托，所以使焊缝成形产生困难。同时在施焊过程中，常发生熔渣越前的现象，故在控制运条方面要比平焊和立焊困难些。

仰焊时，必须保持最短的电弧长度，以使熔滴在很短的时间内过渡到熔池中，在表面张力的作用下，很快与熔池的液体金属汇合，促使焊缝成形。图2-26 所示为使用短弧和长弧焊接仰焊时熔滴过渡的情况。为了减小熔池面积，使焊缝容易成形，焊条直径和焊接电流要比平焊时小些。若电流与焊条直径太大，促使熔池体积增大，易造成熔化金属向下淌落；如果电流太小，则根部不易焊透，产生夹渣及焊缝成形不良等缺陷。此外，在仰焊时气体的吹力和电磁力的作用有利于熔滴过渡，促使焊缝成形良好。

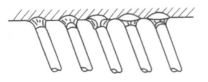

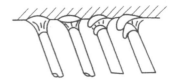

（a）短弧焊接   （b）长弧焊接

图 2-26 仰焊时电弧长度的影响

1. 不开坡口的仰对接焊

当焊件厚度为 4mm 左右时，一般采用不开坡口对接焊。选用直径为 3.2mm 的焊条，焊条与焊接方向的角度为 70°~80°，左右方向为 90°（图 2-27）。在施焊时，焊条要保持上述位置且均匀地运条，电弧长度应尽量短。间隙小的焊缝可采用直线形运条法；间隙较大的焊缝用直线往复运条法。焊接电流要合适，电流过小会使电弧不稳定，难以掌握，影响熔深和焊缝成形；电流太大会导致熔化金属淌落和烧穿等。

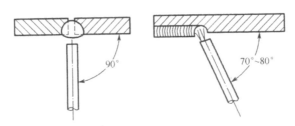

图 2-27 仰对接焊的焊条角度

2. 开坡口的仰对接焊

为了使焊缝容易焊透，焊件厚度大于 5mm 的仰对接焊，一般都开坡口。坡口及接头的形状尺寸对于仰焊缝的质量有很大的影响，为了便于运条，使焊条可以在坡口内自由摆动和变换位置，因此仰焊缝的坡口角度应比平焊缝和立焊缝大些。为了便于焊透，解决仰焊时熔深不足的问题，钝边的厚度应小些，但接头间隙却要大一些，这样不仅能很好地运条，也可得到熔深良好的焊缝。

进行开坡口的仰对接焊时，一般采用多层焊或多层多道焊。在焊第一层焊缝时，采用 3.2mm 直径的焊条，用直线形或直线往复运条法。开始焊时，应用长弧预热起焊处（预热时间根据焊件厚度、钝边与间隙大小而定），烤热后，迅速压短电弧于坡口根部，稍停 2~3s，以便焊透根部，然后，将电弧向前移动进行施焊。在施焊时，焊条沿焊接方向移动的速度，应该在保证焊透的前提下尽可能快一些，以防止烧穿及熔化金属下淌。第一层焊缝表面要求平直，避免呈凸形，因凸形的焊缝不仅给焊接下一层焊缝的操作增加困难，而且易造成焊缝边缘未焊透或夹渣、焊瘤等缺陷。

在焊第二层时，应将第一层的熔渣及飞溅金属清除干净，并将焊瘤铲平才能进行施焊。第二层以后的运条法均可采用月牙形或锯齿形（图2-28），运条时两侧应稍停一下，中间快一些，形成较薄的焊道。

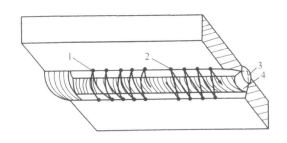

图 2-28　开坡口仰对接焊的运条法

1—月牙形运条；2—锯齿形运条；3—第一层焊道；4—第二层焊道

多层多道焊时，其操作比多层焊容易掌握，宜采用直线形运条法。各层焊缝的排列顺序与其他位置的焊缝一样，焊条角度应根据每道焊缝的位置作相应的调整（图2-29），以利于熔滴的过渡和获得较好的焊缝成形。

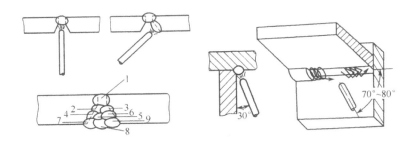

图 2-29　开坡口仰对接焊的多层多道焊

3. T形接头仰焊（仰角焊）

T形接头的仰焊比对接仰焊容易掌握，焊脚尺寸小于或等于6mm时宜采用单层焊；大于6mm时，可采用多层焊或多层多道焊。焊接时可使用稍大的电流来提高生产率。

多层焊时，第一层采用直线形运条法，电流可稍大些，焊缝断面应避免凸形，以便第二层的焊接。第二层可采用斜圆圈形或斜三角形运条法，焊条与焊接方向成 70°~80°（图 2-30），运条时应采用短弧，以避免咬边及熔化金属下淌。多层多道焊在操作时应注意的事项与开坡口仰对接焊相同。

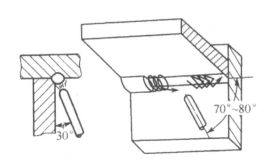

图 2-30 T 形接头仰焊的运条方法

五、薄板焊接

薄板一般是指厚度不大于 2mm 的钢板。薄板焊接的主要困难是容易烧穿、变形较大及焊缝成形不良等，因此在薄板对接焊时应注意以下几点：

①装配间隙越小越好，最大不要超过 0.6mm，坡口边缘的切割熔渣与剪切毛刺应清除干净。

②两块板装配时，对口处的上下错边不应超过板厚的 1/3。对某些要求高的焊件，错边应不大于 0.2~0.3mm。

③应采用较小直径的焊条进行定位焊与焊接。定位焊缝呈点状，其间距应适当小些，如间隙较大时则定位焊的间距应更小些。例如焊接 1.6~2.0mm 厚的薄板时，用直径为 2.0mm 的焊条，70~90A 的电流进行定位焊，定位焊呈点状，焊点间距为 80~100mm，焊缝两端的定位焊缝长 10mm 左右。

④焊接时应采用短弧和快速直线形或直线往复运条法，以获得较小熔池和整齐的焊缝表面。

⑤对可移动的焊件，最好将焊件一头垫起，使焊件倾斜呈 15°~20°，以进

行下坡焊。这样可提高焊速和减小熔深，对防止烧穿和减小变形极为有效。

⑥对不能移动的焊件可进行灭弧焊接法，即在焊接过程中如发现熔池将要塌陷时，立即灭弧使焊接处温度降低，然后再进行焊接。

⑦有条件时可采用专用的立向下焊焊条进行薄板焊接。由于立向下焊焊条焊接时熔深浅、焊速高、操作简便、不易焊穿，故对可移动的焊件尽量放置在立焊位置进行向下焊。对不能移动的焊件其立焊缝或者斜立焊缝也可采用此焊条，但平焊位置用此焊条焊接时成形不好，不宜采用。

六、手工单面焊反面成形技术

手工电弧单面焊反面成形新工艺，具有生产率高、焊接质量好及劳动强度小等优点，与手工电弧两面焊比较，可提升生产效率1~2倍。

（一）用垫板进行强制反面成形

用垫板实现的单面焊反面成形法（图2-31），是一种强制反面成形的焊接方法。它是借助于在接缝处（一般开V形坡口）留有一定间隙，并在反面垫衬一块紫铜垫板而达到反面成形的目的。

从图2-31中可以看出，焊件的坡口可以用半自动气割机来完成。当板厚在12~20mm范围内时，坡口尺寸可按图2-32所示的要求进行加工，同时要求焊缝根部平直，以保证能与铜垫板贴近。焊接时，将铜垫板用活络托架固定在焊件反面。紫铜垫板的尺寸和形状如图2-33所示。

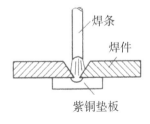

图2-31 手工单面焊反面成形示意

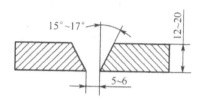

图 2-32 手工单面焊反面成形接头

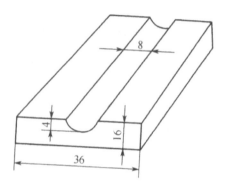

图 2-33 反面成形的紫铜垫板

第一层的封底焊缝是整个反面成形的基础，因此必须焊好。在进行第一层封底焊时，应采用直径 4mm 的结 507（E5015）焊条，焊接电流为 150~170A，运条时摆动不宜过大，采用短弧焊接，电弧必须保持在两板间隙的根部逐渐前移，焊条与焊件的倾斜角为 3° 左右。

为了保证焊缝接头处焊透和防止产生缺陷，应尽量采用"热接法"，即迅速更换焊条及时焊接，并要求接头时在弧坑前面 10mm 左右引弧，随后逐渐过渡到弧坑处，这样可获得良好的焊接质量。

（二）自由状态下的单面焊反面成形

压力管道焊接对反面成形的要求是很高的，既不允许焊不透，也不允许余高过大，两者都对管道的强度有很大影响。而在这种情况下反面又无法加装紫铜垫板，只能悬空焊接，这种单面焊反面成形焊接，其操作难度是很大的。

1. 平焊的单面焊反面成形

单面焊反面成形一般为 V 形坡口对接。

（1）工件和材料的准备将工件开 60°V 形坡口，并根据工件选择焊条，如果用低氢型焊条，应在 350℃~400℃烘干 2h，如果在工地使用，则应将焊条放在保温筒中，保温在 100℃下随用随取。

（2）试件装配修磨钝边 0.5~1.0mm，无毛刺。装配间隙始端为 3.2mm，终端为 4.0mm。放大终端的间隙是考虑到焊接过程中的横向收缩量，以保证熔透坡口根部所需要的间隙。错边量不大于 1.2mm。

①定位焊采用与焊接试件相同牌号的焊件在距端部 20mm 之内进行定位焊，并在试件反面两端点焊，焊缝长度为 10~15mm。始端可少焊些，终端应多焊一些，以防止在焊接过程中收缩造成未焊段坡口间 10~12mm 焊接。

②预置反变形量。一般厚度为 10~12mm 板的反变形量为 3°。在现场时一般不方便测量角度，可将角度转化成板的上翘高度 Δ（图 2-34）：

$$\Delta=b\sin\theta \quad （2-2）$$

式中 Δ——钢板上翘高度，mm；

　　　θ——反变形的角度，（度）；

　　　b——上翘板的宽度，mm。

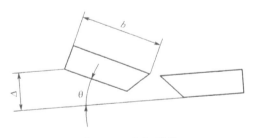

图 2-34　反变形量

如果考核时装配试板或工件的宽度在 100mm 时，装配时可分别用直径 3.2mm 和 4.0mm 的焊条垫在试件中间，如图 2-35 所示（钢板宽度为 100mm 时，放置直径 3.2mm 焊条；宽度为 125mm 时，放置直径 4.0mm 焊条）。这样预置的反变形量待工件焊后其变形角 θ 均在合格范围内。

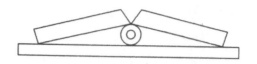

图 2-35 预置反变形的方法

（3）焊接工艺参数打底层可用 φ3.2mm 的焊条，电流为 80~110A；或用 φ2.5mm 的焊条，电流为 45~70A。填充层和表层（盖面）用 φ4.0mm 的焊条，电流为 160~180A；或用 φ5.0mm 的焊条，电流为 200~260A。用大直径的焊条效率会高一些。

（4）操作要点。单面焊反面成形（或称单面焊双面成形）关键在于打底层的焊接。它主要有三个重要环节，即引弧、收弧、接头。

①打底焊焊接方式有灭弧法和连弧法两种。

a.灭弧法又分为两点击穿法和一点击穿法两种。主要是依靠电弧时燃时灭的时间长短来控制熔池的温度、形状及填融金属的薄厚，以获得良好的背面成形和内部质量。现介绍灭弧法中的一点击穿法：

（a）引弧。在始焊端的定位焊处引弧，并略抬高电弧稍作预热，焊至定位焊缝尾部时，将焊条向下压一下，听到"噗噗"声后，立即灭弧。此时熔池前端应有熔孔，深入两侧母材 0.5~1mm，如图 2-36 所示。当熔池边缘变成暗红，熔池中间仍处于熔融状态时，立即在熔池的中间引燃电弧，焊条略向下轻微地压一下，形成熔池，打开熔孔后立即灭弧，这样反复击穿直到焊完。运条间距要均匀准确，使电弧的 2/3 压住熔池，1/3 作用在熔池前方，用来熔化和击穿坡口根部形成熔池。

（b）收弧。在收弧前，应在熔池前方做一个熔孔，然后回焊 10mm 左右，再灭弧；或向末尾熔池的根部送进 2~3 滴熔液，然后灭弧，以使熔池缓慢冷却，避免接头出现冷缩孔。

（c）接头采用热接法。接头时换焊条的速度要快，在收弧熔池还没有完全冷却时，立即在熔池后 10~15mm 处引弧。当电弧移至收弧熔池边缘时，将焊条向下压，听到击穿声，稍作停顿，再给两滴熔液，以保证接头过渡平整，防止形成冷缩孔，然后转入正常灭弧焊法。

更换焊条时的电弧轨迹如图 2-37 所示。电弧在①的位置重新引弧，沿焊道至接头处②的位置，做长弧预热来回摆动。摆动几下（③④⑤⑥）之后，在⑦的位置压低电弧。当出现熔孔并听到"噗噗"声时，迅速灭弧。这时更换焊条的接头操作结束，转入正常灭弧焊法。

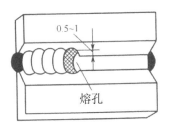

图 2-36　平焊单面焊反面成形的熔孔

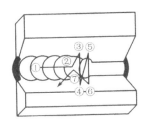

图 2-37　更换焊条时的电弧轨迹

灭弧法要求每一个熔滴都要准确送到位置，燃、灭弧节奏控制在 45~55 次 /min。节奏过快，坡口根部熔不透；节奏过慢，熔池温度过高，焊件背后焊缝会超高，甚至出现焊瘤和烧穿现象。要求每形成一个熔池都要在其前面出现一个熔孔，熔孔的轮廓由熔池边缘和坡口两侧被熔化的缺口构成。

b. 连弧法即焊接过程中电弧始终燃烧，并作有规则的摆动，使熔滴均匀地过渡到熔池中，达到良好的背面焊缝成形的方法。

（a）引弧从定位焊缝上引弧，焊条在坡口内侧作 U 形运条，如图 2-38 所示。电弧从坡口两侧运条时均稍停顿，焊接频率约为每分钟 50 个熔池，并保证熔池间重叠 2/3，熔孔明显可见，每侧坡口根部熔化缺口为 0.5~1.0mm，同时听到击穿坡口的"噗噗"声。一般直径 3.2mm 的焊条大约可焊接 100mm 长。

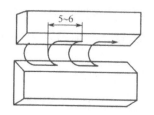

图 2-38 连弧法焊接的电弧运行轨迹

（b）接头更换焊条应迅速，在接头处的熔池后面约 10mm 处引弧。焊至熔池处，应压低电弧击穿熔池前沿，形成熔孔，然后向前运条，以 2/3 的弧柱在熔池上，1/3 的弧柱在焊件背面燃烧为宜。收尾时，将焊条运动到坡口面上缓慢向后提起收弧，以防止在弧坑表面产生缩孔。

②填充层焊。焊前应对前一层焊缝仔细清渣，特别是死角处更要清理干净。焊接时的运条方法为月牙形或锯齿形，焊条与焊接前进方向的角度为 40°~50°。填充层焊时应注意以下几点：

a. 摆动到两侧坡口处要稍作停留，保证两侧有一定的熔深，并使填充焊道略向下凹。

b. 最后一层的焊缝高度应低于母材 0.5~1.0mm。要注意不能熔化坡口两侧的棱边，以便于盖面焊时掌握焊缝宽度。

c. 接头方法如图 2-39 所示，各填充层焊接时其焊缝接头应错开。

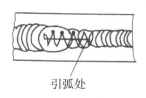

引弧处

图 2-39 填充层焊的接头方法

③盖面层焊采用直径 4.0mm 焊条时，焊接电流应稍小一点；要使熔池形状和大小保持均匀一致，焊条与焊接方向夹角应保持 75° 左右；采用月牙形运条法和 8 字形运条法；焊条摆动到坡口边缘时应稍作停顿，以免产生咬边。

更换焊条收弧时应对熔池稍填熔滴，迅速更换焊条，并在弧坑前 10mm 左右处引弧，然后将电弧退至弧坑的 2/3 处，填满弧坑后正常进行焊接。接头时应注意，若接头位置偏后，则接头部位焊缝过高；若偏前，则焊道脱节。焊接时应注意保证熔池边沿不得超过表面坡口棱边 2mm；否则，焊缝超宽。盖面层焊的收弧采用划圈法和回焊法，最后填满弧坑使焊缝平滑。

（5）操作过程：

①修磨试件坡口钝边，清理试件；按装配要求进行装配，保证装配间隙始端为 3.2mm、终端为 4.0mm，进行定位焊，并按要求预置反变形量。

②打底焊。若选择酸性焊条（E4303 型）则采用灭弧法；若选择碱性焊条（E5015 型或 E4315 型）则采用连弧法打底焊，以防止产生气孔。

③焊接填充层焊道。填充层各层焊道焊接时，其焊缝接头应错开。每焊一层应改变焊接方向，从焊件的另一端起焊，并采用月牙形和锯齿形运条法。各层间熔渣要认真清理，并控制层间温度。

焊至盖面层前最后一道填充层时，采用锯齿形运条法运条，控制焊道距焊件表面下凹 0.5~1.0mm。

④盖面焊用直径 4.0mm 焊条，采用月牙形或 8 字形运条法运条，两侧稍作停留，以防止咬边。

焊接结束后清理熔渣及飞溅物，并检查焊接质量。

2. 立焊的单面焊反面成形

立焊时熔池金属和熔渣在重力作用下，因其流动性不同而容易分离。立焊的单面焊反面成形比平焊的单面焊反面成形容易些。立焊的单面焊反面成形焊前的准备及工件的装配与平焊时相同，在此不再重复。但由于是在垂直位置，其熔池的下淌趋势要严重些，故焊接工艺参数和操作技术与前者有所差别。

（1）焊接工艺参数打底层用 ϕ3.2mm 的焊条，电流为 90~110A；或用 ϕ2.5mm 的焊条，电流为 50~90A。填充层和表层（盖面）用 ϕ4.0mm 的焊条，电流为 100~120A。

（2）操作要点及注意事项。焊接操作采用立向上焊接，始端在下方。

①打底焊焊接打底层可以采用挑弧法，也可采用灭弧法。

a. 在定位焊缝上引弧，当焊至定位焊缝尾部时，应稍加预热，将焊条向根部顶一下，听到"噗噗"击穿声（表明坡口根部已被熔透，第一个熔池已形成），此时熔池前方应有熔孔，该熔孔向坡口两侧各深入 0.5~1.0mm。

b.采用月牙形或锯齿形横向运条方法，短弧操作（弧长小于焊条直径）。

c.焊条的下倾角为70°~75°，并在坡口两侧稍作停留，以利于填充金属与母材的熔合，其交界处不易形成夹角并便于清渣。

d.打底焊道需要更换焊条而停弧时，先在熔池上方做一个熔孔，然后回焊10~15mm再熄弧，并使其形成斜坡形。

e.接头可分热接和冷接两种方法。

（a）热接法。当弧坑还处在红热状态时，在弧坑下方10~15mm处的斜坡上引弧，并焊至收弧处，使弧坑根部温度逐步升高，然后将焊条沿预先做好的熔孔向坡口根部顶一下，使焊条与试件的下倾角增大到90°左右，听到"噗噗"声后，稍作停顿，恢复正常焊接。停顿时间一定要适当，若过长，易使背面产生焊瘤；若过短，则不易接上接头。另外焊条更换的动作越快越好，落点要准。

（b）冷接法。当弧坑已经冷却，用砂轮或扁铲在已焊的焊道收弧处打磨一个10~15mm的斜坡，在斜坡上引弧并预热，使弧坑根部温度逐步升高，当焊至斜坡最低处时，将焊条沿预先做好的熔孔向坡口根部顶一下，听到"噗噗"声后，稍作停顿，并提起焊条进行正常焊接。

②填充层焊接

a.对打底焊缝仔细清渣，应特别注意死角处的焊渣清理。

b.填充层改用 φ4.0mm 的焊条，并将电流调大至100~120A。在距离焊缝始端10mm左右处引弧后，将电弧拉回到始端施焊。每次都应按此法操作，以防止产生缺陷。填充层不能用 φ6.0mm 的焊条，一般也很少用 φ5.0mm 的焊条，因为焊条直径大时熔池直径也大，易造成铁水下淌。

c.采用横向锯齿形或月牙形运条法摆动。焊条摆动到两侧坡口处要稍作停顿，以利于熔合及排渣，并防止焊缝两边产生死角。

d.焊条与试件的下倾角为70°~80°。

e.最后一层填充层的厚度，应比母材表面低1~1.5mm，且应呈凹形，不得熔化坡口棱边，以利于盖面层保持平直。

③盖面层焊接

a.引弧同填充焊。采用月牙形或锯齿形运条，焊条与试件的下倾角为

70°~75°。

b. 焊条摆动到坡口边缘 a、b 两点时，要压低电弧并稍作停留，这样有利于熔滴过渡和防止咬边，如图 2-18 所示。摆动到焊道中间的过程要快些，防止熔池外形凸起产生焊瘤。

c. 焊条摆动频率应比平焊稍快些，前进速度要均匀一致，使每个新熔池覆盖前一个熔池的 2/3~3/4，以获得薄而细腻的焊缝波纹。

d. 更换焊条前收弧时，不要有过深的弧坑，迅速更换焊条后，再在弧坑上方 10mm 左右的填充层焊缝金属上引弧，并拉至原弧坑处填满弧坑后，继续施焊。

（3）操作过程

①清理试件，修磨坡口钝边，按要求间隙进行定位焊，预置反变形量。

②用 φ3.2mm 或 φ2.5mm 的焊条打底焊，保证背面成形。

③层间清理干净，用 φ4.0mm 焊条进行以后几层的填充焊，采用锯齿形或月牙形运条法，两侧稍停顿，以保证焊道平整，无尖角和夹渣等缺陷。

④用 φ4.0mm 的焊条，采用锯齿形或月牙形运条法进行盖面层焊接，焊条摆动中间快些，两侧稍停顿，以保证盖面焊缝余高、熔宽均匀，无咬边、夹渣等缺陷。

焊后清理熔渣及飞溅物，检查焊接质量。

3. 横焊的单面焊反面成形

与立焊相比，横焊的下淌问题更为严重，更容易形成焊瘤。

（1）焊前准备与前者的主要差别是坡口问题：横焊可以采用普通的 V 形坡口，也可以采用偏 V 形坡口。

（2）工件装配修磨钝边 1~1.5mm，无毛刺。坡口面及焊件清理干净；装配始端为 4.0mm，错边量不大于 1.2mm，在坡口反面距两端 20mm 之内定位焊，焊缝长度为 10~15mm。预置反变形量为 4°~5°。

（3）焊接工艺参数。第一层打底焊用 φ3.2mm 的焊条，90~110A 电流；填充层也用 φ3.2mm 的焊条，电流增大至 100~120A；表层（盖面）仍用 φ3.2mm 的焊条，电流比填充层小些，一般用 100~110A 的电流。

（4）操作要点。

①打底焊。第一层打底焊采用间断灭弧击穿法。首先在定位焊点之前引弧，随后将电弧拉到定位焊点的尾部预热，当坡口钝边即将熔化时，将熔滴送至坡口根部，并压一下电弧，从而使熔化的部分定位焊缝和坡口钝边熔合成第一个熔池。当听到背面有电弧的击穿声时，立即灭弧，这时就形成明显的熔孔。然后，按先上坡口、后下坡口的顺序依次复击穿灭弧焊。

灭弧时，焊条向下方动作要迅速，如图 2-40 所示。从灭弧转入引弧时，焊条要接近熔池，待熔池温度下降、颜色由亮变暗转入引弧时，迅速而准确地在原熔池上引弧焊接片刻，再马上灭弧。如此反复地引弧→焊接→灭弧→引弧。

焊接时要求下坡口面击穿的熔孔始终超前上坡面熔孔 0.5~1 个熔孔（直径 3mm 左右），如图 2-41 所示，以防止熔化金属下坠造成粘接，出现熔合不良的缺陷。

在更换焊条灭弧前，必须向背面补充几滴熔滴，防止背面出现冷缩孔。然后将电弧拉到熔池的侧后方灭弧，借助电弧的吹力和热量重新击穿钝边，然后压低电弧并稍作停顿，形成新的熔池后，再转入正常的往复击穿焊接。

②填充层焊。填充层的焊接采用多层多道（共两层，每层两道）焊。

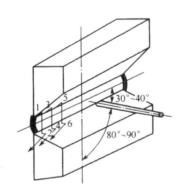

图 2-40 横焊打底的击穿灭弧法

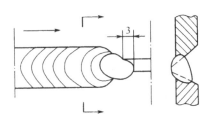

图 2-41 坡口两侧的熔孔

每道焊道均采用直线形或直线往复运条，焊条前倾角为 80°~85°，下倾角根据坡口上、下侧与打底焊道间夹角处熔化情况调整，防止产生未焊透与夹渣等缺陷，并且使上焊道覆盖下焊道 1/2~2/3，防止焊层过高或形成沟槽，如图 2-42 所示。

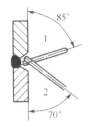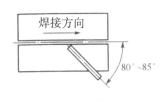

（a）焊条与焊件间的夹角　　（b）焊条与焊缝的夹角

图 2-42 焊接填充层时的焊条角度

1- 下焊道焊条的角度；2- 上焊道焊条的角度

③盖面层。焊盖面层的焊接也采用多道焊（分三道），焊条角度如图 2-43 所示。上、下边缘焊道施焊时，运条应稍快些，焊道尽可能细、薄一些，这样有利于盖面焊缝与母材圆滑过渡。盖面焊缝的实际宽度以上、下坡口边缘各熔化 1.5~2mm 为宜。如果焊件较厚，焊条较宽时，盖面焊缝也可以采用大斜圆圈形运条法焊接，一次盖面成形。

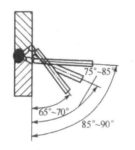 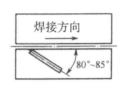

（a）焊条与焊件间的夹角　（b）焊条与焊缝的夹角

图 2-43　焊接装置盖面层时的焊条角度

焊接过程中，保持熔渣对熔池的保护作用，防止熔池裸露而出现较粗糙的焊缝波纹。焊后清理熔渣及飞溅物，检查焊接质量。

4. 仰焊的单面焊反面成形

（1）焊前准备工件、材料和设备的准备与前面几例相同。

（2）试件装配钝边 0.5~1.0mm，无毛刺。坡口面及附近清理干净。装配始端间隙为 3.2mm，终端为 4.0mm，错边量不大于 1.2mm。在试件反面距两端20mm 内进行定位焊。焊缝长度为 10~15mm。预置反变形 3°~4°。

（3）焊接工艺参数。由于仰焊的特殊性，无论是打底层还是填充层和表层，都选用 φ3.2mm 的焊条。电流则打底层、填充层和表层皆控制在90~95A，否则会出现铁水下淌的问题。

（4）操作要点。V 形坡口对接仰焊单面焊双面成形是焊接位置中最困难的一种。为防止熔化金属下坠使正面产生焊瘤，背面产生凹陷，操作时，必须采用最短的电弧长度。施焊时采用多层焊或多层多道焊。

①打底层焊。打底层的焊接可采用连弧法，也可以采用灭弧击穿法（一点法、两点法）。

a.连弧法。

（a）引弧。在定位焊缝上引弧，并使焊条在坡口内轻微横向快速摆动，当焊至定位焊缝尾部时，应稍作预热，将焊条向上顶一下，听到"噗噗"声时，此时坡口根部已被熔透，第一个熔池已形成，需使熔孔向坡口两侧各深入0.5~1mm。

（b）运条方法。采用直线往复或锯齿形运条法，当焊条摆动到坡口两侧时，需稍作停顿（1~2s），使填充金属与母材熔合良好，并应防止与母材交界处形成夹角，以免清渣困难[图2-44（a）]。

（c）焊条角度。焊条与试板夹角为90°，与焊接方向夹角为60°~70°[图2-44（b）]。

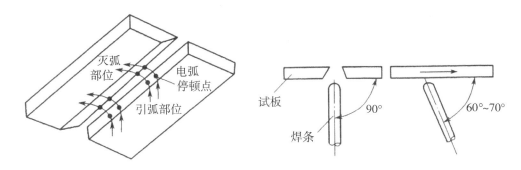

（a）连弧法打底焊运条方法　　　　（b）焊条与工件的角度

图2-44　仰焊单面焊反面成形示意

（d）焊接要点。应采用短弧施焊，利用电弧吹力把熔化金属托住，并将部分熔化金属送到试件背面；应使新熔池覆盖前一熔池的1/2~2/3，并适当加快焊接速度，以减少熔池面积和形成薄焊道，从而达到减轻焊缝金属自重的目的；焊层表面要平直，避免下凸，否则将给下一层焊接带来困难，并易产生夹渣、未熔合等缺陷。

（e）收弧。收弧时，先在熔池前方做一熔孔，然后将电弧向后回带10mm左右，再熄弧，并使其形成斜坡。

（f）接头采用热接法，在弧坑后面10mm的坡口内引弧，当运条到弧坑根部时，应缩小焊条与焊接方向的夹角，同时将焊条顺着原先熔孔向坡口部顶一下，听到"噗噗"声后稍停，再恢复正常手法焊接。热接法更换焊条动作越快越好。也可采用冷接法，在弧坑冷却后，用砂轮和扁铲对收弧处修一个10~15mm的斜坡，在斜坡上引弧并预热，使弧坑温度逐步升高，然后将焊条顺着原先熔孔迅速上顶，听到"噗噗"声后，稍作停顿，恢复正常手法焊接。

b. 灭弧法。

（a）引弧。在定位焊缝上引弧，然后焊条在始焊部位坡口内轻微快速横向摆动，当焊至定位焊缝尾部时，应稍作预热，并将焊条向上顶一下，听到"噗噗"声后，表明坡口根部已被焊透，第一个熔池已形成，并使熔池前方形成向坡口两侧各深入 0.5~1.0mm 的熔孔，然后焊条向斜下方灭弧。

（b）焊条角度。焊条与焊接方向的夹角为 60°~70°，如图 2-44（b）所示。采用直线往复运条法施焊。

（c）焊接要点。采用两点击穿法，坡口左、右两侧钝边应完全熔化，并深入两侧母材各 0.5~1.0mm。灭弧动作要快，干净利落，并使焊条总是向上探，利用电弧吹力可有效地防止背面焊缝内凹。灭弧与接弧时间要短，灭弧频率为 30~50 次/min，每次接弧位置要准确，焊条中心要对准熔池前端与母材的交界处。

（d）接头。更换焊条前，应在熔池前方做一熔孔，然后回带 10mm 左右再熄弧。迅速更换焊条后，在弧坑后面 10~15mm 坡口内引弧，用连弧法运条到弧坑根部时，将焊条沿着预先做好的熔孔向坡口根部顶一下，听到"噗噗"声后，稍停，在熔池中部斜下方灭弧，随即恢复原来的灭弧法。

②填充层焊可采用多层焊或多层多道焊。

a. 多层焊应将第一层熔渣、飞溅物清除干净，若有焊瘤应修磨平整。在距焊缝始端 10mm 左右处引弧，然后将电弧拉回到起始焊处施焊（每次接头都应如此）。采用短弧月牙形或锯齿形运条法施焊，如图 2-45 所示。焊条与焊接方向夹角为 85°~90°，运条到焊道两侧一定要稍停片刻，中间摆动速度要尽可能快，以形成较好的焊道，保证让熔池呈椭圆形，大小一致，防止形成凸形焊道。

b. 多层多道焊宜用直线运条法，焊道的排列顺序如图 2-46（a）所示，焊条的位置和角度应根据每条焊道的位置作相应的调整，如图 2-46（b）所示。每条焊道要搭接 1/2~2/3。并认真清渣，以防止焊道间脱节和夹渣。

填充层焊完后，其表面应距试件表面 1mm 左右，保证板棱边不被熔化，以便盖面层焊接时控制焊缝的直线度。

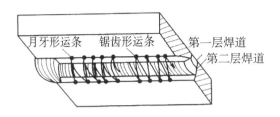

图 2-45 仰焊的填充层和表层的运条方法

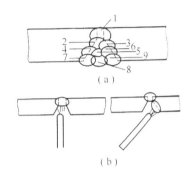

图 2-46 V 形坡口仰焊的多层多道焊

③盖面层。焊盖面层在焊接前需仔细清理熔渣及飞溅物。焊接时可采用短弧、月牙形或锯齿形运条法运条。焊条与焊接夹角为 85°~90°，焊条摆动到坡口边缘时稍作停顿，以坡口边缘 1~2mm 为准，防止咬边。保持熔池外形平直，如有凸形出现，可使焊条在坡口两侧停留时间稍长一些，必要时做灭弧动作，以保证焊缝成形均匀平整。更换焊条时采用热接法。更换焊条前，应对熔池加入几滴熔滴金属，迅速更换焊条后，在弧坑前 10mm 左右出引弧，再把引弧拉到弧坑处画一小圆圈，使弧坑重新熔化，随后进行正常焊接。

焊接结束后，清理熔渣及飞溅物，检查焊接质量。

第三章　焊接质量的工艺保障

第一节　坡口形式和尺寸的选择

根据设计或工艺需要，在焊件的待焊部位加工出的一定几何形状的沟槽称为坡口。坡口的几何尺寸如图 3-1 所示。

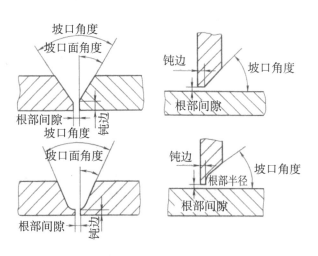

图 3-1　坡口的几何尺寸

坡口的作用是保证焊缝根部焊透，使焊接电源能深入接头根部，以保证接头质量。同时，还能起到调节基体金属与填充金属比例的作用。

坡口形式对焊接质量的影响，主要表现在当坡口形式不合理时：

①使母材在焊缝中的比例不当，引起焊接质量降低。例如，在焊接中碳钢

时，为防止产生裂纹，要设法减少母材在焊缝中的比例，宜将坡口开成 U 形。若坡口开成 V 形，则使母材在焊缝中的比例增加，在焊缝中易产生热裂纹。

②不合理的坡口形式，易造成焊缝夹渣、未焊透和应力集中等缺陷。这些缺陷不仅使焊接接头强度降低，而且使焊缝金属脆化，导致产生裂纹，严重时会使结构发生断裂。

坡口角度对焊缝质量的影响，主要是若坡口角度过小，焊接时容易造成未焊透，能形成较大的应力集中，导致焊接接头力学性能下降，甚至产生裂纹；焊接过程中，由于坡口角度太小，清渣不易，易使焊缝夹渣，使焊缝强度下降，严重者使焊缝金属脆化。当坡口角度过大时，不仅使焊接工作量加大，而且影响焊缝外观，焊后变形也难以控制。

钝边的作用是防止烧穿。若钝边太厚，易使焊缝产生未焊透的缺陷；若钝边过小则易引起烧穿。这两种缺陷，都使焊缝强度显著下降，而且引起应力集中，导致产生裂纹。

间隙的作用是保证焊缝根部能焊透。间隙过大或过小，都对焊接质量有较大影响。间隙太小时，易使焊缝根部未焊透，这是重要结构中不允许产生的缺陷；间隙太大，不但容易烧穿，而且容易产生焊瘤和气孔等缺陷，有时会产生很大的应力集中，产生裂纹，当结构承载时引起断裂。气孔使焊缝有效工作截面减小，焊缝力学性能下降，而且破坏了焊缝的致密性，容易造成焊接结构泄漏。

一、选择坡口应遵循的原则

①能够保证工件焊透（手工电弧焊熔深一般为 2~4mm），且便于焊接操作。如在容器内部不便焊接的情况下，要采用单面坡口在容器的外面焊接。

②坡口形状应容易加工。

③尽可能提高焊接生产率和节省焊条。

④尽可能减小焊后工件的变形。

二、常用坡口形式和尺寸的选择

（1）碳钢和低碳钢焊缝坡口形式与尺寸碳钢和低碳钢气焊、焊条电弧焊及气体保护焊焊缝坡口的基本形式与尺寸见表3-1。

表3-1　碳钢和低碳钢气焊、焊条电弧焊及气体保护焊焊缝坡口的基本形式与尺寸

［摘自《气焊、手工电弧焊及气体保护焊焊缝坡口的基本形式与尺寸》

（GB/T 985—1988）］

焊件厚度/mm	名称	符号	坡口形式	焊缝形式	坡口尺寸/mm	附注
1~2	卷边坡口	八			$R=1\sim2$	大多不加填充材料
		儿			$R=1\sim2$	
1~3	I形坡口	‖			$b=0\sim1.5$	
3~6					$b=0\sim2.5$	
2~4	I形带垫板坡口				$b=0\sim3.5$	
3~26	Y形坡口				$a=40°\sim60°$ $b=0\sim3$ $P=1\sim4$	
>16	V形带垫板坡口				$\beta=5°\sim15°$ $b=16\sim15$	
6~26	Y形带垫板坡口				$a=45°\sim55°$ $b=3\sim6$ $P=0\sim2$	
>20	VY形坡口				$a=60°\sim70°$ $\beta=8°\sim10°$ $b=0\sim6$ $P=1\sim3$ $H=8\sim10$	
20~60	带钝边U形坡口				$\beta=1°\sim8°$ $b=0\sim3$ $P=1\sim3$ $R=6\sim8$	

续表

焊件厚度 / mm	名称	符号	坡口形式	焊缝形式	坡口尺寸 /mm	附注
12~60	双 Y 形坡口				$a=40°\sim60°$ $P=1\sim3$ $b=0\sim3$	
> 10	双 V 形坡口				$a=40°\sim60°$ $H=δ/2$ $b=0\sim3$	
> 10	2/3 双 V 形坡口				$a=40°\sim60°$ $H=δ/3$ $b=0\sim3$	
> 30	双 U 形坡口带钝边				$\beta=1°\sim8°$ $b=0\sim3$ $P=2\sim4$ $H=（δ\sim P）/2$ $R=6\sim8$	
> 30	UY 形坡口				$a=40°\sim60°$ $\beta=1°\sim8°$ $b=0\sim3$ $P=2\sim4$ $H=（δ\sim P）/2$ $R=6\sim8$	
3~40	单边 v 形坡口				$\beta=30°\sim50°$ $b=0\sim4$	
> 16	单边 V 形带垫板坡口				$\beta=12°\sim30°$ $b=6\sim10$	
6~15	V 形带电板坡口				$a=30°\sim40°$ $b=3\sim5$	
> 15					$a=20°\sim30°$ $b=5\sim8$	

焊接作业与配套电器设备

续表

焊件厚度 / mm	名称	符号	坡口形式	焊缝形式	坡口尺寸 /mm	附注
>16	带钝边J形坡口				$\beta=10°\sim20°$ $b=0\sim3$ $p=2\sim4$ $R=6\sim8$	
>30	带钝边J形坡口				$\beta=10°\sim20°$ $b=0\sim3$ $p=2\sim4$ $R=6\sim8$	
>10	双单边V形坡口				$\beta=35°\sim50°$ $b=0\sim3$ $H=\beta/2$	
2~8	I形坡口				$b=0\sim2$	
4~30	错边I形坡口				$b=0\sim2$	a值由设计规定
12~30	Y形坡口				$a=40°\sim50°$ $b=0\sim2$ $p=0\sim3$	
6~30	带钝边单边V形坡口				$\beta=35°\sim50°$ $b=0\sim3$ $p=1\sim3$	

124

续表

焊件厚度 / mm	名称	符号	坡口形式	焊缝形式	坡口尺寸 /mm	附注
20~40	带钝边双单边 V 形坡口				$\beta=35°\sim50°$ $b=0\sim3$ $p=1\sim3$	
20~40	带单边双单边 V 形坡口				$\beta=40°\sim50°$ $b=0\sim3$ $p=1\sim3$	
2~30	I 形坡口				$b=0\sim2$	仅使用于薄板
2~30	I 形坡口				$b=0\sim2$	I 值由设计确定
1~3	锁边坡口				$a=30°\sim60°$ $\beta=0°\sim8°$	
> 2	塞焊坡口				$d\geqslant\phi0.8\sim2$ $\delta\leqslant10$	孔长 L 及间距由设计确定

125

（2）碳钢和低碳钢埋弧焊焊缝坡口的基本形式与尺寸见表3-2。

表 3-2　碳钢和低碳钢埋弧焊焊缝坡口的基本形式与尺寸

［（摘自《埋弧焊焊缝坡口的基本形式和尺寸》GB/T 986—1988）］

焊件厚度 /mm	名称	符号	坡口形式	焊缝形式	坡口尺寸 /mm	附注
3~10	I 形坡口	‖			$b=0\sim1$	s 值由设计确定
3~6					$b=0\sim1$	封底焊道允许采用任何明弧焊
6~20		⇓			$b=0\sim2.5$	允许后焊一侧用碳弧气刨清根
6~12	I 形坡口	‖			$b=0\sim4$	需采用 HD[①] 或 TD[①]
6~24		⇓			$b=0\sim4$	需采用 HD，允许后焊一侧用碳弧气刨清根
3~12	I 形带垫板坡口				$b=0\sim5$	
10~20	带钝边单边 V 形坡口				$\beta=35°\sim50°$ $b=0\sim4$ $p=5\sim8$	需采用 HD 或 TD
					$\beta=35°\sim50°$ $b=0\sim2.5$ $p=6\sim10$	允许后焊一侧用碳弧气刨清根

续表

焊件厚度 /mm	名称	符号	坡口形式	焊缝形式	坡口尺寸 /mm	附注
10~30	带钝边单边 V 形带垫板坡口				$\beta=20°~40°$ $b=2~5$ $p=0~4$	
16~30	带钝边 V 形锁边坡口					
20~50	带钝边 J 形坡口				$\beta=6°~12°$ $b=0~2$ $p=6~10$ $R=3~10$	
10~24	Y 形坡口				$a=50°~80°$ $b=0~2.5$ $p=5~8$	需采用 HD 或 TD
10~30	Y 形坡口				$a=40°~80°$ $b=0~2.5$ $p=6~10$	允许后焊一侧用碳弧气刨清根
10~30	Y 形带垫板坡口				$a=40°~60°$ $b=2~5$ $p=2~5$	
16~30	Y 形锁边坡口					
6~16	反 Y 形坡口				$a=60°~70°$ $b=0~3$ $p=5~10$	允许后焊一侧用碳弧气刨清根，坡口侧用手工明弧焊

第二节　焊接结构的装配

装配是将加工好的零部件按产品图样和技术要求，采用适当工艺方法连接成部件或整个产品的工艺过程。

装配是金属焊接结构制造工艺中很重要的一道工序，装配工作的质量好坏直接影响着产品的最终质量，而且装配工作量大，工艺也较复杂，占整个产品制造工作量的 30%~40%。所以，选择正确的装配方法和合理的装配工艺，提高装配工作的效率和质量，对缩短产品制造工期、降低生产成本、提高企业经济效益、保证产品质量等，都具有重要的意义。

一、焊接结构装配的特点

焊接结构的装配，不同于其他结构的装配，有其自身的特点。

①由于结构件的零件都是由原材料经过划、剪、割、矫正、卷和弯等工序制成的，零件精度低、互换性差。装配时，某些零件可能需经选配和调整，必要时还要用气割、錾或砂轮机进行修整，所以在装配时要注意将组件、部件或产品的整体偏差（如对接偏差）控制在技术条件允许的范围内。

②金属构件都采用焊接进行连接，因此装配焊接后如发现问题，就不能拆卸成原来的零件，这些问题如不能返修，就会导致整个产品的报废。所以对装配顺序和质量应有周密的考虑和严格的要求。生产过程中，事先应充分了解图样的技术要求，装配时严格按有关工艺文件进行。

③由于装配时需要有大量的定位焊缝，装配后还有大量的焊接工作量，所以装配时应掌握焊接应力和构件变形的特点，并采取适当措施以防止或减少焊接变形，提高装配质量。

④对体积庞大和刚性较差的构件，装配时应适当考虑加固措施。某些超出制造现场加工和运输能力的大型产品，需分组出厂，在工地总装。

⑤装配焊接时应尽量利用焊接变位机和焊接胎卡具，以保证焊接质量和提高生产率。

二、装配基本条件及装配基准

1.装配的基本条件

进行焊接结构件的装配，必须对零件进行定位、夹紧和测量，这是装配工艺的三个基本条件。

（1）定位。定位就是确定零件在空间的位置或零件间的相对位置。

（2）夹紧。夹紧是借助夹具等的外力使零件准确到位，并将定位后的零件固定。

（3）测量。测量是指在装配过程中，对零件间的相对位置和各部件尺寸进行一系列的技术测量，从而鉴定定位的正确性和夹紧的效果，以便调整。

图 3-2 所示为工字梁的装配。两翼板 4 的相对位置由腹板 3 和挡铁 5 定位，工字梁端部由挡铁 7 定位；翼板与腹板间相对位置确定后，通过调节螺杆 1 实现夹紧；定位夹紧后，需要测量两翼板的平行度、腹板与翼板的垂直度（用 90° 角尺 8 测量）和工字梁高度尺寸等项指标。

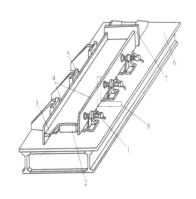

图 3-2 工字梁的装配

1- 调节螺杆，2- 垫铁，3- 腹板，4- 翼板
7- 挡铁，6- 平台，8-90° 角尺

上述三个装配基本条件相辅相成，缺一不可。若没有定位，夹紧就变成无的放矢；而若没有测量，也无法判断并保证装配的质量。

2.装配基准的选择

基准一般分为设计基准和工艺基准两大类。设计基准是按照产品的不同特点和产品在使用中的具体要求所选定的点、线、面，而其他的点、线、面则根据设计基准来确定；工艺基准是指工件在加工制造过程中所应用的基准，其中包括原始基准、测量基准、定位基准、检查基准和辅助基准等。

在结构装配过程中，工件在夹具或平台上定位时，用来确定工件位置的点、线、面，称为定位基准。合理地选择定位基准，对保证装配质量，安排零部件装配顺序和提高装配效率均有重要的影响。

图 3-3 所示为容器上各接口间的相对位置，接口的横向以筒体轴线为定位基准。接口的相对高度则以 M 面为定位基准。若以 N 面为定位基准进行装配，则 M 与接口工、II 的距离由 H2-h1 和 H2-h2 两个尺寸来保证，其定位误差是这两个尺寸误差之和，显然比用 M 做定位基准的误差要大。

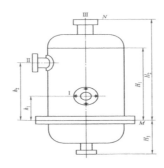

图 3-3 容器各接口位置

装配工作中，工件和装配平台（或夹具）相接触的面称为装配基准面。通常按下列原则进行选择。

①既有曲面又有平面时，应优先选择工件的平面作为装配基准面。

②工件有若干个平面时，应选择较大的平面作为装配基准面。

③选择工件最重要的面（如经机械加工的面）作为装配基准面。

④选择装配过程中最便于工件定位和夹紧的面作为装配基准面。

三、装配用工具、夹具、量具和设备

1.装配用工具、量具

常用的工具有大锤、小锤、錾子、手砂轮、撬杠、扳手、千斤顶及各种划线用工具等。所使用的量具有钢卷尺、钢直尺、水平尺、90°角尺、线锤及各种定位样板等。

千斤顶是常用的一种工具，可作为夹具使用。千斤顶按其结构和工作原理不同，可分为液压式、螺旋式和齿条式等。图3-4所示为液压式千斤顶的外形。选用千斤顶时，要注意其起升高度、起重量、工作性能特点（如能否在升程中全位置使用）要与装配要求相适应。千斤顶使用时，应与重力作用面垂直，不能歪斜，以免滑脱倾倒；在松软的地面使用时，应在千斤顶下面垫好枕木，以免受力后下陷或歪斜倾倒。为防止意外，当重物升起时，重物下面要随时塞入支承垫块。

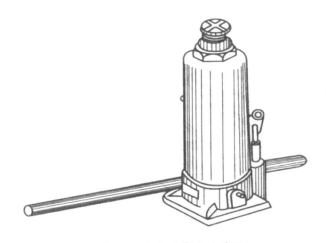

图3-4　液压千斤顶的外形

2. 装配夹具

（1）对装配夹具的要求为保证焊件尺寸，提高装配效率，防止焊接变形所采用的夹具称焊接夹具。

对焊接夹具的要求：

①应保证装配件尺寸、形状的正确性。

②使用与调整简便，且安全可靠。

③结构简单，制造方便，成本低。

（2）常用装配夹具的分类。

①按其所起的作用分。

a.夹紧工具（图3-5）。用于紧固装配零件。

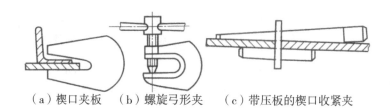

（a）楔口夹板　　（b）螺旋弓形夹　　（c）带压板的楔口收紧夹

图 3-5　夹紧工具

b.压紧工具（图 3-6）。用于在装配时压紧焊件，使用时，工具的一部分往往要点固焊在被装配的焊件上，焊后再除去。

c.拉紧工具（图 3-7）。用于将所装配的边缘拉到规定的尺寸，有杠杆、螺钉等几种。

d.撑具（图 3-8）。用于扩大或撑紧装配件的一种工具，一般是利用螺钉或正、反螺杆来实现。

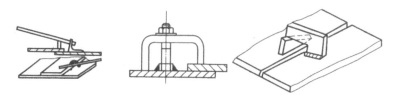

（a）带铁棒的压紧夹板　　（b）带压板的紧固螺栓　　（c）带楔条的压紧夹板

图 3-6　压紧工具

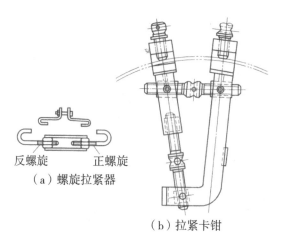

反螺旋　　　正螺旋

（a）螺旋拉紧器

（b）拉紧卡钳

图 3-7　拉紧工具

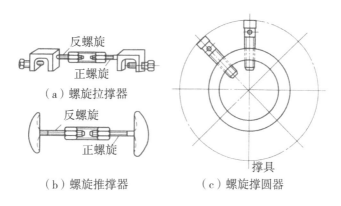

（a）螺旋拉撑器

（b）螺旋推撑器

（c）螺旋撑圆器

图 3-8　撑具

②按夹具的作用原理不同分。

a. 螺旋压夹器。它是目前应用最广泛的一种夹紧机构，它具有通用性强、结构简单、能产生较大夹紧力、使用可靠的优点。其缺点是行程小、动作缓慢、效率低，所以在单件和小批量生产中应用较广。螺旋压夹器按其用途又可分为：

（a）螺旋压紧器。主要用于工件的夹紧。图 3-5（b）所示的螺旋弓形夹就是一种螺旋压紧器。

（b）螺旋推撑器 [图 3-8（b）]。主要用于支撑工件，矫正工件形状，防止焊接变形。

（c）螺旋拉紧器 [图 3-7（b）]。主要在装焊作业中拉紧工件，矫正工件形状，防止焊接变形时使用。

（d）螺旋撑圆器 [图 3-8（c）]。主要在装焊作业中矫正筒形工件的圆柱度，防止变形及消除局部变形时使用。

b. 凸轮及偏心夹紧器。其特点是手柄动作一次就可将工件夹紧，夹紧速度比螺旋压紧器快很多，但这类夹紧器行程小，压力及通用性不如螺旋压紧器大，自锁性能也不如螺旋压紧器好，一般用在振动很小及需要夹紧力不大的场合。管件偏心夹紧器如图 3-9 所示。

c. 斜槽式夹紧器。夹头能快速进退，有较大的往返行程，常用在要求夹紧力不大的场合。设计时斜槽的水平长度应保证往返行程的要求，有利于工件的装配；斜槽的倾斜长度应保证夹紧行程的要求；斜槽的倾斜角度根据自锁条件应小于6°，如图3-10所示。

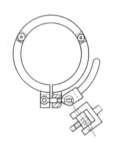

图 3-9 管件偏心夹紧器

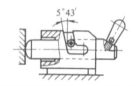

斜槽开在套筒上，加工较难，
结构尺寸较大

图 3-10 斜槽式夹紧器

d. 弹力夹紧器。用于将弹簧力转换成夹紧力来夹持工件。一般情况下，弹簧的原始力即为夹紧力。常用弹簧有圆柱螺旋弹簧、碟形弹簧、膜片式弹簧等。薄板装夹器如图3-11所示。

e. 杠杆肘节夹紧器。其外形如图3-12所示，是一种快速夹紧机构，其结构形式多样，通应性强，使用方便，常用于薄板金属构件的夹紧，在装焊生产线上使用较多。为防止手柄作用力过大而损坏工件或夹具本身，与压头相连的杠杆刚性不应过大，最好有一定弹性。为了保证自锁，夹紧器的手柄应防止自行脱开，故最好应处于自重作用下有进一步夹紧趋势的位置上。

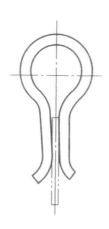

图 3-11 薄板装夹器图

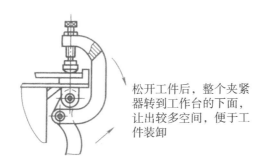

松开工件后，整个夹紧器转到工作台的下面，让出较多空间，便于工件装卸

图 3-12 杠杆肘节夹紧器

③按作用力不同分。

a. 手动夹具。主要靠人力通过机构来实现工件的夹持，所以夹持力小，生产率低，劳动强度大。

b. 气动夹紧器。是以工业压缩空气为动力源的各类夹紧机构，具有夹紧力稳定、动作迅速、便于集中控制、易实现自动作业等优点。在批量或大量生产中广泛应用，其形式较多，可直接用汽缸本身来夹紧工件，也可通过杠杆、楔、凸轮将力臂改变后夹紧工件。气动夹紧器除用于夹紧工件外，还用于整圆工件、控制和矫正焊件的变形。

c. 液压夹紧器。其结构与气动夹紧器基本相同，其主要区别是传递动力的媒介不同。前者为液压油，后者为压缩空气。不过液压夹紧器的夹持力要比气动夹紧器的压力大十几倍至几十倍，且液压夹紧器动作平稳，抗冲击，结构尺寸小，常用在要求夹持力很大而空间尺寸受限制的地方。

d.磁力夹紧器。是借助磁力夹紧工件的装置。它分为永磁式和电磁式两种。

④永磁式夹紧器。利用永磁铁夹紧工件，其夹紧力有限，用久后磁力将减弱，但永磁式夹具结构简单，不消耗电能，使用经济简便，宜用在夹紧力较小、不受冲击振动的场合。

⑤电磁式夹紧器。利用电磁吸力夹紧工件，夹紧力较大，但结构复杂，使用时耗费电能，不够经济方便。

⑥真空夹紧器。是利用真空吸力来将工件夹紧的装置。适用于夹持薄的或挠性的以及用其他方法夹紧易引起变形或者无法夹紧的工件。

3.装配用设备

装配用设备有平台、胎架等。

对装配用设备的一般要求为：

①平台或胎架等应具备足够的强度和刚度。

②平台或胎架要求水平放置，表面应光滑平整。尺寸较大的装配胎架应安置在相当坚固的基础上，以免基础下沉导致胎架变形。

③胎架应便于对工件进行装、卸、定位焊等装配操作。

④设备构造简单，使用方便，维修容易，成本低。

（1）装配用平台。

①铸铁平台是由许多块铸铁组成的，结构坚固，工作表面需要加工，平面度比较高，平台面上具有许多孔槽，便于安装夹具，常用于结构的装配及钢板和型钢的热加工弯曲。

②钢结构平台是由型钢和厚钢板焊制而成的，它的上表面一般不经过切削加工，所以平面度不及铸铁平台，常用于制作大型焊接结构或桁架结构。

③导轨平台是由安装在水泥基础上的许多导轨排列组成的，每根导轨的上表面都经过切削加工，并有紧固工件用的螺栓沟槽。导轨平台用于制作大型焊接结构件。

④水泥平台是由水泥浇筑而成的一种简易而又适合于大面积工作的平台，浇筑前在一定的部位预埋拉桩、拉环，以便装配时用来固定工件。在水泥平台面上还放置交叉形扁钢（扁钢面与水泥面平齐），作为导电板或用于固定工

件。水泥平台可以拼接钢板、框架和构件，还可以在上面安置胎架进行较大部件的装配。

⑤电磁平台是由型钢和钢板焊制而成的平台及电磁铁组合而成的。电磁铁能将钢板或型钢吸紧固定在平台上，减少工件的焊接变形。

（2）胎架。

胎架经常用于装配形状比较复杂、要求精度较高的结构件，如船舶、机车车辆膜底架、飞机和各种容器结构等。所以，它的主要特点是利用夹具对各个零件进行方便而精确的定位，有些胎架还可以设计成可翻转的，把工件翻转到适合于焊接的位置。利用胎架进行装配，既可以提高装配精度，又可以提高装配速度。但由于胎架制作费用较大，故常为某种专用产品设计制造，适用于流水线或批量生产。

装配胎架应符合下列要求：

①胎架工作面的形状应与工件被支承部位的形状相适应。

②胎架结构应便于在装配中对工件进行装、卸、定位、夹紧和焊接等操作。

③胎架上应划出中心线、位置线、水平线和检验线等，以便于装配中对工件随时进行校正和检验。

④胎架上的夹具应尽量采用快速夹紧装置，并有适当的夹紧力。定位元件需正确并耐磨，使零件定位准确。

四、装配中的测量

装配中需要测量的项目主要有线性尺寸、平行度、垂直度、同轴度及角度等。

1. 线性尺寸的测量

线性尺寸，是指工件上被测点、线、面与测量基准间的距离。线性尺寸的测量，主要是利用各种刻度尺（卷尺、盘尺、钢直尺等）来完成。

2. 平行度的测量

（1）相对平行度的测量。相对平行度是指工件上被测的线（或面）相对于测量基准线（或面）的平行度。测量相对平行度，通常是在被测的线（或面）上选择较多的测量点（避免由于零件不直造成误差），与被测量工件的测量基准线（或面）上的对应点进行线性尺寸的测量，若尺寸相等即平行，如图

3-13 所示。有时还需要借助水平尺测量相对平行度，如测量圆锥台与工件下端面的平行度。测量时要转换水平尺的方向，以获得多点测量值，若测得数据都相等，即锥台与工件下端面平行。

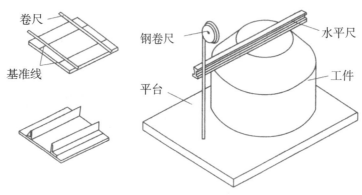

（a）旁钢间相对平行度　　（b）用水平尺测量相对平行度

图 3-13 相对平行度的测量

（2）水平度的测量。水平度就是衡量零件上被测的线（或面）是否处于水平位置。许多金属结构件制品，在使用中要求有良好的水平度。施工装配中常用水平尺、软管水平仪、水准仪、经纬仪等量具或仪器来测量零件的水平度。

①水平尺测量时，将水平尺放在工件的被测平面上，查看水平尺上玻璃管内气泡的位置，如在中间即达水平。

②软管水平仪是由一根较长的橡胶管（或尼龙管），两端各接一根玻璃管所构成，管内注入液体。测量时，观察两玻璃管内的水面高度是否相同，如图 3-14 所示。软管水平仪通常用来测量较大结构件的水平度。

③用水准仪测量水平度，不仅能衡量各测点是否处于同一水平，而且能给出准确的误差值，便于调整。

图 3-15 是用水准仪来测量球罐柱脚水平度。球罐柱脚上预先标出基准点，把水准仪安置在球罐柱脚附近，用水准仪测量。如果水准仪在各基准点读数相同，说明各球罐柱脚处于同一水平面；若不同，则可根据从水准仪上读出的误差值调整球罐柱脚高低。

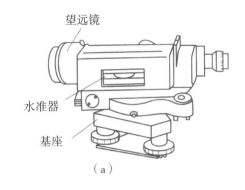

（a）

图 3-14 用软管水平仪测量水平度

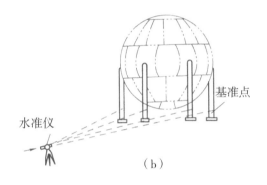

（b）

图 3-15 用水准仪测量球罐柱脚水平度

3. 垂直度的测量

（1）相对垂直度的测量。相对垂直度是指工件上被测直线（或面）相对于测量基准线（或面）的垂直度。很多产品在装配工作中对垂直度的要求十分严格。尺寸较小的工件可以利用 90°角尺直接测量；当工件尺寸很大时，可以采用辅助线测量法，即用刻度尺作为辅助线测量直角三角形的斜边长。例如，两直角边各为 1000mm，根据勾股定理计算，则斜边长应为 1414.2，依此类推。另外，也可用直角三角形直角边与斜边之比值为 3∶4∶5 的关系来测定。

（2）铅垂度的测量。铅垂度是指测定工件上线或面是否与水平面垂直。常使用吊线锤与经纬仪来测量铅垂度。采用吊线锤时，将吊线锤吊线拴在支杆上，测量工件与吊线锤之间的距离即可判断工件铅垂度。

当结构尺寸较大而且铅垂度要求较高时，可采用经纬仪来测量铅垂度。图

3-16 是用经纬仪测量球罐柱脚的铅垂度。先把经纬仪安置在球罐柱脚的横轴方向上，目镜上十字线的纵线对准球罐柱脚中心线的下部，将望远镜上下微动观测。若纵线重合于球罐柱脚中心线，说明球罐柱脚在此方向上垂直，如果发生偏离，就需要调整球罐柱脚。然后，用同样的方法把经纬仪安置在球罐柱脚的纵轴方向观测，如果球罐柱脚中心线在纵轴上也与纵线重合，则球罐柱脚处于铅垂位置。

4. 同轴度的测量

同轴度是指工件上具有同一轴线的几个零件，装配时其轴线的重合程度。测量同轴度的方法很多。图 3-17 为三节圆筒组成的筒体，测量它的同轴度时，可在各节圆筒的端面安上临时支撑，在临时支撑中间找出圆心位置并钻出直径为 20~30mm 的孔，然后由两外端面中心拉一根细钢丝，使其从各临时支撑孔中通过，观测钢丝是否处于各孔中间，即可测得其同轴度。

5. 角度的测量

装配中，通常是利用各种角度板测量零件间的角度，如图 3-18 所示。

装配中，还有斜度、挠度、平面度等测量项目。需要强调的是，测量量具的精确、可靠性也是保证测量结果准确的直接因素。因此，在装配测量中，应注意保护量具不受损坏，并定期检验其精度。

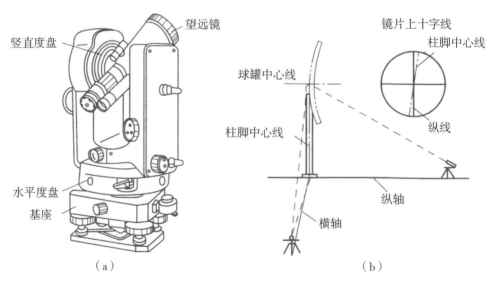

（a）　　　　　　　　　　　　　（b）

图 3-16 用经纬仪测量球罐柱脚铅垂度

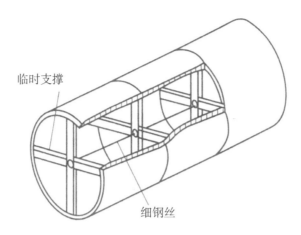

图 3-17 圆筒内拉钢丝测同轴度

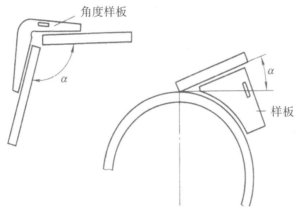

图 3-18 角度的测量

五、焊接结构的装配工艺

1. 装配前的准备

装配前的准备工作包括以下几个方面。

（1）熟悉产品图样和工艺规程。要清楚各部件之间的关系和连接方法，选择好装配基准和装配方法。

（2）装配现场和装配设备的选择。依据产品的大小和结构件的复杂程度，选择或安置装配平台和装配胎架。装配工作场地应尽量设置在起重机的工作区间内，而且要求场地平整、清洁，人行道通畅。

（3）工、量具的准备。装配中常用工、量、夹具和各种专用吊具，都必须配齐并组织到场。此外，根据装配需要配置的其他设备，如焊机、气割设备、钳工操作台、风砂轮等，也必须安置在规定的场所。

（4）正确掌握公差标准。制定装配工艺时必须注明结构的特殊要求及公差尺寸。当构件是由若干零件组成时，若这些零件都为正公差，组装成的结构尺寸应在最大公差值之内；当这些零件都为负公差时，则结构尺寸应在最小公差值之上。

（5）零部件的预检和除锈。产品装配前，对于上道工序转来或零件库中领取的零部件都要进行核对和检查，以便装配工作的顺利进行。同时，对零部件的连接处的表面进行去毛刺、除锈垢等清理工作。

2. 装配中的定位焊

定位焊俗称点固焊，焊前用来固定各焊接零件之间的相互位置，以保证整个结构件得到正确的几何形状和尺寸。定位焊形成的短小而断续的焊缝称为定位焊缝。通常定位焊缝都比较短小，焊接过程中都不去掉，而成为正式焊缝的一部分保留在焊缝中，因此定位焊缝的位置、长度和高度等是否合适，将直接影响正式焊缝的质量及焊件的变形，因此对定位焊必须引起足够的重视。对所用焊条及焊工操作技术熟练程度的要求，应与正式焊缝完全一样，甚至应更高些。当发现定位焊缝有缺陷时，应该铲掉或打磨掉并重新焊接，不允许缺陷留在焊缝内。

进行定位焊缝的焊接时应注意：

①必须按照焊接工艺规定的要求焊接定位焊缝。采用与正式焊缝工艺规定的相同的牌号、规格的焊条，用相同的焊接工艺参数施焊；若工艺规定焊前需预热，焊后需缓冷，则定位焊缝焊前也要预热，焊后也要缓冷。预热温度与正式焊接时相同。

②定位焊缝的引弧和收弧端应圆滑，不应过陡。防止焊缝接头时两端焊不透，定位焊缝必须保证熔合良好，焊道不能太高。

③定位焊为间断焊，工件温度较正常焊接时为低，由于热量不足而容易产生未焊透，故焊接电流应比正式焊接时稍高 10%~15%。定位焊后必须尽快焊

接，避免中途停顿或存放时间过长。

④定位焊缝有未焊透、夹渣、裂纹、气孔等焊接缺陷时，应该铲掉并重新焊接，不允许留在焊缝内。

⑤定位焊缝的长度、余高、间距等可按表3-3选用。但在个别对保证焊件尺寸起重要作用的部位，可适当增加定位焊的焊缝尺寸和数量。

⑥定位焊缝不能焊在焊缝交叉处或焊缝方向发生急剧变化的地方，通常至少应离开这些地方50mm。

表3-3 定位焊缝的参考尺寸

mm

焊件厚度	焊缝余高	焊缝长度	焊缝间距
≤ 4	< 4	5~10	50~100
4~12	3~6	10~20	100~200
> 12	3~6	15~30	200~300

⑦为防止焊接过程中工件裂开，应尽量避免强制装配。若经强行组装的结构，其定位焊缝长度应根据具体情况加大，并减小定位焊缝的间距。

⑧在低温下焊接时，定位焊缝易开裂，为了防止开裂，应尽量避免强行组装后进行定位焊；定位焊缝长度应适当加大；必要时采用碱性低氢型焊条，而且定位焊后应尽快进行焊接并焊完所有接缝，避免中途停顿。

3. 装配工艺过程的制定

（1）装配工艺过程的内容。装配工艺过程的内容包括：

①零件、组件、部件的装配次序。

②在各装配工艺工序上采用的装配方法。

③选用何种提高装配质量和生产率的装备、胎夹具和工具。

由于装配和焊接是密切联系的两个工序，在很多场合下是交错进行的，故在制定装配工艺过程中，要全面分析，使所制定的装配工艺过程对后工序都带来有利的影响。如使施焊处于有利位置，各焊缝的可达性好，并有利于控制焊接应力与变形等；同时装配时还要注意定位基准面和零件公差的选择。

（2）装配工艺方法的选择。零件备料及成形加工的精度对装配质量有着直接的影响，但加工精度越高，其工艺成本就越高。因此，选择装配工艺方法的同时也要兼顾构件的生产成本。根据不同产品和不同生产类型的条件，工厂

143

中经常采用的零件装配工艺方法有互换法、选配法、修配法等几种。

①互换法的实质是用控制零件的加工误差来保证装配精度。这种装配法零件是完全可以互换的，装配过程简单，生产率高，对装配工人的技术水平要求不高，便于组织流水作业，但要求零件的加工精度较高。

②选配法是将零件按一定的经济精度制造（即零件的公差带放宽了）。装配时需挑选合适的零件进行装配，以保证规定的装配精度要求。这种方法对零件的加工工艺要求放宽，便于零件加工，但装配时要由工人挑选，增加了装配工时和装配难度。

③修配法是指零件预留修配余量，在装配过程中修去零件上多余材料，使装配精度满足技术要求。此法零件的制作精度可放得较宽，但增加了手工装配的工作量，而且装配质量取决于工人的技术水平。

在选择装配工艺方法时，应根据生产类型和产品种类等来考虑。一般单件、小批量生产或重型焊接结构生产，常以修配法为主，互换件的比例较少，工艺的灵活性大，大多使用通用工艺装备，常为固定式装配；成批生产或一般焊接结构，主要采用互换法，也可灵活采用选配法和修配法，工艺划分应适应批量的均衡生产，使用通用或专用工艺装备，可组织流水作业生产。

4.焊接结构装配次序的确定

在焊接结构生产时，确定部件或结构的装配次序，不能单纯从装配工艺角度去考虑，还需从以下两个方面来考虑：考虑对装配工作是否方便及焊接的可达性及方法；对焊接应力与变形的控制是否有利及其他一系列生产问题。恰当地选择装配焊接次序是控制焊接结构应力与变形的有效措施之一。例如，选择工字梁肋板的装配次序可有两个不同的方案：一个是将肋板与工字梁的翼缘板、腹板一起装配完毕后再进行焊接，这时翼缘焊缝对工字梁翼缘板引起的角变形是比较小的，但是四条较长的翼缘焊缝就不能采用自动焊接来完成；而在生产工字梁时采用自动焊接是合理的，为了解决上述矛盾，提高生产效率和改善焊接质量，应考虑另一个方案，即先不将肋板装配到工字断面上，待四条翼缘焊缝完成自动焊接后再进行。这个方案的缺点是翼缘板角变形相当严重，需要采取预先反变形来加以预防或者采取焊后再矫正的办法。

六、焊接结构的装配方法

焊接结构常用的装配方法有以下几种。

1. 划线定位装配法

按事先划好的装配线确定零部件的相互位置，使用普通量具和通用工夹具在工作台上实现对准定位与紧固。此种方法效率低、质量不稳定，只适用于单件、小批量生产。

图 3-19 所示为钢屋架的划线定位装配。先在装配平台上按 1 : 1 的比例划出屋架零件的位置和结合线（称为地样），如图 3-19（a）所示，然后依照地样将零件组合起来，如图 3-19（b）所示，此装配方法也称地样装配法。

2. 工装定位装配法

（1）样板定位装配。它是利用样板来确定零件的位置、角度等的定位，然后夹紧并经定位焊完成装配的装配方法。常用于钢板之间的角度装配和容器上各种管口的安装。

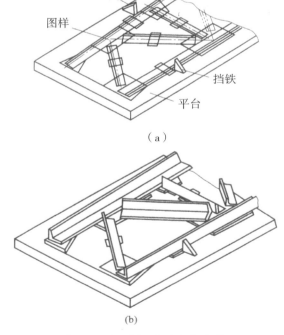

（a）

(b)

图 3-19　钢屋架的划线定位装配

图 3-20 所示为斜 T 形结构的样板定位装配，根据斜 T 形结构立板的斜度，预先制作样板，装配时在立板与平板结合线位置确定后，即以样板去确定立板的倾斜度，使其得到准确定位后实施定位焊。

（2）定位元件。定位装配法用一些特定的定位元件（如板块、角钢、销轴等）构成空间定位点，来确定零件的位置，并用装配夹具夹紧装配。这种方法不需划线，装配效率高，质量好，适用于批量生产。

图 3-21 所示为挡铁定位装配。在大圆筒外部加装钢带圈时，在大圆筒外表面焊上若干定位挡铁，以这些挡铁为定位元件，确定钢带圈在圆筒上的高度位置，并用弓形螺旋夹紧器把钢带圈与筒体壁夹紧密贴，定位焊牢，完成钢带圈装配。

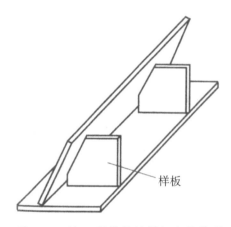

样板

图 3-20 斜 T 形结构的样板定位装置

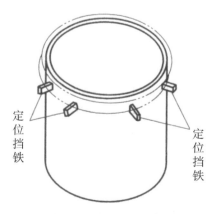

定位挡铁

定位挡铁

图 3-21 挡铁定位装配

（3）胎夹具（又称胎架）。装配法对于批量生产的焊接结构，若需装配的零件数量较多，内部结构又不很复杂时，可将工件装配所用的各定位元件、夹紧元件和胎具三者组合为一个整体，构成装配胎架。

图 3-22 所示为汽车横梁及其装配胎架。装配时，首先将角铁 6 置于胎架上，用定位销 11 定位并用螺旋压紧器 9 固定，然后装配槽形板 3 和主肋板 5，它们分别用挡铁 8 和螺旋压紧器 9 压紧，再将各板连接处定位焊。该胎架还可以通过回转轴 10 回转，把工件翻转到使焊缝处于最有利的施焊位置进行焊接。

利用装配胎架进行装配和焊接，可以显著提高装配工作效率，保证装配质量，减轻劳动强度，同时也易于实现装配工作的机械化和自动化。

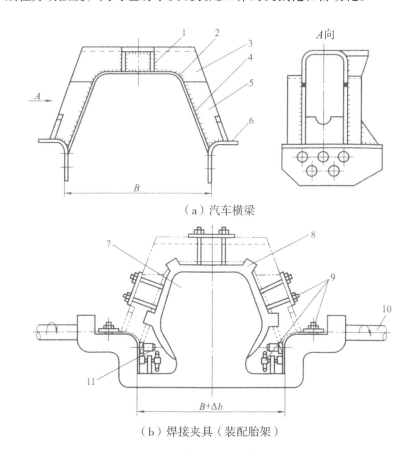

（a）汽车横梁

（b）焊接夹具（装配胎架）

图 3-22 汽车横梁及其装配胎架

1、2—焊缝；3—槽形板；4—拱形板；5—主肋板；6—角铁；7—胎架
8—挡铁；9—螺旋压紧器；10—回转轴；11—定位销

3. 工件固定式装配法

工件固定式装配法是在一处固定的工作位置上装配完全部零部件，这种装配方法一般用在重型焊接结构产品或产量不大的情况下。

4. 工件移动式装配法

工件移动式装配法是工件顺着一定的工作地点按工序流程进行装配。在工作地点上设有装配的胎位和相应工人。这种方式不完全限于用在轻小型的产品上，有时为了使用某些固定的专用设备也常采用这种方式。在产量较大或流水线生产中通常也采用这种方式。

七、焊接结构装配焊接顺序

焊接结构都是由许多零部件组成，正确选择装配焊接顺序可以高质量、高效率、低成本地完成焊接任务。装配焊接顺序有以下几种。

（1）整装整焊（先装后焊）将全部零件按图样要求装配成整体，然后转入焊接工序完成全部焊缝焊接。装配可以采用装配胎夹具进行，焊接可采用滚胎等工艺装备，这种方法适用于结构简单、零件数量少、大批量生产的构件。

（2）随装随焊即先将若干个零件组装起来，随之焊接相应的焊缝，然后再装配若干个零件，再进行焊接，直到全部零件装完并焊完，成为符合要求的构件。这种方法装配工人和焊接工人在一个工位上交叉作业，所以生产率不高，适用于单件小批量生产和复杂的结构生产。

（3）部件总装焊接将整个构件划分成若干个部件，每个部件单独装焊好后，再总装焊接成整个结构。这一方式适合批量生产，可实行流水作业。适用于大型的复杂焊接结构。

八、焊接结构装配质量的检查

在焊前的装配准备中，应对坡口和焊接接头部位进行检查。如果坡口过于狭窄，则可能产生未焊透，使接头的使用性能降低；如果坡口过宽，则焊后变形明显，而且消耗材料多，费时、费力。

焊接结构在装配时，还应检查装配间隙、错边量等是否符合图纸工艺文件的要求。如果发现不符合要求的坡口和接头，要采取措施进行补救和修正。

如果接头装配间隙过大，绝对不允许采用填金属的方法进行修补。

九、典型焊接结构的装配（图3-23）

1. T形梁的装配

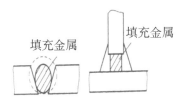

图3-23 错误的修补方法用

T形梁由翼板和腹板两个零件组合而成，根据生产量的不同，一般有以下两种装配方法。

（1）划线定位装配法在小批量或单件生产时采用，先将腹板和翼板矫直、矫平，然后在翼板上划出腹板的位置线，并打上样冲眼。将腹板按位置线立在翼板上，并用90°角尺校对两板的相对垂直度，然后进行定位焊。定位焊后再经检验校正，完成焊接。

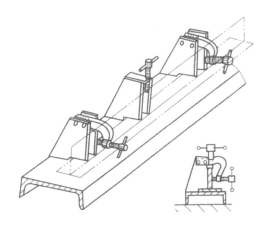

图3-24 T形梁的胎夹具装配法

（2）胎夹具装配法成批量装配T形梁时，采用图3-24所示的胎夹具进行。装配时，不用划线，将腹板立在翼板上，端面对齐，以压紧螺栓的支座为定位元件来确定腹板在翼板上的位置，并由水平压紧螺栓和垂直压紧螺栓分别从两个方向将腹板与翼板夹紧，然后在接缝处定位焊。

2. 箱形梁的装配

（1）划线装配法图3-25（a）所示为箱形梁的装配，装配前，先把翼板、腹板分别矫平矫直，板料长度不够时应先进行拼接。装配时将翼板放在平台上，划出腹板和肋板的位置线，并打上样冲眼。各肋板按位置线垂直装配于翼板上，用90°角尺校验垂直度后定位焊，同时在肋板上部焊上临时支撑角钢，固定肋板之间的距离，如图3-25（b）中虚线所示。再装配两腹板，使其紧贴肋板立于翼板上，并与翼板保持垂直，用90°角尺校正后进行定位焊。装配完两腹板后，应由焊工按一定的焊接顺序先进行箱形梁内部焊缝的焊接，并经焊后矫正，内部涂上防锈漆后再装配上盖板，即完成了整个装配工作。

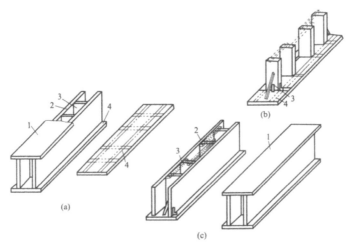

图 3-25　箱形梁的装配置

1，4- 翼板；2- 腹板；3- 肋板

（2）胎夹具装配批量生产箱形梁时，也可以利用胎夹具进行装配，以提高装配质量和工作效率。

3. 筒节环缝的装配焊接

简单的环缝装配，可以立装也可以卧装。立装容易保证质量，效率高，占用场地小，适用于筒壁较薄、直径较大的筒节装配。筒壁较厚或质量较大的筒节应在专用滚轮架上进行卧式装配（卧装）。筒节环缝的卧式装配装置如图

3-26 所示。装配时将两个筒节分别置于固定滚轮架和可调滚轮架上，移动可调滚轮架可以调整焊缝间隙。旋转螺杆可使筒节上升、降低或做径向水平移动，以调整坡口和错边，局部偏差可用斜楔来调整。

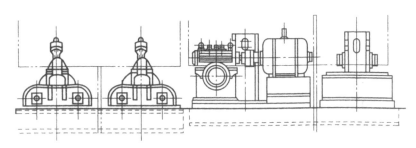

图 3-26　筒节环缝的卧式装配装置

　　每节筒节装配好后，再进行封头装配。此时先装配一只封头，然后进行内环缝的埋弧焊，焊毕，再装配另一只封头，形成一条终接环缝。通常终接环缝内部用焊条电弧焊封底，所以应开深度较浅的焊条电弧焊坡口。如果封头上中间有入孔，则可以将埋弧焊机头拆下从入孔中伸入，终接环缝的内缝也可以进行埋弧焊。有的筒体很长，埋弧焊的内环缝装置从封头一端达不到对面封头的环缝处时，可将终接环缝设在筒体的中间，两边的筒体内环缝焊完后，再进行终接环缝的装配，此时终接环缝的内缝通常采用焊条电弧焊，内环缝焊完后再一次进行外环缝的焊接，并一次焊成。

第三节　焊接工艺评定

　　焊接产品制造过程中，其焊接工艺是否正确、先进、合理关系到产品的质量。为了确保焊接产品质量，在正式焊接之前，对产品所采用的各重要的焊接节点都必须进行焊接工艺评定。焊接工艺评定是编制焊接工艺规程的依据，是保证焊接接头质量的重要基础工作。

一、焊接工艺评定的目的

　　焊接工艺评定就是按照所制定的焊接工艺，按着国家标准的规定程序，焊接试板，检查试样，测定焊接接头是否具有所要求的性能。

　　焊接工艺评定的目的在于获得焊接接头力学性能符合要求的焊接工艺。通过焊接工艺的评定，验证焊接工艺的正确性和可靠性，掌握按制定的焊接工艺焊接的接头性能是否符合设计要求。同时也反映工厂焊接技术对该产品的焊接能力。

目前，关于焊接工艺评定，有《钢制压力容器焊接工艺评定》JB 4708—2000、《蒸汽锅炉安全技术监察规程》及《石油天然气金属管道焊接工艺评定》SY/T 0452—2002 等标准。由于焊接工艺评定工作在生产实践中，已日益显示出它的重要性和必要性，其在焊接生产中得到了广泛应用。其重要性已被各行各业的焊接工作者所认同。本节着重叙述《钢制压力容器焊接工艺评定》标准中规定的基本程序。

焊接工艺评定不同于焊接产品试板。两者虽然都能得到焊接接头的力学性能，但焊接工艺评定是在正式施焊前进行的，是在对影响焊接接头性能的焊接参数进行充分试验、评定，最后得出符合标准要求的焊接工艺评定报告（POR），并依此编制焊接工艺评定指导书（WPS）指导产品焊接生产；而焊接产品试板是在产品施工过程中焊接的，起到了解产品焊接接头性能的作用。若不合格则要考虑焊缝返修及报废。

焊接工艺评定也不同于焊接性试验。焊接性试验用来检验材料的焊接性能好与坏，评定其能否用于生产；能否承受焊热循环的考验，得到没有缺陷的焊接接头。因此，焊接性试验是焊接工艺评定的前提，通过焊接性试验证实了材料的可焊性，才有必要进行焊接工艺评定，得出力学性能符合要求的焊接接头。

二、焊接工艺评定的程序

焊接工艺评定程序框图见图 3-27。

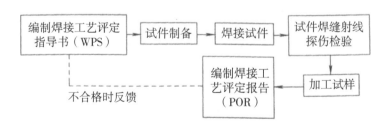

图 3-27 焊接工艺评定程序框图

1. 编制焊接工艺评定指导书（WPS）

施工单位的焊接工程技术人员应根据图样、产品结构、技术要求等，通过金属材料可焊性试验或查阅有关材料焊接性能的技术资料及生产经验，参照工艺评定标准，编制出焊接工艺评定指导书。

焊接工艺评定指导书中，应列出焊接接头和坡口形式、选用的焊接材料牌号、规格、焊接位置、预热和焊后热处理参数，初步拟定的指导性焊接参数及焊后检验方法、要求、合格标准。并应详细说明施焊的技术措施，如焊前清理方法、摆动或不摆动焊、清根方法、单道或多道焊等。

为了避免重复或漏评，应统计好产品中所有接头的类型及各项有关数据，如材质、板厚、施焊位置、焊接方法、管子直径与壁厚、坡口形式与尺寸等，根据设计图纸要求所执行的焊接工艺评定标准并结合本单位已有的合格的焊接工艺评定项目，进行分类归纳，确定出需要进行评定的项目。焊接工艺评定指导书见表3-4。

表 3-4　焊接工艺评定指导书

单位名称 _____ 批准人
焊接工艺评定指导书编号 _____ 日期 _____ 焊接工艺评定报告编号 _____
焊接方法 _____ 机械化程度 _____

焊接接头：
坡口形式 _____
垫板（材料及规格）_____
其他 _____
（应当用简图、施工图、焊缝代号或文字说明接头形式、焊接坡口尺寸、焊缝层次和焊接顺序）
母材：
类别号 _____ 组别号 _____ 与类别号 _____ 组别号 _____ 相焊 _____
或标准号 _____ 钢号 _____ 与标准号 _____ 钢号 _____ 相焊 _____
厚度范围：
母材：
对接焊缝 _____ 角接焊缝 _____
管子直径、壁厚范围：
对接焊缝 _____ 角接焊缝 _____ 组合焊缝 _____
焊缝金属 _____
其他 _____
焊接材料：
焊条类别 _____ 其他 _____
焊条标准 _____ 牌号 _____
填充金属尺寸 _____
焊丝、焊剂牌号 _____ 焊剂商标名称 _____
焊条（焊丝）熔敷金属化学成分（质量分数）（％）

续表

C	Si	Mn	S	P	Cr	Ni	Mo	V	Ti

焊接位置：
对接焊缝的位置焊接方向：向下＿＿＿＿＿
向上＿＿＿＿＿角接焊缝位置＿＿＿＿＿

焊后热处理：
加热温度＿＿＿＿升温速度＿＿＿＿＿
保温时间＿＿＿＿冷却方式＿＿＿＿

预热：
预热温度（允许最低值）＿＿＿＿＿
层间温度（允许最高值）＿＿＿＿＿
混合气体组成保持预热时间＿＿＿＿＿
加热方式＿＿＿＿＿＿＿＿＿

气体：
保护气体＿＿＿＿＿
流量＿＿＿＿＿

电流特征：
电流种类＿＿＿＿＿极性＿＿＿＿＿
焊接电流范围＿＿＿＿＿电弧电压＿＿＿＿＿
（按所焊位置和厚度，分别列出电流、电压范围，该数据计入下表中）

焊缝层次	焊接方法	填充金属		焊接电流		电弧电压范围	焊接速度	热输入
		号牌	直径	极性	电流			

钨极类型及规格＿＿＿＿＿＿＿＿＿＿
熔化极气体保护焊溶滴过渡形式＿＿＿＿＿
焊丝、送丝速度范围＿＿＿＿＿＿＿＿

技术措施：
摆动焊或不摆动焊＿＿＿＿＿＿＿＿＿
摆动参数＿＿＿＿＿＿＿＿＿＿＿＿
喷嘴尺寸＿＿＿＿＿＿＿＿＿＿＿＿
焊前清理或层间清理＿＿＿＿＿＿＿＿
背面清根方法＿＿＿＿＿＿＿＿＿
导电嘴至工件距离（每面）＿＿＿＿＿
多道焊或单道焊（每面）＿＿＿＿＿＿
多丝焊或单丝焊＿＿＿＿＿＿＿＿＿
锤击＿＿＿＿＿＿＿＿＿＿＿＿＿
其他（环境温度、相对湿度）＿＿＿＿＿

编制		日期		审核		日期	

2. 试件制备

试件材料、焊接材料应有完整的材料质量证明书，并要符合焊接工艺评定指导书要求。试件尺寸应满足制备试样的要求。对接焊缝的尺寸、试件厚度应充分考虑适用于焊件厚度的有效值及所能代表的厚度范围。

3. 试件的焊接

应使用本单位焊接设备施焊试件，并且所用的焊接设备与结构施焊时所用的设备相同。要求焊机的性能稳定，调节灵活。焊机上应装有经校验准确的电流表和电压表。

焊接工艺装备是为了方便地焊接各种位置的各种试件而制作的支架，将试件按要求的焊接位置固定在支架上进行焊接，有利于保证试件的焊接质量。

焊接工艺评定试件的焊接是关键环节，施焊焊工应是本单位技能熟练的焊工。除要求焊工认真操作外，还应有专人做施焊记录。记录内容主要是试件名称编号、接头形式、焊接位置、焊道层次、焊接电流、电弧电压、环境温度、层间温度、焊接速度或一根焊条所焊焊缝长度与焊接时间等。施焊记录是现场焊接的原始资料，也是编制焊接工艺评定报告的重要依据，应妥善保存。

4. 试件检验

试件焊完即进行检验。试件的检验项目包括外观检验、无损探伤、力学性能试验及金相检验。

试件外观检验不得有裂纹、未熔合、未焊透，外表几何尺寸虽在标准中未具体规定，但应符合焊接工艺评定指导书中的要求。

外观检验合格的对接焊缝试件进行射线检验，射线检验按《钢熔化焊对接接头射线照相和质量分级》GB 3323—87 进行，射线照相的质量应不低于 AB 级，焊缝质量不低于 II 级。厚板试件可进行超声波探伤，超声波探伤按《锅炉和钢制压力容器对接焊缝超声波探伤》JB 1152—81 进行，焊缝的质量应为 I 级。

力学性能试验有拉伸、弯曲和冲击试验。

此外，对于耐蚀层堆焊试件，还应进行渗透探伤检验、化学分析等。

5. 编制焊接工艺评定报告

焊接工艺评定报告是按有关评定标准规定，通过焊接试件、检验试样和评定焊接工艺后，将焊接工艺参数和试验记录整理而成的综合性报告。

三、焊接工艺评定的条件与规则

1. 焊接工艺评定条件

材料在选用与设计前必须经过（或有可靠的依据）严格的焊接性试验。焊接工艺评定的设备、仪表和辅助机械均应处于正常工作状态，钢材与所使用的焊接材料必须符合相应的标准，并需由本单位技能熟练的焊工施焊和进行热处理。

2. 焊接工艺评定规则

（1）必须进行焊接工艺评定的焊缝一台压力容器上的焊缝种类繁多，如果每条焊缝都进行焊接工艺评定，势必大幅度增加焊接工艺评定的数量，而事实上也没有这个必要。根据《钢制压力容器》GB 150—2000 中的规定，对下列各类焊缝的焊接工艺，必须按《钢制压力容器焊接工艺评定》JB/J 4708—2000 规定评定合格。

①受压元件焊缝。压力容器上的主要受压元件是指筒体、封头（端盖）、球壳板、换热器管板和换热管、膨胀节、开孔补强板、设备法兰、直径 36mm 以上的设备主螺栓、人孔盖、人孔法兰、人孔接管、直径大于 250mm 的接管等。

②与受压元件相焊接的焊缝。

③受压元件母材金属表面的堆焊、补焊。

④上述焊缝的定位焊。

（2）焊接工艺评定试件的厚度适用范围。焊接工艺评定试件按照有关标准评定合格的焊接工艺，不仅适用于相同厚度的焊件母材金属和相同厚度的焊缝金属，而且也适用于一定厚度的焊件母材金属和相同厚度的焊缝金属。这主要是因为在这个范围内，焊件的传热速率变化不大，不足以影响焊缝金属的结晶组织及焊件焊接接头的使用性能。因此，标准中对评定合格的焊接工艺，适用于母材金属厚度范围和焊缝金属厚度范围做了具体规定。

①若试件母材为 IV—2 组，抗拉强度下限值大于 540MPa 的强度型低合金钢，其厚度范围按表 3–5 和表 3–6 规定。

表 3–5　试件母材厚度和焊件母材厚度的规定

适用于焊件母材厚度的有效范围 T/mm	适用于焊件焊缝金属厚度的有效范围 /mm	
	最小值	最大值
$T \leqslant 1.5$	T	$2T$
$1.5 \leqslant T \leqslant 8$	1.5	$2T$ 且不大于 12
$T > 8$	0.75	$1.5T$

表 3–6　试件焊缝金属厚度和焊件焊缝厚度的规定

适用于焊件母材厚度的有效范围 T/mm	适用于焊件焊缝金属厚度的有效范围 /mm	
	最小值	最大值
$T \leqslant 1.5$	不限	$2T$
$1.5 \leqslant T \leqslant 8$	不限	$2T$ 且不大于 12
$T > 8$	不限	$1.5T$

表 3-6　试件厚度与焊件厚度的规定（一）

（试件进行力学性能试验和横向弯曲试验）

试件母材厚度 T/mm	适用于焊件母材厚度的有效范围		适用于焊件焊缝金属厚度的有效范围	
	最小值	最大值	最小值	最大值
$T \le 1.5$	T	$2T$	不限	$2T$
$1.5 \le T \le 10$	1.5	$2T$	不限	$2T$
$10 \le T \le 38$	5	$2T$	不限	$2T$
$T > 38$	5	200①	不限	$2T$（$T \le 20$）
$T > 38$	5	200①	不限	200①（$T \le 20$）

①限于焊条电弧焊、埋弧焊、钨极气体保护焊、熔化极气体保护焊的多道焊。

表 3-6　试件厚度与焊件厚度的规定（二）

试件母材厚度 T/mm	适用于焊件母材厚度的有效范围		适用于焊件焊缝金属厚度的有效范围	
	最小值	最大值	最小值	最大值
$T \le 1.5$	T	$2T$	不限	$2T$
$1.5 \le T \le 10$	1.5	$2T$	不限	$2T$
$T \ge 10$	5	$2T$	不限	$2T$

②对于焊条电弧焊、埋弧焊、钨极气体保护焊、熔化极气体保护焊，当焊件规定进行冲击试验时，试件评定合格后当 $T \ge 8$mm 时，适用于焊件母材厚度的有效范围最小值一律为 0.75T。如试件经高于上转变温度的焊后热处理或奥氏体钢母材后热经固溶处理时，仍按原规定。

③当焊件属于表 3-7 所列情况时，试件评定合格后，适用于焊件母材厚度的有效范围最大值可按表 3-7 中的规定。

表 3-7　特别情况下试件母材厚度与焊件母材厚度规定

序号	焊件情况	试件母材厚度 T/mm	适用于焊件母材厚度的有限范围	
			最小值	最大值
1	焊条电弧焊、埋弧焊、钨极气体保护焊、熔化极气体保护焊用于打底焊时，也可单独评定	≥ 13	—	按继续填充焊缝的其余焊接工艺评定结果确定
2	部分焊透的对接焊缝	≥ 38	—	不限
3	返修焊、补焊	≥ 38	—	不限
4	不等厚度对接焊缝焊件，用等厚度的对接焊缝试件来评定	别号为 Ⅶ 的母材、不规定冲击试验 ≥ 6	—	（厚边母材厚度）不限
		类别号力 Ⅶ 的母材外 ≥ 38	—	（厚边母材厚度）不限

④当试件符合表3-8所列的焊接条件时，试件评定合格后的最大厚度可按表3-8中的规定。

表3-8　特殊焊接条件下试件厚度与焊件厚度规定

序号	试件的焊接条件	适用于焊件的最大厚度	
		母材	焊缝金属
1	除气焊外，试件经上转变温度的焊后热处理	$1.1T$	—
2	试件为单道焊或多道焊时，若其中任一焊道的厚度大于13mm	$1.1T$	—
3	气焊	T	
4	电渣焊	$1.1T$	—
5	当试件厚度大于150mm时，若采用焊条电弧体保护焊（呈短路过渡者除外）	$1.33T$	$1.3T$
6	短路过渡的熔化极气体保护焊，当试件厚度小于13mm	$1.1T$	—
7	短路过渡的熔化极气体保护焊，当试件厚度小于13mm	——	$1.1T$

⑤对焊接缝试件评定合格的焊接工艺，用于角焊缝焊件时，焊件的有效厚度范围不限；角焊缝试件评定合格的焊接工艺，用于非受压元件角焊缝焊件时，焊件的有效厚度范围不限。

⑥组合评定合格后，当作单一焊接方法（或焊接工艺）分别评定来确定适用于焊件母材有效厚度范围。

（3）对接焊缝、角焊缝焊接工艺评定规则评定对接焊缝焊接工艺时，采用对接焊缝试件。对接焊缝评定合格的焊接工艺，亦适用于角焊缝。其试件形式如图3-28所示。

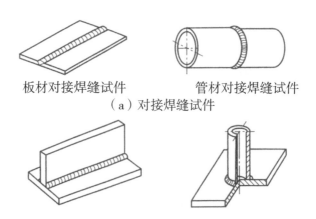

板材对接焊缝试件　　　管材对接焊缝试件

（a）对接焊缝试件

图3-28　对接焊缝、角焊缝焊接工艺评定试件形式

板材对接焊缝评定合格的焊接工艺，适用于管材对接焊缝，反之也可。

管板角焊缝评定合格的焊接工艺，适用于板材角焊缝，反之也可。

（4）焊接工艺因素。焊接工艺因素分为重要因素、补加因素和次要因素。

①重要因素是指影响焊接接头抗拉强度和弯曲性能的焊接工艺因素。

②补加因素是指影响焊接接头冲击韧性的焊接工艺因素。当规定进行冲击试验时，需增加补加因素。

③次要因素是指对要求测定的力学性能无明显影响的焊接工艺因素。各种焊接方法的焊接工艺评定重要因素、补加因素和次要因素见表3-9。

表3-9　各种焊接方法的焊接工艺评定因素

类别	焊接条件	重要因素						补加因素						次要因素					
		气焊	焊条电弧焊	埋弧焊	熔化极气体保护焊	钨极气体保护焊	电渣焊	气焊	焊条电弧焊	埋弧焊	熔化极气体保护焊	钨极气体保护焊	电渣焊	气焊	焊条电弧焊	埋弧焊	熔化极气体保护焊	钨极气体保护焊	电渣焊
接头	1. 坡口形式	–	–	–	–	–	–	–	–	–	–	–	–	○	○	○	○	○	○
	2. 增加或取消钢垫板	–	–	–	–	–	–	–	–	–	–	–	–	–	○	–	–	–	–
	3. 在同组别号内选择不同钢号垫板	–	–	–	–	–	–	–	–	–	–	–	–	–	○	–	–	–	–
	4. 坡口根部间隙	–	–	–	–	–	–	–	–	–	–	–	–	○	○	○	○	○	–
	5. 取消单面焊时的钢垫板（双面焊接按有钢垫板的单面焊考虑）	–	–	–	–	–	–	–	–	–	–	–	–	–	–	○	○	○	–
	6. 增加或取消非金属或非熔化的金属焊接沉淀	–	–	–	–	–	–	–	–	–	–	–	–	–	–	–	–	–	–
	7. 增加钢垫板	–	–	–	–	–	–	–	–	–	–	–	–	–	–	–	–	○	–
	8. 焊接面的装配间隙	–	–	–	–	–	–	–	–	–	–	–	–	–	–	–	–	–	○
填充材料	1. 焊条配号（只考虑类别代号后面两位数字）	–	○	–	–	–	–	–	–	–	–	–	–	–	–	–	–	–	–
	2. 用非低氢型药皮焊条代替低氢型药皮焊条	–	–	–	–	–	–	–	○	–	–	–	–	–	–	–	–	–	–
	3. 用低氢型药皮焊条代替非低氢型药皮焊条	–	–	–	–	–	–	–	–	–	–	–	–	–	○	–	–	–	–

续表

类别	焊接条件	重要因素						补加因素						次要因素					
		气焊	焊条电弧焊	埋弧焊	熔化极气体保护焊	钨极气体保护焊	电渣焊	气焊	焊条电弧焊	埋弧焊	熔化极气体保护焊	钨极气体保护焊	电渣焊	气焊	焊条电弧焊	埋弧焊	熔化极气体保护焊	钨极气体保护焊	电渣焊
填充材料	4. 焊条直径	–	–	–	–	–	–	–	–	–	–	–	–	–	○	–	–	–	–
	5. 焊条的直径改为于6mm	–	–	–	–	–	–	–	○	–	–	–	–	–	–	–	–	–	–
	6. 药芯焊丝牌号（只考虑类别代号后面两位数字）、焊丝钢号	○	–	○	○	○													
	7. 用具有较低冲击吸收功的药芯焊丝代替具有较高冲击吸收功的药芯焊丝										○	○							
	8. 用具有较低冲击吸收功的药芯焊丝代替具有较高冲击吸收功的药芯焊丝																○	○	–
	9. 焊丝直径	–	–	–	–	–	–						–	○	–	○	○	–	
	10. 焊剂牌号混合焊剂的混合比例	–	–	○	–	–	○												
	11. 焊剂商标名称或制造厂	–															○		
	12. 增加或取消填充金属	–	–	–	○														
	13. 增加或取消附加的填充金属	–		○	○														
	14. 填充金属横截面积	–	–	–	–	–	–							○	–			○	○
	15. 实芯焊丝改为药芯焊丝或相反				○	○													
	16. 增加或取消预置填充金属；预置填充金属的化学成分范围	–	–	–	○														
	17. 丝极改为板极或反之；丝极或板极钢号	–		–	–	○													
	18. 熔嘴改为非熔嘴或反之	–		–	–	○													
	19. 熔嘴钢号	–	–	–	–	○		–	–	–	–	–		–	–	–	–	–	

续表

类别	焊接条件	重要因素						补加因素						次要因素					
		气焊	焊条电弧焊	埋弧焊	熔化极气体保护焊	钨极气体保护焊	电渣焊	气焊	焊条电弧焊	埋弧焊	熔化极气体保护焊	钨极气体保护焊	电渣焊	气焊	焊条电弧焊	埋弧焊	熔化极气体保护焊	钨极气体保护焊	电渣焊
焊接位置	1. 焊接位置	–	–	–	–	–	–	–	–	–	–	–	–	○	○	○	○	○	–
	2. 需做清根处理的根部焊道向上立焊或向下立焊	–	–	–	–	–	–	–	–	–	–	–	–	–	○	–	○	○	–
	3. 从评定合格的焊接位置改变为向上立焊	–	–	–	–	–	–	–	○	–	○	○	–	–	–	–	–	–	–
预热、后热	1. 预热温度比已评定合格值降低50℃以上	–	○	○	○	○	–	–	–	–	–	–	–	–	○	–	–	–	–
	2. 最高层间温度比经评定记录值高50℃以上	–	–	–	–	–	–	–	○	○	○	○	–	–	–	–	–	–	–
	3. 施焊结束后至焊后热处理前，改变后热度温度范围和保温时间	–	–	–	–	–	–	–	–	–	–	–	–	–	○	○	○	–	–
气体	1. 可燃气体的种类	○	–	–	–	–	–	–	–	–	–	–	–	–	–	–	–	–	–
	2. 保护气体种类；混合保护气体配比	–	–	–	○	○	–	–	–	–	–	–	–	–	–	–	–	–	–
	3. 从单一的保护气体改用混合保护气体或取消保护气体	–	–	–	○	○	–	–	–	–	–	–	–	–	–	–	–	–	–
	4. 当焊接类别号为IV、VIII的母材时，取消背面保护气体或改为包括非惰性气体在内的混合气体	–	–	–	○	○	–	–	–	–	–	–	–	–	–	–	–	–	–
	5. 当焊接组别为IV–2、类别另为VIII的母材时，气体流量减小10%或更多一些	–	–	○	○	–	–	–	–	–	–	–	–	–	–	–	–	–	–
	6. 增加或取消尾部保护气体或改变尾部保护气体成分	–	–	–	–	–	–	–	–	–	–	–	–	–	–	–	○	○	–
	7. 保护气体流量	–	–	–	–	–	–	–	–	–	–	–	–	–	–	–	○	○	–
	8. 增加或取消背面保护气体，改变背面保护气体流量和组成	–	–	–	–	–	–	–	–	–	–	–	–	–	–	–	○	○	–

续表

类别	焊接条件	重要因素						补加因素						次要因素					
		气焊	焊条电弧焊	埋弧焊	熔化极气体保护焊	钨极气体保护焊	电渣焊	气焊	焊条电弧焊	埋弧焊	熔化极气体保护焊	钨极气体保护焊	电渣焊	气焊	焊条电弧焊	埋弧焊	熔化极气体保护焊	钨极气体保护焊	电渣焊
电特性	1. 电流种类或极性	−	−	−	−	−	−	−	○	○	○	○	−	−	○	○	○	○	−
	2. 增加线能量或单位长度焊道的熔敷金属体积超过已评定合格值①	−	−	−	−	−	−	−	○	○	○	○	−	−	−	−	−	−	−
	3. 电流值或电压值	−	−	−	−	−	−	−	−	−	−	−	−	−	○	○	○	○	−
	4. 电流值或电压值超过已评定合格值±15%	−	−	−	−	−	○	−	−	−	−	−	−	−	−	−	−	−	−
	5. 在直流电源上叠加或取消脉冲电流	−	−	−	−	−	−	−	−	−	−	−	−	−	−	−	−	○	−
	6. 钨极的种类或直径	−	−	−	−	−	−	−	−	−	−	−	−	−	−	−	−	−	−
	7. 从喷射弧、熔滴弧或脉冲弧改变为短路弧，或反之	−	−	−	○	−	−	−	−	−	−	−	−	−	−	−	−	−	−
技术措施	1. 从氧化焰改为还原焰，或反之	−	−	−	−	−	−	−	−	−	−	−	−	○	−	−	−	−	−
	2. 左向焊或右向焊	−	−	−	−	−	−	−	−	−	−	−	−	○	−	−	−	−	−
	3. 不摆动焊或摆动焊	−	−	−	−	−	−	−	−	−	−	−	−	−	○	○	○	○	−
	4. 焊前清理和层间清理方法	−	−	−	−	−	−	−	−	−	−	−	−	○	○	○	○	○	○
	5. 清根方法	−	−	−	−	−	−	−	−	−	−	−	−	○	○	○	○	○	−
	6. 焊丝摆动幅度、频率和两端停留时间	−	−	−	−	−	−	−	−	−	−	−	−	−	−	−	○	○	−
	7. 导电嘴至工件的距离	−	−	−	−	−	−	−	−	−	−	−	−	−	−	−	−	−	−
	8. 由每面多道焊改为每面单道焊①	−	−	−	−	−	−	−	−	○	○	○	−	−	−	−	−	−	−
	9. 单丝焊改为多丝焊，或反之①	−	−	−	−	−	○	−	−	○	○	○	−	−	−	−	−	−	−
	10. 电(钨)极摆动幅度、频率和两端停留时间	−	−	−	○	−	○	−	−	−	−	−	−	−	−	−	−	−	−
	11. 焊丝（电极）间距	−	−	−	−	−	−	−	−	−	−	−	−	−	−	−	−	−	○
	12. 增加或取消非金属或非熔化的金属成形滑块	−	−	−	−	−	○	−	−	−	−	−	−	−	−	−	−	−	−
	13. 手工操作、半自动操作或自动操作	−	−	−	−	−	−	−	−	−	−	−	−	−	○	○	○	○	−
	14. 有无锤击焊缝	−	−	−	−	−	−	−	−	−	−	−	−	−	○	○	○	○	○
	15. 钨极间距	−	−	−	−	−	−	−	−	−	−	−	−	−	−	−	−	○	−
	16. 喷嘴尺寸	−	−	−	−	−	−	−	−	−	−	−	−	−	−	−	−	○	−

①当经高于上转变温度的焊后热处理或奥氏体母材焊后经固溶处理时不作为补加因素。

注：○表示对该焊接方法为评定因素。

当变更任何一个重要因素时，都必须重新进行焊接工艺评定。

当增加或变更任何一个补加因素时，可按增加或变更的补加因素，增加冲击韧性试件进行试验。

当变更次要因素时不需要重新评定焊接工艺，只需要重新编制焊接工艺评定指导书。

（5）母材。《钢制压力容器焊接工艺评定》标准是根据母材的化学成分、力学性能和焊接性能，对母材进行分类、分组的。其类别及组别的划分列于表3–10。

母材组别评定规则如下。

①当重要因素、补加因素不变时，某一钢号母材评定合格的焊接工艺，可以用于同组别号的其他钢号母材。

表 3–10　钢号分类分组表

类别号	组别号	钢号	相应标准号
I	I-1	Q235-A・F	GB/T 912，GB/T 3274
		Q235-A	GB/T 912，GB/T 3274
		Q235-B	GB/T 912，GB/T 3274
		Q235-C	GB/T 912，GB/T 3274
		10	GB 3087，GB 6479，GB/T 8163，GB 9948
		20	GB 3087，GB/T 8163，GB 9948，JB 4726
		20G	GB 5310，GB 6479
		20g	GB 713
		20R	GB 6654
II	II-1	16Mn	GB 6479，JB 4726
		16MnR	GB 6654
	II-2	15MnNbR	GB 6654
		15MnVR	GB 6654
		20MnMo	JB 4726
		10MoWVNb	GB 6479
III	III-1	13MnNiMoNbR	GB 6654
		18MnMoNbR	GB 6654
		20MnMoNb	JB 4726
	III-2	07MnCrMoVR	GB150

续表

		12CrMo	GB 6479，GB 9948
IV	IV-1	12CrMoG	GB 5310
		15CrMo	GB 6479，GB 9948，JB 4726
		15CrMoR	GB 6654
		15CrMoG	GB 5340
		14CrMo	JB 4726
		14Cr1MoR	GB 150
		12Cr1MoV	JB 4726
		12CrMoVG	GB 5310
	IV-2	12Cr2Mo	GB 6479
		12Cr2Mo1	JB 4726
		12Cr2Mo1R	GB 150
		12Cr2MoG	GB 5310
V	V-1	1Cr5Mo	GB 6479，JB 4726
VI	VI-1	09MnD	GB 150
		09MnNiD	JB 4727
		09MnNiDR	GB 3531
	VI-2	16MnD	JB 4727
		16MnDR	GB 3531
		15MnNiDR	GB 3531
		20MnMoD	JB 4727
	VI-3	07MnNiCrMoVDR	GB 150
		08MnNiCrMoVD	JB 4727
		10Ni3MoVD	JB 4727
VII	VII-1	1Cr18Ni9Ti	GB/T 3280，GB/T 4237，JB 4728
		0Cr18Ni9	GB/T 3280，GB/T 4237，GB 13296，GB/T 14976，JB 4728
		0Cr18Ni10Ti	GB/T 3280，GB/T 4237，GB 13296，GB/T 14976，JB 4728
		00Cr19Ni10	GB/T 3280，GB/T 4237，GB 13296，GB/T 14976，JB 4728
	VII-2	0Cr17Ni12Mo2	GB/T 3280，GB/T 4237，GB 13296，GB/T 14976，JB 4728
		0Cr19Ni13Mo3	GB/T 3280，GB/T 4237，GB 13296，GB/T 14976
		0Cr18Ni12Mo2Ti	GB/T 3280，GB/T 4237，GB 13296，GB/T 14976，JB 4728
		00Cr17Ni14Mo2	GB/T 3280，GB/T 4237，GB 13296，GB/T 14976，JB 4728
		00Cr19Ni13Mo3	GB/T 3280，GB/T 4237，GB 13296，GB/T 14976
VIII	VIII-1	0Cr13	GB/T 3280，GB/T 4237，GB/T 14976，JB 4728

②组别号为IV—2母材的评定，适用于组别号为II—1的母材。

③在同类别中，高组别号母材的评定适用于该组别母材与低组别号母材所组成的焊接接头。

除上述规定之外，母材组别号改变时，均需重新评定。

当不同类别号的母材组成焊接接头时，即使母材各自都已评定合格，其焊接接头仍需重新评定。但类别号为Ⅱ（或组别号为Ⅳ—1、Ⅳ—2）的同钢号母材的评定，适用于该类别号（或组别号）母材与类别号为Ⅰ的母材的评定。

未列入表3-10的钢号评定规则如下。

①已列入国家标准、行业标准的钢号，根据化学成分、力学性能和焊接性能，确定归入相应的类别、组别中，或另分类别、组别；未列入国家标准、行业标准的钢号，应分别进行焊接工艺评定。

②国外钢材首次使用时，其每一钢号应按国家标准规定命名，并进行焊接工艺评定。当已掌握该钢号焊接性能，且其化学成分、力学性能与表3-10中某钢号相当，且某钢号已经进行过焊接工艺评定时，该进口钢材可免做焊接工艺评定。可在本单位技术文件中，将此国外钢号归入某钢号所在类别、组别内。

（6）耐蚀堆焊工艺评定规则。

①改变堆焊方法，需重新评定。

②当试件基层厚度T＜25mm时，评定合格的焊接工艺，适用于焊件基层厚度大于或等于T；试件厚度T＞25mm时，评定合格的焊接工艺，适用于焊件厚度大于25mm。

③耐蚀堆焊重新评定条件见表3-11。

表3-11　耐蚀堆焊重新评定条件

类别	堆焊条件	气焊	焊条电弧焊	埋弧焊	熔化极气体保护焊	钨极气体保护焊
填充金属	变更焊条牌号（只考虑类别号后面两位数字）	—	○	—	—	—
	当堆焊首层时变更焊条直径	—	○	—	—	—
	增加或取消附加的填充金属	—	—	○	○	—
	变更焊丝（或钢带）钢号	—	—	○	○	○
	变更焊剂牌号或变更混合焊剂混合比	—	—	○	—	—
	实芯焊丝变为药芯焊丝，或反之	—	—	—	○	○
焊接位置	除横焊、立焊或仰焊位置的评定适用于平焊外，改变评定合格的焊接位置	—	○	—	○	○
预热	预热温度比评定值降低50℃以上，或超过评定记录的最高层间温度	—	○	○	○	○
焊后热处理	改变焊后热处理类别，或在焊后热处理温度下的总时间增加超过评定值的25%	—	○	○	○	○

续表

类别	堆焊条件	气焊	焊条电弧焊	埋弧焊	熔化极气体保护焊	钨极气体保护焊
气体	变更保护气体种类，变更混合气体配比，取消保护气体	—	—	—	○	○
电特性	变更电流种类或极性	—	○	○	○	○
	堆焊首层时，线能量或单位长度焊道内熔敷金属的体积增加超过评定值的10%	—	○	○	○	○
技术措施	多层堆焊变为单层堆焊，或反之	—	○	○	○	○
	取消熔池磁场控制	—	—	○	—	—
	变更同一熔池的电极数量	—	—	○	○	—
	增加或取消电极摆动	—	—	○	○	○
堆焊层厚度	堆焊层规定厚度低于已评定最小厚度	—	○	○	○	○
母材	改变基层的类别号	○	○	○	○	○
	基层的厚度超出规定	○	○	○	○	○

注1. ○表示对该焊接方法为重新评定的焊接条件。

2. 当堆焊条件不变时，Ⅱ—1组基层钢号上评定合格的堆焊工艺可用于Ⅰ类。

（7）焊后热处理。

焊后热处理的分类如下。类别号为Ⅶ的母材分为：不进行焊后热处理；进行焊后固溶或稳定化处理。

除类别号为Ⅶ以外的母材分为：不进行焊后热处理；低于下转变温度进行焊后热处理；高于上转变温度进行焊后热处理；先在高于上转变温度，继之在低于下转变温度进行焊后热处理（正火或淬火后继之回火）；在上、下转变温度之间进行焊后热处理。

改变焊后热处理类别，需重新评定焊接工艺。

除气焊外，当规定冲击试验时，焊后热处理的温度和时间范围改变后，要重新评定焊接工艺。试件的焊后热处理与焊件在制造过程中的焊后热处理基本相同，试件加热温度范围不得超过相应标准或技术条件规定。低于下转变温度进行焊后热处理时，试件保温时间不得少于焊件在制造过程中累计保温时间的80%。

四、焊接工艺评定的试验项目

1. 对接焊缝

评定对接焊缝工艺时，采用对接焊缝试件。试验项目有：

（1）外观检查。主要检查焊接试件表面有无裂纹、未焊透和未熔合，并测量焊缝外表几何尺寸，如余高、焊缝宽度等。

（2）无损检测（无损检验）。一般采用射线探伤和超声波探伤，其中以射线探伤用得最多。无损检测主要是检查焊缝内部的质量，即焊缝内部有无裂纹、气孔、夹渣等缺陷。

（3）力学性能试验包括拉伸试验、弯曲试验和冲击试验。拉伸试验的目的是测定焊接接头的抗拉强度；弯曲试验的目的是测定焊接接头的塑性和揭示接头内部缺陷，检验焊缝的致密性（连续性和完好性）；冲击试验的目的是测定焊接接头的冲击韧度。

2. 角焊缝

（1）外观检查。检查角焊缝接头的外观质量，是否有裂纹和未熔合等，并测量焊脚尺寸和凹凸度。

（2）宏观金相检验。检查焊缝根部是否焊透及焊接接头的内部质量。

由于角焊缝试件不能测定焊接接头的力学性能，对承压的角焊缝，建议采用对接焊缝试件来评定，以确保角焊缝焊接接头所需的力学性能，试验项目与对接焊缝相同。

3. 组合焊缝

分为全焊透的组合焊缝和未全焊透的组合焊缝两种。

（1）全焊透的组合焊缝有两种评定方法：

①采用与焊件接头的坡口形式和尺寸类同的对接焊缝试件进行评定，由此来保证组合焊缝焊件焊接接头的力学性能，试验项目与对接焊缝相同。

②采用组合焊缝试件加对接焊缝试件进行评定。组合焊缝试件是用来验证能否焊透；对接焊缝试件是用来测定接头的力学性能。

组合焊缝的试验项目同角焊缝试件。

对接焊缝的试验项目同对接焊缝试件。

（2）未全焊透的组合焊缝如果坡口的深度大于焊件中较薄母材金属厚度的1/2时，可按对接焊缝处理，试验项目与对接焊缝相同；如果坡口深度小于或等于焊件中较薄母材金属厚度的1/2时，则按角焊缝处理，试验项目与角焊缝相同。

4.耐蚀堆焊层

试验项目有：

（1）渗透探伤目。的是检查耐蚀堆焊层表面有无裂纹、缝隙和气孔等缺陷。

（2）弯曲试验。目的是检查耐蚀堆焊层的致密性和塑性。

（3）化学成分分析。堆焊层金属的耐蚀性与其化学成分有关，因此对堆焊层金属进行化学成分分析，可以检查堆焊层金属是否具有技术条件所规定的化学成分及耐蚀性。

五、焊接工艺评定的试验方法和合格指标

1.对接焊缝

对接焊缝试件有板材对接焊缝试件和管材对接焊缝试件两种，见图3-29（a）。由于两者通用，因此可根据具体条件任选一种。试件的厚度应充分考虑其适用于焊件厚度的有效范围，即应选取能覆盖焊件厚度范围的厚度作为试件的厚度。试件长度应充分考虑制备试样的数量。

试件和试样的检验项目有：

（1）外观检验用肉眼或低倍放大镜观察试件接头表面。

（2）无损检测。

①试件母材金属厚度小于或等于38mm时，应选用射线探伤；对标准抗拉强度大于540MPa的母材金属，且试件母材金属厚度大于20mm的试件，除射线探伤外，还应增加局部超声波探伤。

②试件母材金属厚度大于38mm时，如选用射线探伤，还应进行局部超声波探伤；如选用超声波探伤，还应进行局部射线探伤。

（3）力学性能试验。试件经外观检查和无损检测合格后，即在试件上标记出力学性能试样的位置。板材对接焊缝试件取试样位置和管材对接焊缝取试样位置分别见图3-29、图3-30。然后用机械加工方法制取试样，试样可以避开缺陷，去除焊缝余高前，可以对试样进行冷矫平。

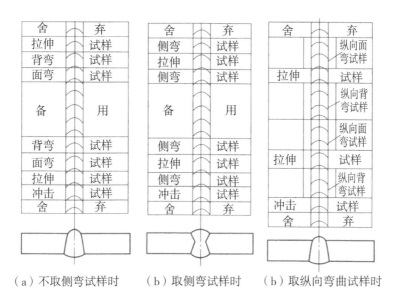

（a）不取侧弯试样时　（b）取侧弯试样时　（b）取纵向弯曲试样时

图 3-29　板材对接焊缝试件上试样取样位置

对接焊缝力学性能试验的试样类别和数量见表 3-12。当试件采用两种或两种以上焊接方法（或焊接工艺）时，拉伸试样和弯曲试样的受拉面应包括每一个焊接方法（或焊接工艺）的焊缝金属；当规定做冲击试验时，对每一种焊接方法（或焊接工艺）的焊缝金属和热影响区都要做冲击试验。

表 3-12　对接焊缝力学性能试验的试样类别和数量

焊件母材金属厚度 δ/mm	试样类别和数量 / 个					
	拉伸试验	弯曲试样[2]			冲击试验	
	拉伸试样[1]	面弯试样	背弯试样	侧弯试样	焊缝区试样	热影响区试样[4]
$1.5 \leq \delta < 10$	2	2	2	—	3	3
$10 \leq \delta < 20$	2	2	2	[3]	3	3
$\delta \geq 20$	2	—	—	4	3	3

①一根管接头的全截面试样，可以代替两个板形试样。

②当试件焊缝两侧的母材金属之间或焊缝金属和母材金属之间的弯曲性能有显著差别时，可改用纵向弯曲试验代替横向弯曲试验。

③可以用四个横向侧弯试样代替两个面弯和两个背弯试样。

④当焊缝两侧母材金属的钢号不同时，每侧热影响区都应取 3 个冲击试样。

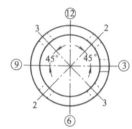

（a）拉伸试样为整管时

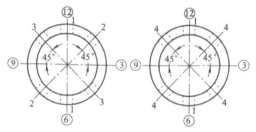

（b）不要求冲击试验时

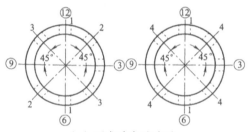

（c）要求冲击试验时

（③⑥⑨⑩钟点记号，为水平固定位置焊接时的定位标记）

图 3-30 管材对接焊缝试件上试样取样位置

1- 拉伸试样；2- 面弯试样；3- 背弯试样；4- 侧弯试样

①拉伸试验。试样的形状和尺寸应符合《焊接接头拉伸试验》GB 2651—89 的规定。其中带肩板形试样适用于所有厚度板材的对接焊缝试件；管接头板形试样适用于管材对接焊缝试件；管接头整管试样适用于外径小于或等于 76mm 的管材对接焊缝试件。

合格标准：当试样的母材金属为同种钢号时，每个试样的抗拉强度应大于或等于母材金属钢号标准规定值的下限；当试样的母材金属为两种钢号时，每个试样的抗拉强度应大于或等于两种钢号标准规定值下限的较低值；当采用两片或多片试样时，每个试样的抗拉强度都应符合上述规定。

②弯曲试验。弯曲试样分为面弯、背弯、纵向面弯、纵向背弯和横向侧弯试样几种。弯曲试样的形状和尺寸应符合《焊接接头弯曲及压扁试验方法》GB 2653—89 的规定。

③冲击试验。取样位置和试样形状、尺寸应符合《焊接接头冲击试验方法》GB 2650—89 的规定。

2. 角焊缝

角焊缝分板材角焊缝和管板角焊缝两种形式，试件的形状和尺寸分别见表3-13、图 3-31、图 3-32。

表3-13 板材角焊缝试件尺寸

mm

翼板厚度 δ_1	腹板厚度 δ_2
$\leqslant 3$	δ_1
> 3	$\leqslant \delta_1$，但不小于 3

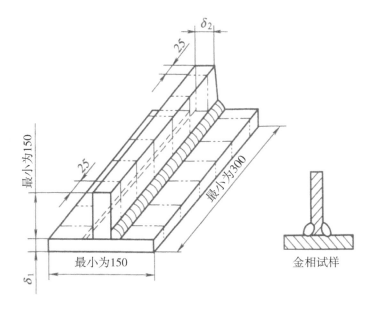

图 3-31 板材角焊缝试件的形状和尺寸（焊脚尺寸等于管壁厚）

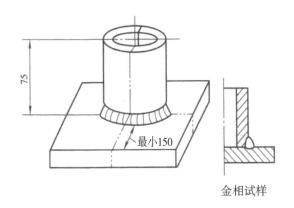

金相试样

图 3-32 管板角焊缝试件的形状和尺寸（最大焊脚尺寸等于管壁厚）

试件和试样的检验项目有：

（1）外观检查用肉眼或低倍放大镜检查试件接头表面，不得有裂纹、未熔合。测量焊脚尺寸。

（2）宏观金相检验

①板材角焊缝试样的检验将试件两端各舍去 25mm，然后沿试件横向等分切取 5 个试样，对每块试样取一个面进行打磨、抛光、腐蚀，用肉眼或低倍放大镜进行检查。要求任意两个检验面不得为同一切口的两侧面。

②管板角焊缝试样的检验将试件等分切取 4 个试样，焊缝的起始和终了位置应位于试样焊缝的中部，对每块试样取一个面进行金相检验。要求任意两个检验面不得为同一切口的两侧面。

合格标准：焊缝根部应焊透，焊缝金属和热影响区不得有裂纹、未熔合。角焊缝两焊脚尺寸之差不大于 3mm。

3. 组合焊缝

组合焊缝分板材组合焊缝和管板组合焊缝两种形式，试件的形状和尺寸分别见表 3-14 和图 3-33、图 3-34。

表 3-14　板材组合焊缝试件尺寸

mm

管壁厚度	板厚度	适用于焊件母材金属厚度的有效范围
< 20	< 20	管壁厚度和板厚度均小于 20
< 20	≥ 20	管壁厚度小于 20，板厚度等于或大于 20
≥ 20	≥ 20	管壁厚度和板厚度均大于或等于 20
翼板厚度 δ_3	腹板厚度 δ_4	适用于焊件母材金属厚度的有效范围
< 20	≤ δ_3	翼板和腹板厚度均小于 20
≥ 20	≤ δ_3，且 ≥ 20	翼板和腹板厚度中任一或全部大于或等于 20

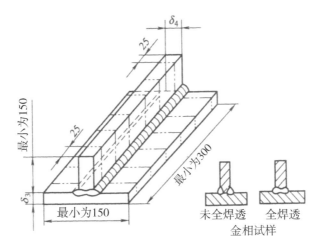

图 3-33 板材组合焊缝试件及试样

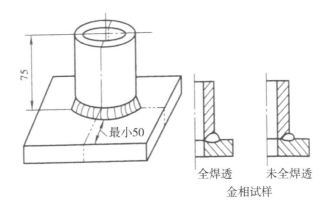

图 3-34 管板组合焊缝试件及试样

试件和试样的检验项目有：

（1）外观检查用肉眼或低倍放大镜检查试件接头表面，不得有裂纹、未熔合。测量焊脚尺寸。

（2）宏观金相检验与角焊缝试件相同。

合格标准：焊缝根部应焊透，焊缝金属和热影响区不得有裂纹、未熔合。

4.耐蚀堆焊层

当焊件基体的厚度等于或大于25mm时，试件基体的厚度不得小于25mm；当焊件基体的厚度小于25mm时，试件基体的厚度应等于或小于焊件基体的厚度。

试件和试样检验项目有：

（1）渗透探伤可采用着色法或荧光法。试验按《钢制压力容器》GB 150—89的规定进行。

合格标准：不允许有任何裂纹和分层存在。

（2）弯曲试验只进行侧弯试验。侧弯试样在渗透探伤合格的试件上切取，可在平行和垂直于焊接方向的方向上各切取2个，也可4个试样都垂直于焊接方向。切取位置如图3-35所示，试样宽度至少应包括堆焊层全部、熔合区和基层热影响区。试样尺寸同标准试样。

弯曲试验时的有关规定见表3-15。

表3-15　耐蚀堆焊层侧弯试验的有关规定

试样厚度 δ_1/mm	弯轴直径 D/mm	支座间距离 /mm	弯曲角 /（°）
10	40	63	180
< 10	$4\delta_1$	$6\delta_1 + 3$	

合格标准：弯曲试验后在试样拉伸面上的堆焊层不得有超过1.5mm长的任一裂纹或缺陷；在熔合线上不得有超过3mm长的任一裂纹或缺陷。

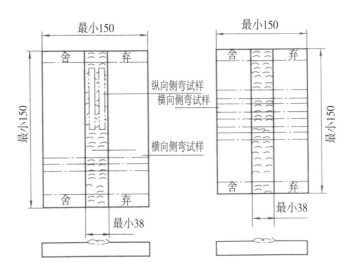

图 3-35 弯曲试样切取位置

（3）化学成分分析取样位置见图 3-36。图中，δ 为堆焊层实际厚度；δ_{min} 为产品技术文件限定的堆焊层最小厚度；δ_1 为取样厚度，最大为 0.5mm。

合格标准：按产品技术文件规定。

六、编制焊接工艺评定报告

各种评定试件的各项试验报告汇集之后，即可编制焊接工艺评定报告。

编写焊接工艺评定报告最重要的原则是如实记录，无论是试验条件和检验结果都必须是实测记录数据，并有相应的记录卡和试验报告等原始证据。焊接工艺评定报告是一种必须由企业技术总负责人签字的重要质量保证文件，也是技术监督部门和用户代表审核企业技术能力的主要依据之一。因此，编写人员必须认真负责，一丝不苟，如实填写，不得错填和涂改。报告必须经有关人员校对和审核。

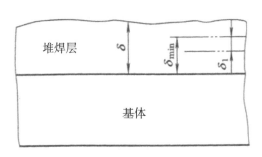

图 3-36 化学成分分析取样位置

　　焊接工艺评定报告中结论"合格"，即可作为编制"焊接工艺规程"的主要依据。如果出现了焊接工艺评定项目中的一些项目未获得通过，这也是正常的，此时，需针对问题，重新修改有关焊接工艺参数，甚至改变焊接方法、焊接材料，重新组织试验，直到获得满意的结果。

　　所以说，合理的焊接工艺参数及热参数（热参数主要包括预热、后热及焊后热处理）是在工艺评定试验过程中确定的，并成为编制焊接工艺规程的主要依据。

七、焊接工艺评定实例

　　按《压力容器安全监察规程》和《钢制压力容器》GB/T 150—1998 的要求，压力容器施焊前应按《压力容器焊接工艺评定》标准的规定进行相应的焊接工艺评定。

　　压力容器结构及焊缝布置如图 3-37 所示。

　　其中 A 类、B 类为纵环缝，必须进行焊接工艺评定；管接头与筒体连接的 D 类焊缝，无论是组合焊缝还是角焊缝，也需进行焊接工艺评定。此外，接管与法兰及端盖焊接的 C 类焊缝均需经焊接工艺评定合格后才能投入生产。

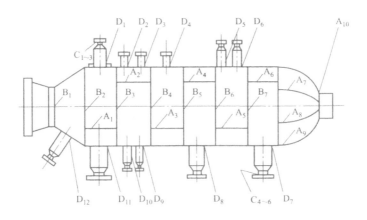

图 3-37 压力容器结构及焊缝布置简图

第四节　焊接工艺规程的编制

一、焊接工艺规程的意义及作用

焊接工艺规程的意义及作用主要表现在以下几方面。

①焊接工艺规程是依据焊接工艺评定的科学数据，结合一定的生产条件，在实践经验的基础上分析总结制定出来的。因此，它既有实践基础，又有科学依据。根据焊接工艺规程进行焊接生产，就可以保证工人在安全条件下，稳定地保证焊接质量。

②焊接工艺规程是组织和管理焊接生产的基础依据。依据焊接工艺规程，进行全面焊接生产的准备工作，如焊材（焊条、焊丝、焊剂、气体等）的准备；焊接设备的运转和调整；焊接检验设备的准备和使用等。根据焊接工艺文件，可以随时解决焊接生产中出现的问题；随时检查焊接过程中的焊接接头质量，使焊接生产能有节奏地连续进行。

③焊接工艺规程是交流焊接先进经验的桥梁。它体现着工厂焊接生产技术的先进性，缩短摸索焊接技术的过程。

总之，焊接工艺规程是严肃的工艺文件，是焊接结构"按图样、按标准、按工艺"的依据之一，任何人都必须严格执行，不能随意更改或忽视。但是，科学技术是不断发展的，人们的认识也在不断发展，已制定的焊接工艺规程经一定时间的实践后，在生产中会落后，因此必须及时修订。此外，随着设计的改进，对产品质量和对新材料、新工艺、新技术的采用及工人在生产中创造发明和合理化建议的采用等，各项要求会发生变化，必须对焊接工艺进行及时修订，否则，就会使焊接工艺规程失去指导生产的意义。

二、编制焊接工艺规程的原则

编制焊接工艺规程应遵守以下原则：

（1）技术上的先进性。制定焊接工艺规程时，要调查材料发展信息，了解国内外焊接技术的发展状况，对本企业生产上的差距做到心中有数。要充分利用焊接工艺方面的最新科学技术成就，广泛推广采用焊接的先进经验。如目前的逆变弧焊电源、粗丝 CO_2 气体保护焊、脉冲熔化氩弧焊等，都已成为国内外确认的先进技术，这是在编制焊接工艺规程时应优先考虑的。在受到本单位生产条件、资金等限制，一时不能采用的先进技术时，要根据产品的实际情况，结合市场调查，在综合分析的基础上，做出明确规划，尽可能保持焊接工艺规程的先进性。

（2）经济上的合理性。在一定生产条件下，要对多种工艺方法进行对比计算，要尽量选择经济上最合理的焊接方法。

（3）技术上的可行性。制定焊接工艺规程必须从本企业的实际条件出发，充分利用自己拥有的设备，根据企业的潜力和发展方向，结合具体生产条件，消除生产中的薄弱环节。

（4）创造良好的劳动条件。焊接工艺规程必须保证操作者具有安全良好的劳动条件。因此，应尽量采用机械化和自动化，采用较先进的工艺装备等，从而提高生产效率，改善劳动环境。

三、编制焊接工艺规程的依据

编制焊接工艺规程的依据：

（1）产品的整套装配图和零件图，这是编制焊接工艺规程的主要资料。因为从图中可以了解到产品的技术特性和要求、结构特点、材料规格、牌号、焊缝位置、焊接节点和坡口形式、探伤要求和方法等。

（2）有关技术标准产品的种类、焊接材料、坡口形式、检验方法等，都有一系列的相应国家标准和行业标准。受到这些标准的制约，才可以保证产品质量，这是必须熟悉掌握的。

（3）产品验收质量标准。在制定焊接工艺规程时，要详细了解产品的质量验收标准，并在工艺文件中明确表示出来。如焊缝表面几何尺寸、探伤方式及合格等级、水压试验的压力要求等。

（4）产品类型。焊接结构生产一般分单件、批量及定型产品三类。应根据生产类型制定相应的焊接工艺。例如，大批量或定型产品的生产，就应考虑比较先进的设备、专用工卡具和专用生产场地。而单件和非标产品，则应充分利用工厂现有生产条件，挖掘潜力，努力降低产品成本，否则，在经济上是不合算的。

（5）工厂生产条件。为了所编制的焊接工艺规程能切实可行，达到指导生产的目的，一定要从本单位的实际情况出发，要掌握生产车间面积、动力、起重能力、加工设备及工人素质、技术等级等资料，严谨、细致，其步骤如下。

准备工作：

①收集所需的各种原始资料，做到心中有数。

②分析研究生产纲领，根据生产类型确定生产工艺的水平。

③研究产品的特点、技术要求和验收标准。

④掌握国内外同类产品生产现状及先进的工艺。这是在工艺过程分析的基础上完成的，是编制焊接工艺规程的总体构思和布局。拟定工艺路线要完成以下内容。

①加工方法的确定。包括备料、成形、装配、焊接、矫正、检验等方法。选择加工方法一定要考虑企业现有加工能力和产品生产类型的性质。

②加工顺序的确定。合理地安排加工顺序能减少不必要的运输、存储工作，同时能使各个工序衔接紧凑，提高生产效率。这里尤其要注意装配焊接顺序的确定，零部件的装配焊接和最后的总装顺序不同，结构的残余应力和变形是不一样的，对产品的尺寸、加工质量也有很大影响。

③加工设备和工装的确定。根据加工方法选择合适的加工设备和工装。

拟定工艺路线和工艺过程分析的关系十分密切，拟定工艺路线的过程就是产品生产方案论证、确定的过程。产品的工艺路线并不是唯一的，要对不同的工艺路线进行分析，确定最合理的、最经济的工艺路线。在拟定工艺路线时，从粗略到详细，最后经过试验或试生产确定最佳方案。

图3-38为某一框架结构，图3-39为其生产工艺流程图。

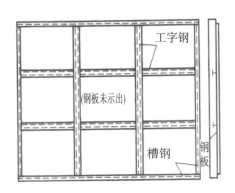

图 3-38 框架结构

钢板→划线→切割→矫正

型钢→划线→切割→矫正→批修→放样→装型钢→焊接→矫正→装钢板→焊接

包装←油漆←整理←批修←矫正

图 3-39 框架结构的生产工艺流程图

设计人员、生产人员、技术人员要对其进行试生产，找出不妥之处加以改进，确定最后的工艺路线来填写工艺文件，指导生产。

最佳的工艺路线是：

①在保证产品质量的前提下，工艺路线最短，工序少，采用较为先进的设备和方法，生产率高。

②设备的利用率高，消耗的材料少，材料的利用率高。

③在产品制造过程中，生产路线应符合车间的布置，零部件无折返现象。

④生产中要保证安全，工人劳动强度低，劳动条件好。

⑤工艺路线应符合工厂的条件，产品能顺利地制造出来且经济效益可观。

⑥填写焊接工艺规程。拟定的工艺路线经审查确定后，就要填写工艺文

件。工艺文件是生产活动中所遵循的规律和依据，工艺文件有多种形式，如产品零部件明细表、工艺流程图等。焊接工艺规程是一种重要工艺文件形式，它反映了设计的基本内容。常用的焊接工艺规程有工艺过程卡片、工艺卡片、工序卡片、工艺守则等，见表3-16。

表3-16　焊接工艺规程常用的文件形式

文件形式	特点	选用范围
工艺过程卡片	以工序为单位，简要说明产品或零部件的加工或装配过程	单件小批生产
工艺卡片	按产品或零部件的某一工艺过程阶段编制，以工序为单位详细说明各工序内容、工艺参数、操作要求及所用设备与工装	各种批量生产
工序卡片	在工艺卡片基础上，针对某一工序而编制，比工艺卡片更详尽，规定了操作步骤，每一工步内容、设备、工艺参数、工艺定额等，常用工序简图来表示	大批量生产和单件小批生产中的关键工序
工艺守则	按某一专业工种而编制的基本操作规程，具有通用性	单件、小批多品种生产

第五节　焊件清理

一、焊前清理

焊件在组装前，应将待焊处表面或坡口两侧各20~50mm范围内表面上的油、污、锈、垢、防护层及氧化膜等清除干净，以确保焊缝的焊接质量。焊件常用的清理方法有脱脂清理和化学清理，方法如下。

1. 脱脂清理

焊前必须对焊件、焊丝进行彻底脱脂清理，否则，会使焊缝产生气孔、裂纹等缺陷。脱脂清理方法如下。

（1）有机溶剂擦洗焊件待焊处，焊丝的油脂、污垢较少且厚度较薄，可用酒精、汽油、二氯乙烷、三氯乙烯、四氯化碳等有机溶剂在油脂、污垢处擦洗，该方法效率低，劳动强度大。

（2）在脱脂溶液中进行，将有油脂或污垢的焊件待焊处、焊丝放入装有脱脂溶液的槽中浸泡一定时间，油脂或污垢就会清除干净。在脱脂溶液中脱脂是一种脱脂质量好、效率高的方法，适用于板材、焊丝焊前的脱脂。常用化学脱脂溶液的组成及脱脂规定见表3-17。

表3-17 常用化学脱脂溶液的组成及脱脂规定

金属材料	溶液组成（质量分数）	脱脂规定	
		温度/℃	时间/mim
碳钢、结构钢、不锈钢、耐热钢	NaOH：90g/L；Na_2CO_3：20g/L	—	—
铁、铜、镍合金	NaOH：10%；N_2O：90%	80~90	8~10
	Na_2CO_3：10%；N_2O：90%	100	8~10
铝及铝合金	NaOH：5%；N_2O：95%	60~65	2
	Na_3PO_4：40~50g/L Na_2PO_3：40~50g/L Na_2SiO_3：20~30g/L	60~70	5~8

2. 化学清理

化学清理主要是用化学溶液与焊件、焊丝表面的锈、垢或氧化物发生化学反应，生成易溶物质，使焊件待焊处表面、焊丝表面露出金属光泽。经化学溶液清理后的焊件、焊丝还要经热水和冷水冲洗，以免残留的化学溶液腐蚀焊缝。常用化学清理溶液的组成及清理规定见表3-18。

表3-18 常用化学清理溶液的组成及清理规定

金属材料	溶液组成（质量分数）	清理规定		中和溶液
		温度/℃	时间/min	
镁及镁合金	150~200mg/L 铬酸水溶液	20~40	7~15	在50℃热水中冲洗
钛合金	HF：10% HNO_3：30% H_2O：60%	室温	1	在冷水中冲洗
碳素钢 耐热合金	HCl：100~150mL/L H_2O：余量	—	—	先在40~50℃热水中冲净，然后用冷水冲洗
热轧低合金钢 热轧不锈钢	H_2SO_4：10% HCl：10%	54~60	—	先在60~70℃、质量分数为10%的苏打溶液中浸泡，然后在冷水中冲洗干净
热轧耐热钢 热轧高温合金	H_2SO_4：10%	80~84	—	
含铜量高的铜合金	H_2SO_4：12.5% H_2SO_4：1%~3%	20~77	—	先在50℃的热水中浸泡，然后再用冷水冲洗
含铜量低的铜合金	H_2SO_4：10% $FeSO_4$：10%	50~60	—	

续表

金属材料	溶液组成（质量分数）	清理规定		中和溶液		
		温度/℃	时间/min			
纯铝	NaOH：15%	室温	10~15	冷水冲洗	HNO₃：30%（质量分数）室温浸泡 ≤ 2min	冷水冲洗	先 100~110 ℃ 烘干，然后再低温干燥
	NaOH：4%~5%	60~70	1~2				
铝合金	NaOH：8%	50~60	5~10				

第六节　焊件的预热及其焊后热处理

焊接是金属的热加工方法之一。普低钢和含碳量较高的厚板熔焊时，金属的局部受到高温加热和冷却的焊接热循环影响，使金属内部组织发生了各种不同的变化，直接影响着焊接接头的力学性能。另外，焊接冶金条件及不同的加热、冷却速度的影响，会导致焊缝及热影响区的组织不均匀，这样也会间接和直接影响焊接接头的力学性能。因此在焊前、焊接过程中及焊后，将焊件的局部或全部，通过加热、保温、控制冷却速度的方法，来改变或改善焊接接头的力学性能是非常必要的。

一、焊前预热

1. 预热的作用

（1）预热是防止冷裂纹、热裂纹和热影响区出现淬硬组织的有效措施。当焊接含碳量高的碳钢和低合金钢及耐热钢及普通低碳钢刚性较大的构件等时，焊缝冷却速度快，容易在焊缝及热影响区产生淬硬组织，从而导致裂纹的产生，所以对焊件必须进行预热。预热能达到减慢冷却速度的目的，可以防止焊缝产生裂纹。

（2）对拘束大的焊接接头区进行焊接时，由于急冷急热，会在接头区产生收缩应力，从而引起裂纹。焊前对接头区进行预热，就可以减小收缩应力，防止裂纹的产生。

（3）在温度较低的区域进行焊接时，为防止产生裂纹，即使是低碳钢其厚度超过 20mm 时也必须进行预热。

（4）预热还能清除油污、水分等，而且还能促使焊缝中的氢逸出，从而为防止产生气孔等缺陷起到积极作用，也防止了裂纹的产生。

2. 预热温度

要对焊件正确地进行预热，主要需根据不同金属材料来定不同的预热温度。如碳钢，一般根据其含碳量，来确定其预热温度，含碳量大于0.2%~0.3%，预热温度为100℃~200℃；而随着含碳量的增高，其预热温度也应相应增高，两者成正比。其他材料也是因材质不同，预热温度不同。

常用结构钢及普通低合金钢的预热温度见表3-19。

3. 预热方法

预热方法有很多种，如火焰加热、工频感应加热、远红外线加热、随炉加热等。应根据加热范围来选择预热方法。目前远红外线加热器得到广泛应用，加热效果很好，加热范围也很大。一般预热件对于焊接接头每一侧加热宽度不小于板厚的5倍，应在坡口两侧75~100mm范围内保持一个均热区域。

表3-19 部分钢种的焊接预热温度

钢号	厚度范围/mm	最低预热温度/℃	备注
Q235、20g、22g、25、ZG25	≤25	>5	
	>25~50	>40	
	>50~100	≥100	
16Mn、16Mng、16MnR、15MnVg	≤25	>5	
	>25~50	>100	
	>50~100	≥150	
20MnMo	≤12	>5	
	>12~25	>40	定位焊缝及刚性大的结构应提高50℃
	>25~50	≥100	
	>50~100	≥150	
15CrMo、12Cr1MoV	≤25	≥150	
	>25~100	≥200	
18MnMoNb、20MnMoNb	25~50	≥150	
	>50~100	≥200	
ZG15Cr1Mo1V	≤25	≥250	
	>25~100	≥300	
ZG20CrMo	12~25	≥250	
	>25~50	≥300	

预热温度的最后确定还必须通过工艺试验。

二、层间保温

在焊接施工中，特别是多层焊时，对有些钢材来说，要求在每层施焊时都应保持一定的温度（一般层间温度最低应与预热温度相等），这个温度称为层间保温。层间保温的作用与预热相同，能促进焊缝和热影响区中氢的扩散逸出，有防止冷裂纹的作用。

应该指出，预热温度和层间温度不能过高，否则会引起某些钢材焊接接头组织与性能的变化。

三、焊后缓冷

将刚焊完的焊件立即放入石棉灰、热沙子（白灰）中或随炉冷却，使焊接接头缓慢冷却，目的是减少内应力和变形，防止产生裂纹。对于钢材淬火倾向大、刚性强的焊件，焊后缓冷是保证焊接质量的重要工艺措施。

四、后热

后热是在焊接工序全部完成以后，使焊接接头在等于或高于层间温度的温度下停留一定的时间。后热的加热温度和时间的确定与焊件的厚度、接头形式及焊缝中的初始含氢量和钢材对氢裂纹的敏感性等因素有关。一般后热的温度在 250~350℃ 范围内，保温时间与焊件厚度有关，一般为 1~3h。对于一些低合金高强度钢厚壁容器的焊接，采用后热 300~350℃，保温 1h，就可以完全避免延迟裂纹，并能使预热温度降低 50℃。后热可加速氢的扩散逸出，因此后热也称为消氢处理。

后热的主要目的是加速氢的扩散逸出，避免延迟裂纹的产生。在预热、层间温度等措施都不能最终消除延迟裂纹的情况下，后热是一种比较简单、可行、有效的手段。后热主要用于强度级别高的低合金钢焊接结构。

后热与焊后热处理有许多相似之处，但一般来说，后热不能代替焊后热处理。对于需要焊后处理的焊件，而且焊后能立即进行焊后热处理时，后热可省略。若焊后不能立即进行热处理，且焊件又必须及时消氢时，则后热不能省略。例如，有一台大型高压容器，焊后探伤检查合格，但因焊后未及时热处理，又未进行消氢处理，结果在放置期间内产生了延迟裂纹。当容器热处理后进行水压试验，试验压力未达到设计工作压力，容器就发生了严重的脆断事故，使整台容器报废。

后热的加热方法、加热区的宽度、测温部位等的要求与预热相同。局部后热的加热也应与预热一样，在坡口两侧 75~100mm 范围内保持一个均热带。调质钢要防止局部超过回火温度。

五、焊后热处理

焊后热处理是使固态金属通过加热、保温、冷却的方法，改善其内部组织，从而获得预期性能的工艺过程。焊接接头的焊后热处理，则是为改善焊接接头的组织和性能，或消除残余应力而进行。常见的焊后热处理有消除应力退火、正火、正火加回火、淬火加回火（调质处理）等。焊后热处理的主要作用是降低残余应力，增加组织稳定性，软化硬化区，促使氢逸出，提高耐应力腐蚀能力，增加接头的塑性、韧性和高温力学性能等。

焊后热处理一般只有在特殊情况下，对重要产品才要求进行。如有些焊接产品，焊后残余应力不大或需保留一部分残余应力的（如多层容器包扎层板的焊后残余应力），就不需要进行焊后热处理。没有或虽有少量淬硬组织，但仍保持一定的塑性和韧性，在运行中不会产生不良影响的，也不需要进行焊后热处理。

1. 消除应力退火

消除应力退火的加热温度范围与高温回火相同，一般是将焊件整体或局部加热到 550~650℃，经充分保温后缓慢冷却，保温时间：一般钢材按 1mm 厚度 2.5min 计算，但不少于 15min。厚度超过 50mm 的，每增加 25mm 延长 15min。

（1）整体热处理。将焊件置于加热炉中整体进行热处理，可以得到满意的热处理效果，焊件进炉和出炉时的温度均应在 300℃以下，加热和冷却速度与板厚有关，应符合公式的要求

$$v \leqslant 200 \times \frac{25}{\delta}$$

式中 v——冷却速度，℃/h；

δ——板材厚度，mm。

对于厚壁容器，加热和冷却速度为 50~150℃/h，整体热处理时炉内最大温差不得超 50℃。如果焊件太长需分成两次进行热处理时，重叠加热部分应在 1.5m 以上。

（2）局部热处理。对于尺寸较长不便整体热处理，但形状比较规则的简单形状容器和管件等，可以进行局部加热处理。局部加热处理时，应保证焊缝两侧有足够的加热宽度。筒体的加热宽度与筒体半径、壁厚有关，可按下式计算

$$B=5\sqrt{R\delta}$$

式中 B——筒体加热宽度，mm；

R——筒体半径，mm；

δ——筒体壁厚，mm。

例如，对于直径为 1200mm、壁厚为 24mm 的筒体环形焊缝，以焊缝为中心的加热宽度按公式计算，即该筒体环形焊缝局部热处理时，以焊缝为中心的 600mm 范围内，都要加热到规定的处理温度。

局部热处理常用火焰加热、红外线加热、工频感应加热等加热方法。

以下情况要考虑消除应力退火处理：母材金属强度等级较高，产生延迟裂纹倾向较大的普通低合金钢；处在低温条件下工作的压力容器及其他焊接结构，特别是在脆性转变温度以下工作的压力容器；承受交变载荷，要求疲劳强度的构件；大型受压容器；有应力腐蚀和焊后要求几何尺寸稳定的焊接结构。

整体消除应力退火一般在炉内进行，可将 80%~90% 以上的残余应力消除掉。局部消除应力退火基本上可达到与整体消除应力退火相同的效果。

这种热处理不发生结晶组织的变化。

2. 正火或正火加回火

这种焊后处理一般适用于电渣焊结构，以改善接头的组织和性能。

正火是将钢加热到 A_{c3} 以上，保温时间按 1mm 厚度 2min 计算，但不少于 30min，然后出炉空冷。由于它是一个再结晶过程，所以能获得晶粒较细的组织，改善了力学性能。

正火加回火是在正火后再进行回火。回火的目的是消除正火冷却过程中造成的组织应力，以进一步改善钢材或焊接接头的综合性能。

3.调质处理（淬火加回火）

这种焊后热处理适用于调质钢或其他要求焊后进行调质处理的焊接结构。经调质处理后，可使钢材或焊接接头获得强度、韧性配合较好的力学性能。

淬火即是将钢加热到临界点 A_{c1} 或 A_{c3} 以上 30~50℃，保温一段时间，然后在水中或油中快速冷却，以得到高硬度的组织。

焊后热处理须注意的问题如下。

①对含有一定数量的 V、Ti 或 Nb 的低合金钢，应避免在 600℃左右长时间保温，否则会出现材料强度升高而塑性、韧性明显下降的回火脆性现象。

②焊后消除应力退火，一般应比母材的回火温度低 30~60℃。

③对含有一定数量的 Cr、Mo、V、Ti、Nb 等元素的低合金钢焊接结构，消除应力退火时应注意防止再热裂纹。

④热处理过程中要注意防止结构变形。

第四章　焊接缺陷及对策

　　焊接作为材料的一种永久性连接方法问世，迄今已有近百年的历史了。由于其接头合理，接头工作效能高，节省金属材料，减轻结构重量，水密性和气密性好，不受厚度限制，制造产品周期短等优点，被广泛地用于各行各业。随着应用范围的不断扩大，亦相应地出现了许多焊接结构的破坏事故。在大量的破坏事故基础上的研究结果发现，焊接缺陷的存在是一种潜在的隐患，在不少场合中，潜伏着不容忽视的威胁，是往往造成脆性断裂事故的诱源。因而，认清焊接缺陷的性质、形成机理、影响因素，寻找消除缺陷的对策是十分重要的课题。

第一节　焊接结构的断裂事故

　　俄国是最早发明并应用焊接技术的。1801 年俄国科学家彼德罗夫发现了电弧现象，1881 年那尔道斯发明了碳极电弧焊，从而揭开了电弧焊的新纪元。随后在 1891—1894 年间比尔姆斯基工厂就用电弧焊修复了 1631 个制件，总重达 250 吨，耗用焊条 11 吨，1923 年苏联首次用焊接制造了容量为 2 千吨的油池。1929 年焊制了第一艘全焊拖轮和 500 吨驳船。1932 年正式提出用焊接代替铆焊，开始用焊接制造压力容器、起重机、跨度 45m 的铁路桥。在 1911 年和 1921 年，德国和英国亦开始用焊接方法造船，英国的第一艘 326 吨的 Fulagar 号全焊船就是那时建造的。在美国，早在第二次世界大战前，就用焊接方法仓促地制造了 4694 艘远洋海轮，焊接施工工时占整个船体建造工时 25%~35%。

在压力容器制造方面，苏美等工业发达国家早在 1940—1950 年间就采用焊接方法制造。我国 20 世纪 50 年代也采用手工电弧焊、埋弧自动焊，以及电渣焊方法制造各种锅炉压力容器；据不完全统计，全国拥有各种压力容器 700 万件，工业锅炉 1.56 万台，电站锅炉 9000 余台；在大型球罐焊接方面，美国已用焊接方法制造世界上容器容积最大的球罐，直径达 61 米。沙特阿拉伯与委内瑞拉，先后用焊接方法制造了容积 $200km^3$ 的大型球罐，在高层建筑方面，美国纽约市两幢 110 层世界贸易中心大楼，高 419 米，主体全部采用焊接结构。

由上述的例子可以看出，焊接应用领域十分广泛，是当代工业中的重要加工手段。然而在制造过程中，由于各种难以预见的原因，也相继发生了一系列焊接结构的破坏事故，这些事故许多是灾难性的，而且大多是脆性断裂。

表 4-1 为国内外焊接结构典型破坏事故。由表中的事例可以看出，从 20 世纪 20 年代以来，就不断出现焊接结构破裂事故，直到 70 年代，还时有发生。虽然事故比率逐年下降，但因焊接应用领域十分广阔，有些结构又十分重要，如电站锅炉、压力容器等，少数断裂事故足以造成人身和财产的重大损失，例如表 4-1 中的第 1 例，发生在美国俄亥俄州克里夫兰的气罐爆炸事故，首先从一个直径 24 米，高 13 米的双层立式圆筒贮罐开裂，液化天然气外泄，引起大火，随后罐区中数个圆筒形及球罐相继爆炸，造成 128 人死亡，直接经济损失达 680 万美元，爆炸的双层罐，中间夹有 910mm 厚的细粒软木隔热层，内筒用 3.5%Ni 钢，但由于工作温度低于 -162℃，焊接质量不好，产生大量裂纹，在 34.5KPa 的工作压力下，贮罐就出现了灾难性事故。又如表 4-1 中第 4 例，发生在英国英汉姆一家工厂的爆炸事故。1965 年这家工厂用 Cr-Mo-Mu-V 钢制造了一台直径 1.7m，长 18.2m，壁厚 149mm 的氨合成塔，在水压试验时爆炸，裂纹长达 4575-6100mm，两节完全裂开，爆炸时竟将 2t 多重的碎片抛到 46m 之外。又如表 4-1 中第 6 例在比利时发生的全焊桥梁倒塌事故。1936 年，比利时用酸性转炉沸腾钢在阿尔拜特运河上建造了 50 座威联德式全焊桥梁，结果其中的一座跨距为 74.5 米的桥梁在 1938 年 3 月没有车辆通过的情况下，突然断成三节落入水中，相隔不久，四座同类桥梁中均发生严重的焊接裂缝，迫不得已，只能将其余 47 座桥梁全部拆除。又如发生在美国轰动世界的自由

轮和胜利轮事件。1941年美国建造了4694艘全焊海轮，其中发生大小事故的有970多艘，有的在试航不久便折成两段，有的在航行中沉没海底。

表4-1　国内外焊接结构典型破坏事故

序号	破坏时间、地点	结构及特点	破坏原理
1	1944.10 美国东俄亥俄州克利夫兰煤气公司	多层液化天然气罐，圆筒形，内径24m，高13m，中间有910m厚的软木隔热夹层	外层为平炉碳锰钢，内筒为3.5%Ni钢，因介质温度低，选材不合适，并有大量裂纹
2	1947.12 苏联	立式圆筒储油罐采用CT₃号钢制造	在 -43℃低温下，接头处有严重应力集中，焊接裂纹，未焊透等缺陷，并有很大残余应力
3	1962 法国	Mn-Mo 钢制造的原子能电站用压力容器	约100mm厚环焊缝，由于消除应力热处理不当，导致材料性能恶化，引起开裂
4	1965.12 英国	合成氨用大厚度压力容器，内径1.7m，壁厚149mm，由 Mn-Cr-Mo-V 钢制造，两端锻造封头	埋弧焊 HAZ 有早期裂纹，未正确进行消除应力热处理，并且锻件中有偏析，在 7℃水压试验压力 50MPa 时发生脆断
5	1968.4 日本	厚度29mm，球形容器，使用784.6MPa高强钢	补焊高强钢，使用线能量过大，材料脆化导致开裂
6	1936—1950 比利时	比利时阿尔拜特运河上全焊桥梁	钢材不合格；设计不合理；有严重应力集中，施工质量太差
7	1951.1 加拿大	焊接桥梁式公路钢桥，跨度55m的6个，45.8m的2个	不合格的沸腾钢焊制，曾出现裂纹并经过局部修补
8	1950 美国爱达荷	在 AndersonRanch 水坝输水管内径4.57m，材料为火箭用钢	环焊缝补焊不规则，焊缝造成向四周扩散小裂纹，水压试验时开裂
9	1975.5 中国	采用15MnR制造储存液烃1000³球罐，板厚34mm，直径12.3m	使用中球壳破裂2处，介质喷出未着火。操作失职，焊缝质量低劣
10	1979.5 中国	采用西德钢 FG43 制造的1000³球罐，板厚40mm，直径12.3m	使用中破裂1处，焊缝有缺陷，母材塑性低
11	1978 中国	14MnVTiRe 制造的 1000³ 球罐，板厚24mm，直径12.3m	水压试验时破裂，裂纹长3m，焊缝有缺陷
12	1979.12 中国	15MnV 钢制造的储存液氨400³球罐，板厚30mm，直径9.1m	其中一个罐沿焊缝脆裂，着火燃烧引起其他罐爆炸、焊缝脆断
13	1979.10 中国	16MnR 制造的储存 WZ 的 400³球罐，板厚30mm，直径9.2m	水压爆破，横向穿透裂纹一处，焊缝裂纹漏检
14	1977.3 中国	15MnVR400³球罐，储存 O₂，板厚48mm，直径9.2m	装水破裂，十字焊缝开裂410mm，母材含P量过高
15	1977—1979 中国	RIYERACE60V 钢，1900m³	开罐检查4台，球罐内侧683处缺陷，焊缝熔合线塑性低，裂纹

我国制造的焊接压力容器与贮罐的破坏事故亦相当严重。1978年共发生锅炉压力容器重大事故660起，爆炸255起；1979年1~10月，我国锅炉压力容器重大事故又发生454起，死亡人数比1978年增加了49%。其中较为严重

的有 2 起。1978 年吉林化学工业公司化肥厂水洗塔爆炸。爆炸时飞出 43 块碎片，其中飞出最远的是一块重 1550kg，飞出 180 米，最重的一块 3420kg，飞出 60 米。直接经济损失达 272 万元。次年，即 1979 年 12 月 8 日，吉林煤气公司 102# 石油液化气贮罐破裂，喷出大量可燃气体，遇明火爆炸，顿时大火漫天，损失额达 627 万元，属世界灾难性事故之列。

从以上罗列的一些事例看出，焊接缺陷不仅对高压容器是一种危险的隐患，对于重大的机械设备，承重钢结构等无疑也是不容忽视的。因此，在焊接生产中，采取一系列措施防止缺陷的产生是具有现实和经济意义的。

第二节　焊接缺陷的分类及危害

现代的焊接技术完全可以获得高质量的焊缝，但是，一个焊接制件从下料、坡口制作、组合、对口、焊接、热处理等要经历许多道工序。如果在某工序中不认真执行工艺，或因设计不合理，或因某些难以预见的原因，焊接制品会出现各种各样的缺陷。有的属冶金因素引起的，有的可能是组合对口引起的，有的则可能因焊接操作者技术不良引起的，总之缺陷是五花八门，性质、形状、对结构承载能力的影响也各异。因此，统一将能够影响结构承载能力的因素都定为缺陷，显然不太恰当。在 1969~1971 年，国际焊接学会发表了有关"焊接不连续"一词的定义及特性报告。指出"焊接不连续"是指结构中母材和焊接接头处的力学、物理或冶金性能的不均匀性，它的词义中包含缺陷，但只有当不连续超过了现行各种焊接标准或技术规程的容限，才称为缺陷。例如，在金属晶体中，存在着大量的空穴和位错，它们的存在对金属的性能，在某些条件下是有益的，在某些情况下是有害的，因此就不能统统称为缺陷，实质上它们是一种冶金上的不均匀。焊接不连续一词在我国还是比较陌生的，但都承认它是指几何上的和冶金方面的不连续。例如，我国 1986 年颁布的《金属熔化焊焊缝缺陷分类及说明》GB 6417—86 中，虽没有提倡焊接不连续一词，但其缺陷的分类法与《金属熔化焊焊缝缺陷分类及说明》ISO 6520—1982 等效，就是按焊接不连续的性质进行分类的。

一、焊接缺陷的分类

焊接缺陷，顾名思义是一种欠缺、不足、不完善的地方，也就是物体的缺损或损伤。焊接缺陷可定义为不完善焊接施工所导致的有碍工件使用性能的不连续，也可定义为由于原有或积累，使焊接制件不能满足最低验收标准或规程的一种或多种不连续。

焊接缺陷的分类方法很多，常用的有七种：

①按缺陷的有害性分为有害缺陷、无害缺陷。

②按缺陷位置分为内部缺陷、表面缺陷或焊缝金属缺陷、热影响区缺陷。

③按缺陷方向可分为纵向缺陷、横向缺陷。

④按缺陷特征可分为裂纹、夹渣、气孔、未焊透、未熔合、咬边、溢流等。

⑤按缺陷形状可分二元（平面）缺陷与三元（立体）缺陷。

⑥按缺陷部位属性分表面缺陷、埋藏缺陷、贯穿缺陷。

⑦按缺陷形成期可分为焊接时缺陷与焊后缺陷。

上述的分类方法各自均有其最适用的场合，从结构强度和断裂上看，值得注意的是缺陷是平面的（二元）还是立体的（三元）；从焊接质量控制上，最好采用如下的分类方法。

1982 年国际标准化组织，简称 ISO 正式颁发《金属熔化焊缺陷分类与说明》ISO 6520—1982 标准，我国在 1986 年重新修订了焊接缺陷的分类法，颁布了《金属熔化焊缺陷分类与说明》GB 6417—86 并等效于 ISO 6520—1982 标准。该标准将缺陷分为 6 类：

第 1 类裂纹；

第 2 类孔穴；

第 3 类固体夹杂；

第 4 类未熔合和未焊透；

第 5 类形状缺陷；

第 6 类上述以外的其他缺陷。

《金属熔化焊焊缝缺陷分类说明》ISO 6520—1982，即 GB 6417—86 标准。本标准按缺陷性质分大类，按存在的位置及状态分小类。缺陷用数字代号标记，它是采用国际焊接学会 IIW 参考用的射线透照底片缺陷代号，并由三位数字表示缺陷大类，用第四位数字表示缺陷小类。

二、焊接缺陷的危害

现在一般认为焊接缺陷之所以会降低焊接结构的承载能力或导致脆性断裂事故，主要是缺陷减小了结构承载横断面积的有效面积，并在其周围引起应力集中，产生三向应力，使局部变脆。

当焊缝质量达 IV 级以下时，无论是平焊，还是立焊，抗拉强度，冷弯角均显著下降。尤其是存在裂纹、未熔合、咬边等缺陷时，下降速度及幅度很大。

此外，我们在对焊样做冷弯试验时发现，根弯不合格者，大多都存在未焊透，或根部熔合的不良（此情况还不能判为未熔合），面弯不合格者，绝大多数在焊缝近表层存在尖锐的气孔或夹渣。

（一）焊接缺陷对冲击韧性的影响

在冲击试验时发现，咬边、未焊透、未熔合会显著降低冲击韧性，而气孔和孤立的夹渣物影响不大，但缺陷的数量较多或者缺陷面积达到了冲击试样有效面积的 6%~10% 时，冲击功显著下降，而且与缺陷的位置有很大关系，当缺陷在试样的缺口表面下时，冲击功较低，而缺陷在缺口的正对面分布，则影响不太明显。缺陷百分率是指 X 光片上反映出的缺陷总面积占焊缝总面积的百分数。

（二）焊接缺陷对疲劳强度的影响

焊接缺陷对疲劳强度的影响主要是由于引起应力集中，产生三向应力的结果。疲劳强度随缺陷率的增加而显著降低。

缺陷的性质不同，对疲劳强度的影响程度不同。咬边的存在使疲劳强度下降明显，据资料介绍，当咬边深度增加到 1mm 左右时，疲劳强度下降一半。而未焊透的深度与长度影响更严重。

（三）焊接缺陷对高温性能的影响

焊缝中存在气孔和夹渣时，对高温蠕变极限影响不太明显。然而，当焊缝中存在未焊透时，高温蠕变明显下降。大量试验表明，当焊缝中存在相当于壁厚 10% 的连续未焊透时，焊缝高温下，即 540℃，10 万小时疲劳强度较母材低 24.4%，当未焊透增至 15% 时，疲劳强度较母材低 36.6%。

第三节　焊接缺陷的形成机理、影响因素及消除对策

自第四章第一节可知，焊接缺陷是锅炉、压力容器、承重钢结构中不可忽视的一种致命性欠缺，它的存在往往是促使或诱发结构发生脆性断裂的主要原因。因此，为了保证结构、设备，特别是锅炉压力容器的安全运行，就应该将焊接缺陷消除在萌芽之中，或者说在焊接生产中，将缺陷控制在最低的产生概率以下。为此，应全面了解各种缺陷的产生机理及影响因素，方可找寻消除缺陷的措施。

一、裂缝（纹）

焊接裂纹是指焊接过程中或焊后一段时间内，由于焊接的原因，在焊接接头范围内产生的金属材料分离现象。它是结构中最危险的缺陷之一。

裂纹是一种尖锐端头，比极高的不连续型缺陷。它可以产生于焊缝金属内亦可以产生于焊接热影响区中，而且裂纹处往往伴随着不同程度的应力集中，该应力集中常常是由母材或焊缝金属的几何不连续，如弧坑、咬边、错口、未焊透和冶金不连续，如气孔、夹渣、未熔合等引起的，故防止裂纹应从多方面着手。

（一）焊接裂纹的分类及形成机理

在焊接生产中，由于采用的钢种，结构形式的不同，可能产生各种各样的裂纹，有的在焊缝表面，有的位于焊缝内部；有的出现在热影响区表面，有的则产生于焊接热影响内。因此，关于裂纹的分类有许多种，但是目前世界焊接界公认的是按裂纹形成的时期、位置及断裂特征进行分类。它分为：

焊接热裂纹，焊接冷裂纹，焊接再热裂纹和层状撕裂四大类。

1. 焊接热裂纹

焊接热裂纹，顾名思义，是在高温下产生的一种裂纹，它是在焊接接头的冷却过程中，且温度处在固相线附近的高温段产生的，故习惯上称为热裂纹或高温裂纹。由于焊接技术的发展，焊接结构的复杂化，所采用的钢种、焊接方法、接头形式的不同，因此常常遇到不同形态、不同条件下的热裂纹。根据其形成的温度期间、机理等，将热裂纹又分为结晶裂纹、高温液化裂纹、多边化裂纹及高温孔穴形开裂。

（1）结晶裂纹。

熔池在结晶过程中，即温度处于液－固相线之间，焊缝金属收缩时，在收缩应变的作用下，焊缝金属沿一次结晶晶界开裂的裂纹称为结晶裂纹。

结晶裂纹的形态：结晶裂纹的形态有纵向和横向，或出现在焊缝金属上，或出现在弧坑，或出现在根部，但无论处于何处，结晶裂纹大多向表面开口，裂纹末端呈圆形，如果裂纹扩展至焊缝表面与空气接触，往往在其断口上可见氧化色彩。此外，在电镜观察下，结晶裂纹具有树枝状的液膜分离面，液膜多的高温侧树枝状突起明显，液膜少的侧突起不明显。

结晶裂纹的形成机理：总的来说，结晶裂纹是在高温阶段晶间塑性变形能力不足以承受当时所发生的塑性应变量。根据熔池的结晶理论，熔池在凝固时可分为液相、液－固相、固－液相和固相四个阶段。其中前两个阶段，由于温度较高，液体流动性好，可以在固相晶粒间自由移动补充，如此时受力，则主要是液态承受变形，而晶体则不承受，而最后一段，凝固的固相形成刚性整体，具有良好的强度和塑性，受力时，晶体整体变形。而只有在固－液相之间，晶粒的结合最弱，最容易产生开裂。我们知道，金属结晶时，熔点高的先凝固，熔点低的后结晶。因此焊缝金属从高温冷却至固－液线附近时，只有少数的低熔点物质没有结晶，并分布于晶界界面上，如果此时焊缝承受较大的拉伸应力（此时，由于金属的收缩产生的应力应变就已足够大的了），则因温度较低，少数未结晶的低熔物质黏度大，流动性差，不可能马上补充到因受力变形而引起的位移或滑移裂缝处，故容易产生裂纹。如果低熔点共晶物较多则温度很可能处于液－固范围，由于此时低熔物流动性较好，在焊缝受力出现裂缝时，它能够补充，即起到"愈合"作用，也不易产生裂纹。举个生活常识，挂浆白果必须趁热食用，因为此时能拔出丝来，如果凉下来，便会凝成一坨。

（2）高温液化裂纹。

高温液化裂纹是母材近缝区金属或多层焊焊缝层间金属，在焊接热循环峰值温度的快速加热下，晶间层（低熔点）物质（共晶或第二相）重新熔化，形成局部液相，在焊接应力作用下，导致的沿奥氏体晶界的裂纹。

（3）多边化裂纹。

多边化裂纹系在低于固相线的高温下因热塑性降低，加之刚凝固的焊缝金属存在许多不连续缺陷如位错、空穴等，在重新加热后的冷却过程中沿二次晶界产生的裂纹。其断口呈无塑性断裂，并不一定都产生于熔合线旁，经常伴有再结晶晶粒。多边化裂纹有时称高温低塑性裂纹。

（4）高温孔穴型开裂。

焊接接头金属在低于固相线的高温下，受低应力作用后，沿奥氏体晶界产生若干不连续的细孔，当焊缝金属中孔穴较多，并在应力诱导下沿树枝状晶界凝聚扩展构成成串的孔穴时，即形成了此高温孔穴型裂纹。

2. 焊接冷裂纹

焊接冷裂纹，顾名思义是在焊后较低的温度下形成的。一般发生在马氏体转变点 Ms 附近，大约 200~300℃以下的温度。对于某些合金钢则可能产生于150℃以下的室温或更低的温度，而且在 50~70℃范围内更敏感。

焊接冷裂纹主要发生在中碳、高碳、低合金和中合金钢的焊接热影响区或焊缝金属中，有时焊后立即出现，有时很久才发生。

焊接冷裂纹，从宏观断口上看，多为平齐光亮，由许多小刻面组成，或具有人字纹花样；从微观上看，有沿晶和穿晶，更多为两者的混合型。当裂纹的产生与氢脆有关，即产生所谓的延迟裂纹时，以沿晶形态起裂，在母材近缝区中以沿晶与穿晶（大多沿晶）形态扩展，裂纹呈短程串接，主裂纹（一次裂纹）前端的微裂纹（二次裂纹）断续连接，带有枝杈，端部尖细。当裂纹的产生与氢脆关系不大，而与应力状态和材料的变形能力的交互作用有关时，即产生热应力裂纹时，裂纹总是以穿晶直通形态扩展，是在韧窝型的塑性断口而上夹有某些光滑的低塑性断裂小刻面。

冷裂纹的形成机理：现在比较公认的形成机理认为，冷裂纹的产生与下面三因素的交互作用有关：

（1）焊接时由于钢种的淬硬倾向决定的低塑性组织。

焊接接头中，一旦存在低塑性淬硬组织，或在焊接热循环作用下晶粒粗化，则在扩散氢及拘束应力或缺口应力集中的作用下，造就了最容易出现裂纹的条件。不同的组织形态，具有不同的塑性，对冷裂及氢脆的敏感性不同，一般对冷裂纹的敏感按下列次序递增：铁素体（珠光体）→贝氏体→条状马氏体→马氏体和贝氏体的混合组织→孪晶马氏体。

衡量（间接判断）钢种的淬硬性可以采用各种碳当量法或合金元素裂纹敏感性指数，如日本的碳当量 $CE=C+Si/24+Mn/6+Ni/40+Cr/5+Mo/4+V/14$；$Pcm=C+Si/30+（Mn+Cu+Cr）/20+Ni/60+Mo/15+V/10+5B$；英国的碳当量 $CE=C+Mn/6+Ni/13+Cu/15+Cr/5+（Mo+V）/4+Si/24$；和国际焊接学会的碳当量 $CE=C+Mn/6+（Cr+Mo+V）/5+（Ni+Cu）/15$。但无论采用哪种碳当量，均表现为，随着碳当量的增加，钢材的淬硬倾向增大，抗裂性下降。表 4-2 为三种锅炉汽包用钢的 RRC 裂纹试验结果。

表 4-2　三种锅炉汽包用钢的 RRC 裂纹试验结果

钢种	碳当量 CE/%	拘束度/MPa	预热温度/℃	裂纹率/%	过热区组织
19Mn5	0.434	5321	15	0	板条 M+ 少量 B 上
14MnMoV	0.52	5321	15	100	板条 M+ 少量粒 B
14MnMoV	0.52	5321	150	0	板条 M+ 少量粒 B+ 少量 B 上
BHW35	0.50	5321	150	100	板条马氏体 M

$CE=C+Si/24+Mn/6+Ni/40+Cr/5+Mo/4+V/14$

（2）焊缝金属中的氢含量。

焊接是在一种热力不平衡条件下进行的，因此，焊接接头中往往存在着较大的焊接应力，在此应力的驱动下，焊缝结晶时未来得及逸出的氢便向最大的三向应力区扩散和集聚，并发生下述变化：

①氢向金属中的位错移动并富集，阻碍位错的移动，使钢变脆。

②富集于微观缺陷的氢原子，变成氢分子，使缺陷处局部氢压增大，点阵缺陷扩大成微孔。

③氢富集并吸附在缺陷上，使其表面能下降，便于裂纹源形核。

综合上述作用，焊接热影响区或焊缝金属对裂纹敏感，在一定的应力和淬硬组织促进下最容易出现冷裂纹。表4-3为扩散氢对插销试验临界应力的影响。

表4-3　为扩散氢对插销试验临界应力的影响

焊条	扩散氢（me/100g）	临界压力 σcr（MPa）
J507	3.3	186.2
K1-1	1.4	245
J507MoV	0.54	303.8

（3）焊接拘束应力

焊接应力、拘束应力的大小、状态对接头的塑性变形量和应变速率有很大的影响，焊接应力越火，氢的驱动力越大，局部富集的氢越多，开裂时的潜伏期越短。表4-4二种锅炉汽包用钢RRC部分试验结果。由此表可以看出拘束度越大，最大拘束应力越高，裂纹出现的时间越短。

表4-4　二种锅炉汽包用钢RRC部分试验结果

钢种	拘束度/MPa	最大拘束应力/MPa	到达最大应力的时间/Min	预热温度/℃	裂纹率/%
19Mn5	8300	372	70	50	0
	11465	392	40	50	100
14MnMoV	5321	608	76	150	0
14MnMoV	8300	774	70	150	100

3.再热裂纹

再热裂纹是在焊后热处理加热及冷却过程中产生的。故有时称去应力裂纹。这种裂纹可以出现在合金钢，不锈钢，镍基高合金钢，特别是国产厚壁含MnMoNb系的低合金焊接容器用钢。在通常情况下，再热裂纹都起裂于焊趾和焊根等几何形状不连续（形状突变）的应力集中处，一般沿晶发展。

4.层状撕裂

焊接结构，特别是厚壁焊接结构，如锅炉压力容器，大型采油平台等，由于拘束应力较大，焊接残余应力高，在母材厚度方向上，在热影响区或靠近热影响区的部位，平行钢材轧制方向，产生具有层状及台阶状宏观形貌的裂纹称为层状撕裂。其裂纹平行于轧制方向，在母材金属的带状组织中，穿过铁素体晶粒发展，相邻裂纹的首尾，由直立的裂纹联通起来，形成了台阶状。

（二）焊接裂纹的防止

1.焊接热裂纹的防止

焊接热纹裂的产生，既有冶金因素，又有结构因素及工艺因素，因此消除及防止也应从上述三因素着手。从冶金因素看，主要是选择硫、磷含量较低的母材和焊接材料；从结构上，主要应选择焊接收缩小，变形小的坡口及间隙；从工艺上，应控制线能量、控制熔池形状，尽可能不形成窄而深的焊缝或尾部尖锐的熔池（见第三章），并控制熔合比，采用适当的预热措施，减缓或降低应变速率。

2.焊接冷裂纹的防止

焊接时，钢种的淬硬倾向，焊缝氢含量及焊接应力是产生冷裂纹的三因素。为此，消除或防止焊接冷裂纹必须从三因素出发，综合拟定焊接工艺方案。

杜绝或减少氢的来源：手工电弧焊时，焊缝金属中的氢主要来自焊条药皮中以各种形式存在的水分，如结晶水、化合水、吸附水及母材表面上的油污、铁锈等。因此，为降低焊缝氢含量，及冷裂概率，应严格控制氢的来源。在实际焊接时，应严格焊前清理，加强焊条的保管，在条件允许时尽可能选用低氢或超低氢焊条。

改善焊接接头的组织与性能：焊接冷裂纹的产生不仅与氢含量和应力状态有关，在某些条件下，往往取决于HAZ或焊缝金属的组织形态。而接头的组织除与母材和焊条的化学成分有关外，还取决于HAZ或焊缝金属所经历的热循环，因此合理地控制影响热循环的诸因素，是获得高抗裂性组织，防止冷裂纹的主要工艺措施。

第一，选择适当的线能量。焊接线能量是指单位长度焊缝的热输入量。线能量越大、接头的冷速越小，$t8/5$越长，先共析铁素体或珠光体越多，抗裂性越好。

第二，选择适当的接头形式。接头形式不同，在相同的热输入下，其冷却速度不同，加之拘束度不同，故抗裂性不同。一般抗裂性按下列次序降低：

对接接头→搭接接头→丁字接头→十字接头。

第三，采取一定的预热措施。预热可以延长$t8/5$,改善接头的组织，降低硬度，并可大大延长 t_{100}，使焊缝金属中的氢有充分时间向外逸出。关于预热温度的估算或确定，主要是根据焊接性试验和有关的技术标准或规程，也可采用多种形式的碳当量公式或裂纹敏感指数公式进行估算。比如：

国际碳当量法：预热温度 T_0（℃）=360CE

裂纹敏感指数法：T_0（℃）=1440Fw–392

其中 $Pw=Pcm+H/60+40 \cdot \delta/40000$

SUzUKI 法：T_0（℃）=1600Ph–408

其中 $Ph=Pcm+0.065logH+40 \cdot \delta/40000$

M.SAWHI11 法：T_0（℃）=52–1011/（t_{100}）$^{0.5}$+74.2e$\times p$（0.00054t_{100}）

其中 $t_{100}=105000$（Phm–0.276）^{2}

$Phm=Pcm+0.075log$〔Hef〕$+0.15log$（0.017Kt.σw）

〔Hef〕—有效扩散氢，低氢型的焊条为〔H〕，纤维素的为 1/2〔H〕

Kt—应力集中系数，视坡口定。

σw– 作用在焊缝上的平均应力（MPa）

σw=0.050R_y（R_y– 拘束度，一般结构取 R_y=40–60δ）

σw=σs+0.0025（R_y–20σs），R_y > 20σs 时

第四，采用恰当的后热。实际焊接时，对于某些低合金钢，仅靠预热防止冷裂纹，需要较高的预热温度。预热温度高，一则焊工操作困难，二则对某些钢常可能引起其他的不良影响，如晶粒粗化，产生结晶裂纹。在这种情况下应当采用较低的预热温度，而附加后热，或不预热，只有后热就能获得无裂纹接头。

第五，选择合理的坡口形式及根部间隙。在现场实际焊接厚度较大结构时，由于根部第一层焊道常常承受着较大的拘束应力，或管线、构件起吊时产生的附加应力的作用，很容易出现根部裂纹。除焊接材料，线能量对根部裂纹有影响外，坡口形式和间隙亦有很大影响。

坡口形式不同，焊缝根部的应力集中和应变集中程度不同，即使坡口相同，但由于钝边厚度不同或存在错边时，第一道焊缝也不一定位于板厚中央，此时，焊缝不仅承受拉伸拘束应力，而且承受较大的弯曲应力及变形的作用。当坡口偏心于壁厚上方时，焊缝根部的应力和应变集中程度增加，容易产生焊道下裂纹。据资料介绍，不同的坡口，防止冷裂的预热温度不等，X 型坡口比

Y 型坡口低 70℃左右。

根部间隙对防裂时的预热温度有很大影响。在斜 Y 型坡口下，根部间隙由 1.6mm 增为 2.0mm 时，必须让预热温度升高 20℃。

第六，采用合理的操作方式。

二、孔穴

焊接时，熔池中的气泡在凝固时未能逸出而残留下来所形成的空穴叫孔穴，常称气孔。

（一）气孔的分类及形态

气孔是焊接生产中常常遇到的一种冶金上的不连续缺陷，它的存在不仅削弱了焊缝有效工作断面，同时也会引起应力集中，降低焊缝的强度、气密性和水密性。由于生产条件多变、复杂，焊缝中常出现各式各样的气孔，有时以单个形式存在于焊缝内或表面，有时以成堆的形式分布于焊缝的某个地方。在焊缝的纵断面上看，气孔有时呈链状沿焊缝长度分布，有时以条虫状沿晶界分布。气孔有时出现在表面；有时在焊缝的根部；有时会贯穿焊缝的横断面，有时以球状分布于焊缝内部。总之，气孔从表面上看种类繁多，但如果从形状、气源、形成时间或时期来看，可做如下分类。

按焊缝金属气孔对接头的危害程度及构成的不连续性分为：

①均布气孔。均布气孔系指均匀分布在整个一条单道或多道焊缝中的气孔。有均布的规律性。因此从焊接工艺、焊接材料和焊件的制备上入手，很容易消除。

②密集气孔。密集气孔为局部成簇产生的气孔或微细气孔，常见于碱性焊条的起弧和收弧处。

③条形气孔。形状为非球形气孔，如条状气孔、虫状气孔。

④球形气孔。球形气孔是指形状近似球形的气孔。

按气源种类可将气孔分为：

①氢气孔。该气孔主要是由氢气引起的。对于碳钢来讲，多数情况下，这类气孔出现在焊缝表面或近表面，从横断面看，多为螺钉状，从焊缝表面看呈

圆喇叭口形，气孔四周光滑明亮。当焊缝氢含量较高时，也产生内部球形气孔。

②氮气孔。氮气孔是由氮气引起的，它主要产生于保护条件差的情况下。氮气孔大多出现在焊缝近表面，呈蜂窝状。

③一氧化碳气孔。一氧化碳气孔主要是在熔池结晶反应时期产生大量的来不及逸出而残留于焊缝内部的 CO 气体造成的，沿结晶方向分布成条虫状。

（二）气孔的形成机理

总体来讲，焊缝中产生气孔的根本原因是焊接过程中存有各种气体。这些气体来自两个方面。一个方面是在焊接热源的作用下，使熔滴和熔池金属过热，吸收大量的药皮分解产生的气体及母材表面上杂质分解出的气体过饱和；第二方面是在熔池结晶时，随同冶金反应析出的气体，这些气体在非金属夹杂物，熔池底部的胚胎场所胚核而形成气泡。当这种气泡来不及从金属中逸出即导致气孔。

形成气孔的过程大体可分三个阶段：

①溶池吸收气体。焊接时，来自药皮、母材、周围空气、焊丝等的各种气体混入电弧气氛内，并被离解为原子态，在熔池搅拌下混入熔池而吸收。

②液体金属中气泡的形成、排出。熔池金属温度急剧下降时，由极端过饱和状态作为驱动力产生气泡，此气泡是在熔池底部的半熔化表面、非金属夹杂物表面上形成气泡核，形成的气泡凭借本身的浮力或随同金属的对流，部分向熔池外逸出，一部分被凝固的金属所"捕捉"而形成气孔。

③结晶或凝固前冶金反应使气体浓化产生气泡。在熔池结晶过程中，因冶金反应析出大量不溶气体，随管结晶的进行，浓度越来越大，以致浓化到较易产生气泡的状态，在结晶界面，或树枝晶间隙等分界面的凹角处形成气泡梭，此气泡通过扩散长大，其长大速度与结晶层推进速度有一定关系，当气泡被困便形成了条虫状气孔，不过当浓化程度较弱时，亦可形成单个小气孔。

（三）气孔的防止或消除措施

1. 焊前清理

由第三章可知，手工电弧焊焊接区的气体主要来自药皮分解物、母材、焊条上的油污、铁锈等，因此为降低焊缝气孔的产生概率，焊接前必须将坡口内外侧 10~20mm 范围内清理干净，直至露出金属光泽。特别是在采用低氢焊条时，或采用氩弧焊时，焊前清理更显得重要。这里因为低氢焊条对氧化皮敏感（见第三章），如果母材上有氧化皮，则发生 $Fe_2O_3 + Fe = 3FeO$，$FeO + C = Fe + CO\uparrow$，生产的一氧化碳（CO）容易产生气孔。氩弧焊时，由于氩气是一种惰性气体，在焊接时形成了一种密而厚的保护气罩，一旦有害气体进入焊接区，一则不易排出，二则氩弧焊又不能像药皮焊条那样通过熔渣与熔池反应净化熔池，因此，极易产生密集气孔。

2. 焊条使用前要烘干

焊条使用前烘干以降低药皮中所吸附的水。以便减少熔池金属的熔入量。

3. 选择适当的焊接规范

焊缝金属产生气孔与否与熔池大小、温度和冷却速度密切相关，而焊接规范将直接影响上述三因素。

手工电弧焊时，如果电流过大，不仅使药皮过热，影响工艺性能，同时使焊缝金属因氢含量增大而导致气孔。如果电弧电压大即电弧长则电弧的挺度减弱，容易受周围大气的影响，使焊缝金属氮含量增多，易出现氮气孔。

4. 采用正确的操作技术

首先，为增大电弧挺度，减小与周围空气的接触面积，应该采用短弧、连弧焊接，这样可以大大降低气孔产生的概率。其次在焊接时，应充分控制熔池温度，使冶金反应，气体的逸出有充分的时间进行。

在采用碱性焊条焊接时，始焊处及接头非常容易出现密集气孔。这是因为碱性药皮焊条的保护介质主要是熔渣，气体其次，在引弧时，由于药皮温度比较低，药皮中碳酸钙分解出来的 CO_2 气体保护不充分，而此时熔渣几乎没有或很少，因此保护效果极差，往往会混入空气而产生气孔。对于这类气孔，可以采用适当的运条法消除。比如，在焊缝稍远处或接头前方引弧，然后再拉至起弧施焊处或接头。又如，更换焊条时的接头应采用热接头法接头亦可以防止。

5. 焊接时要注意风向及湿度

不要在风口处焊接，如果避免不了，就应该搭起挡风屏障。这是因为电弧的挺度一定，受风力的影响或者说抗风干扰能力一定，如果风大，则电弧随风飘移，不仅焊缝成型不良，飞溅大，而且非常容易使得熔滴和熔池金属裸露在大气中引起气孔。

环境潮湿是焊接过程中氢的来源之一。它引起气孔有两种方式，一是扰乱保护区使空气混入电弧气氛，二是在焊接母材和材料上结露而进入电弧气氛。因此应避免在相对湿度80%以上的环境中施焊。

三、固体夹杂

固体夹杂是指焊缝中残留的固体异物，是一种基本上属于表层下类型的冶金不连续性缺陷。根据异物的属性，可分为非金属夹杂和金属夹杂两大类。前者较为典型的是夹渣，后者为夹钨、夹铜等。根据其形状可分为线状的、孤立的或其他形式的。

（一）夹渣

焊缝中残留的由造渣剂生成的熔渣，包括药皮焊条，和埋弧焊剂在焊接过程中进入焊缝的产物，它或者是孤立存在，或者是条状存在，或者以其他形式存在于焊缝金属中或焊缝金属与坡口母材金属交界，或存在于焊缝层间金属中。

夹渣是由于操作不正确，焊接规范选用的不合理造成的。一般电流小时容易造成夹渣，焊接速度快亦容易造成。

（二）金属夹杂

在特定条件下，一些金属微粒会进入焊缝金属中引起夹杂。

例如，在手工钨极氩弧焊时，如果电流选择过大，则钨极烧损严重，在钨极端会形成钨熔滴，当熔滴大到一定时，便会脱落进入熔池。或由于操作者技术不佳，钨极与熔池或焊丝相碰频繁，而造成夹钨，或者在采用无引弧装置的氩弧焊焊接引弧时，钨极与母材或已焊焊缝金属粘连而使钨极尖断折进入焊缝。除钨极氩弧焊外，手工电弧焊也容易产生金属夹杂，特别是使用碱性焊条时，更容易产生。因为碱性焊条引弧性不好，容易与工件粘着，如果用力除去，很可能使焊条头断入在焊缝或坡口金属近表层，而在下层焊接时又没有使其熔化，造成了金属夹杂。

四、未熔合及未焊透

（一）未熔合

未熔合是指焊缝金属和母材金属之间或焊道金属与焊道金属之间未完全熔化结合的部分。根据产生的位置分为侧壁未熔合、层间未熔合和根部未熔合。

未熔合主要产生在焊接电流过小，电弧吹力弱，熔融的金属不能深入到"冷"金属而导致的，或者由于焊条的横向摆动位置不到，熔池边缘的液态金属，俗称铁水没有到位，或刚刚到位便移弧使此温度未达到熔化已焊金属或坡口母材金属的温度。未熔合从宏观上比较难以分辨，当用适当的浸蚀液浸蚀后，便清晰可见一条线。

（二）未焊透

焊接时接头的根部未完全熔透的现象称未焊透。

未焊透主要发生在根部，它是指焊缝金属与母材金属本应完全焊透而熔融在一起，但没能达到。一般，未焊透的特征为原始坡口根部被保留下来，并有明显尖棱角线条。

未焊透的产生主要是焊接电流过小，电弧吹力弱，电弧来能深入到根部；或者是焊条位置不正确，角度不佳，或者是焊接速度过快造成的。

五、成型缺陷

成型缺陷主要指焊缝或接头几何形状的不连续，按原设计或现行规程的要求出现的偏差。一般可分为如下几种缺陷。

（一）咬边

咬边是指焊接过程中，焊缝两侧与母材过渡处，即焊趾产生的沟槽或凹陷。它可呈连续状或断续状，可阔可狭，可深可浅，可目察可隐藏，可预测，可无法测量。根据咬边的宽度及深度，大致可做如下分类：

1. 宽型咬边

在电流比较大，熔池呈紊流状态下施焊时，很可能将邻近焊趾的母材金属熔化或冲刷掉，而焊缝金属在没有回流金属填充下凝固，便在焊趾处留下了沟槽。此沟槽深度与宽度同为一个数量级，且均大于 0.5mm，因此测量起来亦较方便。

2. 狭型咬边

此类咬边宽度较窄，而其深度较大，但其宽度可测，深度无法用现在的检验尺测量。

3. 浅狭型咬边

此类咬边深度极浅，大约在 0.25mm，而宽度上有一定数如果焊后不将焊趾处薄薄的氧化皮或药皮除掉，很难发现，但它的确存在。从远方看有线状痕迹，从近处看确有凹陷，但又不很明显。此类咬边在外观检查时，一般不定为咬边。

咬边是在焊接过程中，由于电弧的冲刷，将母材金属熔化掉，而又没有补充熔滴金属造成的，据此，要想防止咬边的形成，必须：

①选择适当的焊接电流，使熔池金属平静下来，减弱其冲刷力。

②选择适当的电弧长度，减弱电弧的吹力及弧光的辐射面。

③焊接速度要适当。当从护目镜观察发现焊趾处的基本金属局部被弧光"啃下"或熔池冲刷而熔化时，就应稍微停留，以弥补熔池金属。

④焊条角度要正确，位置要适当。做到既保证完全熔化，又赋予焊接熔池以正确合理的形状，减弱熔池的冲刷。

（二）焊瘤

焊接过程中，熔化金属流淌到焊缝之外未熔化的母材上所形成的金属瘤。

（三）根部气孔（冷塑孔）

在凝固瞬间，由于焊缝析出气体而在焊缝根部形成的孔状组织称为根部气孔。常称冷塑孔。这种缺陷最容易出现在单面焊双面成形的第一道打底焊缝中。其原因有两种，一种是选用电流过大，电弧不能或人为不敢多停留，这样熔池金属少，温度低，冷却速度快，析出气体后，熔池也已凝固，无法愈合孔穴；二是电流过小，熔池温度低，加之回头再引弧滞后，气体已经析出，留下了这种孔穴。这类冷塑孔一般多呈马蹄形。

（四）焊接烧穿

这种缺陷是在采用大电流，或者是电弧停顿时间过长，使熔化的金属自坡口背而流出的结果。

（五）缩沟

缩沟是由于焊缝金属的收缩，在根部每一侧产生的浅沟槽。

（六）根部凹陷

此类缺陷是由于焊缝金属下垂、收缩引起的根部沟槽。

（七）焊缝形状、尺寸不合理

①余高过大

②角缝凸度过大

③未焊满

④宽度不均，不规则

⑤接头不良

⑥焊脚不对称

第四节　焊接缺陷检测及容限

前已述及，焊接过程中容易产生各式各样的缺陷，有的存在于内部，有的存在于外表。尽管我们在焊接生产中采取了各种措施，也不能将缺陷完全消除，在每个焊接制品中或多或少地存在极个别的缺陷。因此，为了控制焊接产品的质量，保证安全运行，焊后还必须进行各种检验，以测定施焊的产品是否符合设计要求或现行的焊接技术标准或规程。用来测定焊件各项指标的方法称为焊接检验。焊接检验方法种类繁多，可以采用宏观方法检查焊缝及接头的外部缺陷，也可采用非破坏性的检测手段——无损检测发现焊接接头的内部缺陷，也可用破坏性试验发现与分析缺陷的性质与形成原因，亦可用焊接工程代样来判别产品焊接接头的质量水平。

一、焊接检验分类及简介

（一）检验分类

根据检验时，结构是否损伤，将检验方法分两大类，即破坏性检验与无损检测。

（二）无损检测

破坏性试验大部分在前几章中均有介绍，下面主要介绍无损检测。

无损检测是一项不破坏构件而能确定其内部有无缺陷及其形状与尺寸的技术。根据检测缺陷的原理分为如下几种。

射线照相检测：射线照相检测是利用 X 射线或 Y 射线能够使胶片感光的原理检测的。大家知道，X 射线和 Y 射线能够穿透物体，在穿透物体时，能量有所衰减，衰减的程度视被射物体的厚度而变化。当物体内部有缺陷时，射线通过物体时，局部衰减不同，这样就在胶片底留下了不同的感光效应及黑度，使缺陷暴露无遗。由于射线检测具有直观的焊接缺陷图像，较高的灵敏度，容易判别缺陷的性质，位置及尺寸，并且能保存检测结果故被广泛地用于检测焊缝的内部缺陷。

超声波探伤：超声波探伤是利用频率超过 20KHZ 的弹性波在试件中与试件内部缺陷，如裂纹、气孔、夹渣等中传播的不同声学特性，来判定是否存在缺陷与其尺度的一种无损检测技术。它可以检测出内部缺陷，较射线探伤不受壁厚限制，但不具备射线探伤的那种直观性。

浸透探伤：浸透探伤是用以发现金属、非金属表面开口性缺陷的最简便的无损检测方法。通常仅需预清洗→渗透→洗净→显像四道工序。浸透探伤按渗透液不同，可分为荧光渗透和着色渗透两类。

磁粉探伤：磁粉探伤是利用当被测物体施加电磁场时，造成局部空间漏磁场，此时磁粉会在磁场的作用下聚集的原理检测表面缺陷的。

二、焊接缺陷的容限

严格来讲，世界上没有不存在着缺陷的材料，也没有无缺陷的焊缝与接头。在焊接生产中，最经济合理的观点是采用最合适的焊接方法、工艺及焊接参数，以最大限度地降低缺陷的产生概率。然而焊接过程是复杂的，不可能轻而易举地就把缺陷消除干净。

在已焊完的焊件或产品中，经外观、无损检测的评价可能存在极少数的缺陷，那么一旦产品焊缝或接头中存有缺陷，是否就返修或报废呢？答案是"不一定"。如果确有缺陷就返修一则会造成巨大的经济损失，二则在重新补焊与返修中有可能诱发新的缺陷，并使邻近焊缝产生裂纹的概率扩大；同样，确有缺陷而又随心所欲地扩大缺陷容限，使其存在于结构内将会导致更加严重的后果，甚至造成巨大的灾难事故。

当确定缺陷存在时，应对缺陷的性质、尺寸、位置给予定量的分析判断，然后根据下面三条原则制定是否允许存在。一是从断裂力学角度出发判定其危害；二是结合断裂力学，在试验的基础上建立其最大容限；三是根据焊接有关技术规程或标准。

值得指出的是，上述三个原则可能与现行标准的缺陷容限不符，一般是扩大了缺陷的容限。但这绝不意味着可以普遍降低对焊接质量的要求。相反，前两原则正是从质量和经济观点出发最合理地确定缺陷容限的法则。但目前尚处于研究和实验阶段，不过有些国家已将此三原则在标准中定为焊接缺陷脆性破坏的评价方法。

（一）压力容器验收标准

1987 年 2 月 17 日，我国国家劳动人事部颁发了《蒸汽锅炉安全技术监察规程》，其中明确了受压元件的检验程序及方法和容限。分为外观检查、无损探伤、接头机械性能试验、金相检验和水压试验等 7 项。

（二）电力建设施工及验收技术规范

为了加强电力建设时机组的安装和检验质量，1982年颁发了《电力建设施工及验收技术规范》火力发电厂焊接篇（SDJ51-82），在此标准中规定了焊接检验的程序、方法、数量及缺陷容限，分为外观、断面、无损、机械性能、金相、工程代样或割样。

上述两部规程在射线探伤时，对于板件执行GB3323-87标准，对于管件执行SD143-85规程。其机械性能试验法均执行GB2649-81标准。

第五节 焊接缺陷的排除与修复

经各项检验，确有缺陷存在，且已超过了缺陷容限，原则上允许返修补焊。返修时要遵循下列程序与原则。

一、确定缺陷性质、尺寸及部位

对于表面或近表层缺陷常可通过目测、磁粉、渗透、涡流等检测方法确认。对于内部缺陷可用射线、超声确定。在发现缺陷时，应确定其性质、部位，更重要的是其尺寸，然后制定返修方案。如果属局部与偶然性质的，可铲除局部重焊，如属大面积或整条焊缝的严重缺陷，应详细分析成因后再制定返修方案。

二、缺陷的排除

当缺陷部位，尺寸确定后，就应采取一定的措施挖除。挖除时，可根据缺陷性质、部位、尺寸确定采取某种或某几种方式排除。排除缺陷时可用风铲、电动、风动磨削，离子切割，电弧气刨，电钻，立铣，立车等机械加工或热加工手段。对表面及表层缺陷，一般用电动砂轮机或风动砂轮机、风铲、碳弧气刨、手工扁铲排除。对内部大面积缺陷可以用立车、立铣及碳弧气刨排除。排除时，剔出的面积应比原缺陷大，并圆滑过渡，不要留有死角，尖棱等加工痕迹。缺陷排除后，应再仔细观察，或进一步用磁粉，渗透等方法鉴别缺陷是否挖净。

三、修复要点

修复与焊补前，应仔细分析缺陷的成因，对大面积补焊或重大结构补焊，最好做模拟焊接性试验，以确定合理的焊接工艺，焊接规范，热规范及辅助措施。

一般补焊次数不准超过 3 次，以免影响结构的使用寿命。对于因腐蚀、苛性脆化等引起大面积损伤时，不宜采用焊补方法修复。

四、焊接结构修复实例

经无损检测判断存在缺陷，且缺陷已超出容限范围，一般采用修复方式补救，下面以三个实例加介绍修复的过程。

（一）球罐

球罐是化工厂的低压容器，其运行的安全与否直接关系到人身和设备安全。1980 年国务院下达了 99 号文，要求对在役球罐进行开罐检查，以确保化工生产的安全。于是岳阳化工总厂对该厂装有液态烃的 1#、2#、3# 三台 1000m³ 球罐进行了开罐检查，发现球罐的焊接接头区存在严重的裂纹等缺陷，见表 4-5。

表 4-5 1#、2# 球罐检查结果

球罐号	最大角变形 /mm	最大错变量 /mm	超标总缺陷	其中裂纹数	裂纹总长 /mm	最大裂纹长 /mm	缺陷总长 /mm
1#	18	7	1208	268	17275	1650	192.175
2#	29	6	627	215	34725	320	180.91

球罐简介：1#、2#、3# 球罐设计容量 975m³，内径 12.3m，材料 15MnVR，壁厚 34mm，设计压力 1.6MPa。于 1971 年由 3603 工厂安装队安装焊接。全部手工电弧焊，焊条为 E5503—Nb，3# 为 E5015。1# 罐在水压试验时便出现了漏泄，进行了 7 次返修补焊，3# 球罐在 1975 年 5 月 10 日赤道带出现了十字焊缝区漏泄，进行了一次修补。

修复工艺制定：为更好地修复球罐，保证其安全运行，进行了模拟球罐原焊接接头的质量评价试验，再现了原焊接工艺。后进行了补焊工艺的研究，进行了插销、铁研，多层焊全接头窗形拘束抗裂试验确定了补焊修复工艺如下：

补焊焊条采用 E5015 型，使用前径 400℃ ×2h 烘焙，使扩散氢低于 1.2ml/100g。

焊前预热不低于 150℃，预热范围为补焊部位两侧各 100mm，两端各 300mm。层间保持 150℃ ~200℃。

焊接规范为：直径 φ3.2mm，电流 100~140A，电压为 21~23V；直径 < φ4.0mm，电流 140~180A，电压 23~25V。

焊接后，立即在补焊区进行 250℃，2.5 小时的去氢处理。

（二）锅炉降水管的修复

1981 年某电厂发生了降水管脱落重大事故，次年，水利电力部和机械工业部联合发布了《锅炉汽包缺陷检查处理的暂行规定》，并组织人员对 36 台电站锅炉汽包损坏事故进行了统计和分析。其中 7 台（占 19.4%）系在运行前破坏（两台为苏联制造）；9 台（占 80.6%）在运行中破坏。其破坏部位；下降管接头焊缝占 56%；筒体纵向焊缝占 22%；人孔加强圈焊缝占 19%，主要缺陷为裂纹、气孔夹渣、未焊透等。

黑龙江省于 1983 年对全省在役的 70 年代制造的锅炉进行了全面检查，结果均程度不同地存在焊接缺陷，最严重的是某发电厂 1# 炉、2# 炉降水管座角焊缝，存在严重的裂纹、未熔合、夹渣和气孔，为此在 1986 年对 1# 炉降水管进行了修复焊接。

锅炉简介：锅炉型号为 HG–220/100–5 型，系 1972 年 12 月 29 日投入运行的，累计运行 11 万小时。汽包规格 φ1780 × 12500 × 90mm，材质 22g，集中降水管规格 φ377×5mm，下降管管座 φ477 × 75mm，材质 20g。

缺陷定性、定位及排除：采用超声波对 4 个集中降水管管座焊缝进行探伤，发现均存在严重的裂纹、夹渣及未熔合和气孔。深度达 70~85mm，并分布于环缝上。为此决定自汽包内采用立车将金属挖除，但不能挖透，至少有 10mm 厚，由于原接头坡口为 K 型，挖除后改为半 U 型坡口。在挖除过程中，又对缺陷进行了观察及检验挖除的缺陷。在挖除前将降水管支承起来，使其可以在焊接过程中自由收缩，但又不附加力于焊口上。

为更好地修复集中降水管座焊缝，事前进行了模拟焊接试验评定，确定了修复工艺。

焊条采用 E5015: 使用前径 400℃ × 2h 烘熔，然后放入 150~300℃ 保温筒中备用。焊前预热 160~200℃，层间保持该温度，预热范围，汽包 1000mm，管座 200mm。采用 φ3.2mm 焊条填平凹坑，电流为 100~120A，电压 21~23V，其余层焊接用 φ4.0mm，电流为 140~170A，每焊一道焊缝，用风动气锤锤击焊缝，以松弛应力。全部焊完后，热处理。

（三）汽包接管座胀接改焊接

某热电厂 3# 炉是苏联 1953 年制造，1956 年运行的双锅筒型锅炉。该炉汽包水冷壁，汽水连通管接管座与汽包胀接而成，由于累积运行时间已超过 27 万小时，加之在投运后的多次检修水冷壁中，强力对口，工艺不当，致使胀口泄严重，保证不了机组正常运行及出力，故决定胀改焊，以恢复锅炉正常出力并保证其运行安全。

现场胀接改焊接存在的主要技术问题：

某热电厂 53# 炉为 TJI-170-1 型锅炉，工作压力 11MPa，温度 510℃。该炉大小汽包型号为 TJI-170-1，材质为 22K（TIOC50），尺寸分别为 φ1480×11290×90mm，φ1050×10910×7.5mm，其胀口数量分别为大汽包 188 个，小汽包 442 个，胀孔直径 φ76.4mm，接管座材质 20g。为保证改造后长期安全运行，改造时必须执行（JB 1609—83）《锅炉锅筒制造技术条件》，其中将汽包烧度控制在 15mm 内，椭圆度不大于 0.7Dn%，有明显应力集中处的残余应力不大于 1.9MPa（哈锅内标），为此应解决如下问题。

①由荷性脆化引起裂纹的危险。汽包已累积运行 27 万小时之多，汽包内壁存在荷性脆化的概率较大。一旦存在，在焊接不均匀温度场及应力作用下，很容易诱发裂纹或促进荷性脆化恶化，严重者会使汽包报废。

②焊接裂纹。汽包筒体长，壁厚大，焊口分布密集且不对称，焊接时焊道下裂纹不易控制。

③汽包变形。焊接是一种局部的不均匀加热和冷却过程，加之焊口分布不均匀，汽包难以翻转，筒身长，跨距大（即汽包支点距离），对口时管座垂直度不易控制。因此，除局部变形外，不可避免地要出现烧曲变形。其次，在热处理时，由于加热温度较高，筒体重（大汽包 36.5t，小汽包 22.5t），汽包可能

产生下挠变形。

④现场整体热处理难。为消除残余应力，势必进行高温回火，但与制造厂相比，一没有整体加热炉，二汽包不能调整及翻转，三在外部挂加热片由于管座的存在很不方便。

胀口的拔除：采用火焰切割将胀接管座距汽包壁10mm以上部分割掉，然后采用机械方法剔除剩余部分，并将胀口环除去及磨光胀口环形槽，使其不存在夹角。胀口拔除后，用超声波全面检查，观察是否有裂纹存在。

胀改焊工艺的确定：在大量的理论分析，主要是针对焊接冷裂纹、热裂纹、层状撕裂及变形和应力的分析基础上，制定了模拟胀接改焊接的焊接评价试验工艺方案，经各项检验和检测，认为此工艺是合理的，能够保证胀改焊的质量，随后又进行了焊接工艺评定，结论合格。故胀接改焊接全套施工方案就这样定下来了。简介如下。

①工程前组织焊工进行模拟培训及考核。

②对口要求。

③防止变形措施。根据焊口分布特点，以使汽包温度分布均匀为原则，将大汽包划分两个区A区和A'区，小汽包划分四个区，A区、A'区和B区、B'区采用跳焊，从中央向外施焊，先焊焊口少的区（注：A、A'；B、B'区同时施焊，所谓先焊，就是先选择焊口少的区焊接），并每隔两个焊口，焊接两个焊口。为防止热处理时汽包下挠，用4个五吨手动葫芦每隔2.5m将汽包吊住。

④焊接。冷态对口，然后预热90℃~100℃（也可不预热）进行氩弧焊打底，氩弧焊打完底后必须预热90℃~100℃进行手工电弧焊，焊条为E5015、ϕ3.2、ϕ4.0mm。

⑤检验。氩弧焊打底后，焊工自检，再进行100%超声或着色检验。

⑥热处理。热处理前进行3005Cx2h去氢处理，再对焊口全面检查，如发现有超出容限的焊口，进行返修，全部合格后，进行（570~620）℃×5h高温回火处理。

上述三个实例仅从主要的过程进行介绍，如果在实际工作中遇到了返修工程，不妨参照上述的过程进行分析，最后制定出返修工艺并付诸实践。这里值得注意的是切不可生搬硬套。

第六节　焊接断口分析

对焊接结构断裂的断口分析就是采用宏观和微观的方法，借助于放大镜、低倍率光学显微镜和电子显微镜（扫描电镜 SEM、透射电镜 TEM）等分析金属断口的形貌特征、断裂源的位置、裂纹扩展方向及各种因素对金属破断形态影响的一种研究方法。

1. 焊接断口的分类及特征

（1）焊接断口的分类

作为焊接断口分类的依据很多，如根据断口的宏观形貌可分为塑性断口和脆性断口等；根据断口的微观形貌可分为韧窝（塑坑）断口、沿晶断口和解理断口等；根据断裂模式可分为穿晶断口和沿晶断口等；根据断裂机制可分为解理断口和疲劳断口等。其中，按照断裂模式分类时的断口形式及断口形貌特征见表 4-6。

以断裂机制为依据的分类方法应考虑应力状态（例如，是静应力还是单调递增的应力或是突然加上去的应力等）的影响。例如，在拉伸、弯曲、切变或扭转等不同的应力状态下断裂时，断裂的原因可能不同，但断裂的微观机制是相同的，因而显微断口的形貌可能相同。

对断口进行分类时，应对断口的宏观形貌和微观形貌同时加以考虑。断口形貌不但与材质和热处理状态有关，还受外力性质、工件形状、应力状态及断裂时的环境条件等因素的影响。此外，焊接过程中产生的内应力可能使焊接接头区产生微裂纹，这些微裂纹使断裂更容易发生，也可能使断口的形貌发生改变。

仅根据宏观形貌对焊接断口进行分类尽管可以找到断口形貌主要特征和加载方式之间的关系，但很难体现出材料成分和环境介质等因素对断口形貌的影响。例如，在粗晶粒焊接接头的脆性断口上，可以清楚地看到发亮的小平面；但对于经淬火加回火处理后的细晶粒焊接接头，同样是脆性断口，却看不到这种光亮的小平面，而是无光泽的断口形貌。此外，此断口的宏观形貌（如休止线）也不一定是由于裂纹缓慢扩展造成的，这种形貌可能在一般断口上出现，而在疲劳断口上有时看不到。

表 4-6 焊接断口分类及形貌特征

焊接断口分类			形貌特征
穿晶断口	塑性断口	韧窝断口	圆形等轴韧窝 长形剪切韧窝 长形撕裂韧窝
		剪切断口	蛇形滑移 波形滑移 平直滑移（延伸）
	脆性断口	解理断口	解理台阶 河流花样 解理舌状
		准解理断口	山谷状，河流花样 撕裂棱二次裂纹
沿晶断口	疲劳断口		疲劳条纹分布在沿晶断口
	塑性断口		显微空穴聚集成韧窝状的沿晶断裂
	脆性断口		平坦形、冰糖状沿晶断口

所以应根据不同的出发点对宏观断口和微观断口进行分类。在许多情况下，可以把待分析的断口和已知的在类似条件下得到的其他断口相比较。

（2）焊接断口的特征

根据焊缝及热影响区的断裂方式，可以分为穿晶断口和沿晶断口。穿晶断裂的特征是裂纹穿过晶粒内部，穿晶断裂和沿晶断裂的裂纹走向如图 4-1 所示。一般情况下，穿晶断裂为塑性断裂（即在断裂之前发生显著的塑性变形），但有时也属于脆性断裂，如受氢、腐蚀介质对应力状态影响而产生的解理断裂和准解理断裂等。穿晶断裂的走向总是沿裂纹前端的薄弱地带向前扩展，即沿着耗能较低的路径前进。一般的金属材料时常发生混合形式的断裂，即部分是穿晶的塑性断裂，部分是穿晶或沿晶的脆性断裂。

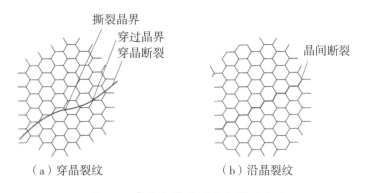

（a）穿晶裂纹　　　　　（b）沿晶裂纹

图 4-1 穿晶断裂和沿晶断裂的走向

沿晶断裂是裂纹沿多晶体的晶界扩展的一种断裂方式。焊接热裂纹、再热裂纹和蠕变裂纹等都是沿晶断裂。脆性断裂是沿晶断裂的普遍形式，断裂之前几乎没有明显的宏观塑性变形，宏观断口比较平齐。脆性断口的微观形貌反映了晶粒多面体的特征，因而断口形貌上有典型的冰糖状花样，如图 4-2（a）所示。一些金属材料的沿晶断裂有时表现为较大的塑性，断口特征除了具有沿晶断裂的典型特征外，还有韧性窝存在，例如，再热裂纹产生时经常导致韧窝状的沿晶断裂。

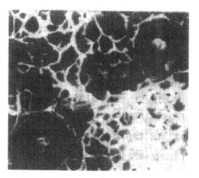

（a）冰糖状脆性断口（600×）　　（b）韧窝状塑性断口（1500×）

图 4-2　脆性断口和塑性韧窝断口的形貌

根据断口的断裂性质，可分为塑性断口、脆性断口及疲劳断口。脆性断口和塑性韧窝状断口的特征见图 4-2。这几种断口的主要特征见表 4-7。

表 4-7　塑性断口、脆性断口和疲劳断口的主要特征

断口特征	塑性断口		脆性断口		疲劳断口	
	切断型	正断型（纤维区）	缺口脆断	低温脆断	低周疲劳	高周疲劳
放射花样	一般不出现，高强钢断口有时出现	不出现	明显	不明显	不大明显，极粗，近于平行的人字形	明显，极细
弧形迹线	不出现	不出现	不出现	不出现	贝纹线，应力幅大时明显	贝纹线，应力幅小时不明显
断口粗糙度	比较光滑	粗糙，呈齿状	极粗糙	粗糙	较光滑，粗糙度与裂纹扩展速度成正比	极光滑，粗糙度与裂纹扩展速度成正比

续表

断口特征	塑性断口		脆性断口		疲劳断口	
	切断型	正断型（纤维区）	缺口脆断	低温脆断	低周疲劳	高周疲劳
色彩	较弱的金属光泽	灰色，熟丝状光泽	白亮色，接近金属光泽	结晶状金属光泽	白亮色	灰黑色，扩展越大越白
与最大正应力的夹角	45°	直角（平）	直角（平）	直角（平）	扩展速度小时为直角，扩展速度大时接近45°	直角

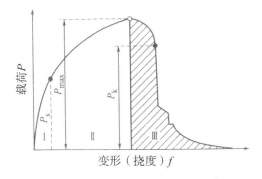

图 4-3　静弯曲试验的载荷与变形量（挠度）之间的关系

①塑性断口塑性金属材料在应力作用下由变形到断裂的过程一般分为三个阶段：弹性变形阶段（以弹性极限为界）、弹塑性变形阶段（以裂纹出现为界）及裂纹扩展以致完全断裂阶段。每一个阶段都要消耗能量，即都要施加外力做功以引起金属变形。静弯曲试验的载荷与变形量（挠度）之间的关系如图4-3所示。其中图线所包围的面积Ⅰ为弹性功、Ⅱ为塑性功、Ⅲ为断裂功。断裂功表示裂纹扩展过程中消耗的能量，它的大小反映了裂纹扩展的快慢情况，取决于断裂过程中材料塑性变形的能力。如果塑性变形能力大，则裂纹扩展缓慢，断裂功大；反之，裂纹扩展极快时，断裂功很小，甚至趋于零，表现为脆性断裂。

a.纯剪切断口对于某些单晶体拉伸时可沿滑移面分离（即晶体沿滑移面的两侧分成两部分）而导致剪切断裂，断口形貌看起来像刀刃（单滑移）。这种断裂过程与空洞的形核长大无关，在断口上观察不到韧窝。对于高纯度的多晶体，由于产生缩颈后试样中心三向应力区的空洞不能形核长大，故通过不断缩颈而使断口变得很细，最终断裂时断口形态接近于一个点或一条线，好像削尖的铅笔状（复滑移）。

b.杯锥状断口塑性材料光滑圆柱拉伸试样的宏观杯锥状断口呈纤维状，一般由纤维区、放射区及剪切唇三部分组成。

在圆柱形试样的均匀单轴应变过程中，在宏观变形和局部变形无法协调的部位（如夹杂物等）会产生显微空洞。材料屈服后会出现缩颈，由于缺口效应而产生应力集中，并且在焊件中出现三向应力，导致空洞在夹杂物或第二相边界处形核、长大和连接，在试样中心形成很多小裂纹，裂纹逐渐扩展并互相连接，形成锯齿状的纤维区。中心裂纹向四周放射状地快速扩展就形成了放射区。在放射区中往往存在平行于裂纹扩展方向的放射线（如果材料塑性不好则不存在放射区）。当裂纹快速扩展到试样表面附近时，由于试样剩余的厚度很小，故三向应力状态变为平面应力状态，从而剩余的表面部分剪切断裂，断裂会沿着最大剪应力平面，与拉伸轴成45°角。对于板状试样，断口中心纤维区呈椭圆形，放射区则呈人字形花样，尖端指向裂纹源，最外侧是与拉伸轴成45°角的剪切唇。

锥形断口的剪切唇是切变分离区向试样外表面快速扩展的结果，当最后是由于滑移导致断开时，断口形貌为双锥形，外剪切唇比较光滑，并且不是由空洞连接而成的。

金属材料和试验条件（如试样几何形状、加载速率、温度及应力分布等）不同时，拉伸试样断口形貌会有明显不同（如是否存在缩颈、锥形断口及平坦断面等）。但在所有这些情况下，断口都比较粗糙并呈纤维状，因此，不适合用光学显微镜来观察（景深太小）。塑性断裂的扩展需要强烈的范性变形（至少在局部），断口的粗糙程度能够反映出材料韧性的好坏。

c.韧窝断口在应力作用下，由于滑移面上有位错堆积而在局部产生许多微小空洞，或因夹杂物与基体金属界面脱离而形成微孔，然后这些微孔不断形核、长大、连接聚集并继续产生新的微孔，最终导致整个金属材料的断裂，在断口上就显示出韧窝结构。

金属材料中往往存在夹杂、碳化物或第二相，微孔优先在这些粒子处形核,故在很多断口上的韧窝底部存在这些粒子。显微空洞也可在基体上形核,此时韧窝底部就不存在第二相。韧窝的形状、大小和深浅受很多因素的影响,如形核粒子的大小及分布、材料的形变能力及应力大小、变形速度、温度等。

韧窝断口是韧性断裂的标志,但也有例外,例如,对于 Al-Fe-Mo 及含 SiC 的铝合金等材料,其断裂应变很小,属于脆性断裂,但微观断口也有很多韧窝。

②脆性断口

a.宏观脆性断口脆性材料不存在明显的三个断裂阶段,金属在弹性变形阶段就发生断裂,断裂前不产生明显的塑性变形,不存在塑性功和断裂功,故脆性断口比较平齐而光亮,看不到纤维区和剪切唇,只存在放射区,并且断面与拉应力方向垂直。对于板状焊件,断口附近截面的收缩率很小(一般不超过3%),断口上常有人字形或放射形花样,人字的尖端指向裂纹源。

由于放射形花样也是由材料的剪切变形引起的,是快速低能量撕裂的结果,所以材料越脆,放射线就显得越细。若材料的脆性极大,则放射线消逝,断口呈结晶状,无人字形花样。若晶粒较粗,则可以看到许多强烈反光的小平面(或称小刻面),这些小平面就是解理面或晶界面,所对应的断口也称为晶状断口。

b.解理断口。解理断裂是在正应力作用下沿着晶面产生的穿晶断裂,通常是沿着解理面分离,但也可沿滑移面或孪晶面分离。金属及其合金中,在个别情况下,面心立方金属集中和粗晶等因素均有利于解理断裂。解理断裂多发生在体心立方和密排六方的(如铝等)也会产生解理断裂。低温、应力典型的解理断口是由河流花样、扇形花样或羽毛状花样构成。对于多晶体金属材料,解理裂纹一般不穿过晶界,每个晶粒内的裂纹源(一个或多个)向四周扩展,解理台阶以扇形方式向外扩展,从而形成扇形花样。处于不同高度平行解理面上的两个裂纹扩展相遇后,通过二次解理或剪切撕裂而互相连接,并在连接处形成台阶。低合金钢焊缝金属解理断口的形貌如图4-4所示。

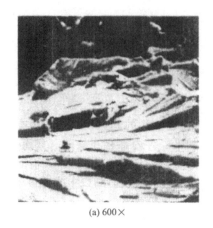 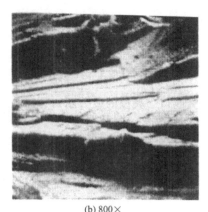

(a) 600×　　　　　　　　　　(b) 800×

图 4-4　低合金钢焊缝金属解理断口的形貌

解理断口的另一个特征是存在"舌状花样"。解理裂纹与孪晶相遇时，便沿孪晶面发生局部二次解理，当达到一定程度后，二次解理面与主解理面之间的连接部分断裂，从而形成舌状花样。

解理断裂属于脆性断裂，但有时也表现出一定的塑性（如某些低强材料），在裂纹扩展的前方有一微小塑性区，断口上相应地存在一薄的塑性变形层，所以不能把局部解理断裂与整体脆性断裂等同起来。解理断裂的宏观断口通常是平坦的平面，但有时也能看到从裂纹源开始的放射性或人字形的线条。

焊接条件下金属的受力情况比较复杂，断裂的途径不止一种，而且在一个断口中也会出现多种断裂的途径。常用金属材料解理面和滑移面见表 4-8。

表 4-8　常用金属材料的解理面和滑移面

晶体结构	金属及合金	解理面	主要滑移面
体心立方	α-Fe, Cr, V, Mn, Nb, Mo, W, Ta, β-Ti, 大多数钢	(100)	(112), (110)
面心立方	Cu, Ag, Au, Al, Ni, 黄铜, 奥氏体不锈钢	—	(111)
密排六方	Mg, Zn, Sn, α-Ti, Cd, Be	(0001)	(1010), (0001)

由表 4-8 可见，除面心立方金属外，其他金属都存在解理面和滑移面。在不同条件下，断裂的方式可以是解理断裂，也可以是剪切断裂，或者解理与剪切混合型断裂，即解理和剪切两种断裂方式之间存在着能够相互转化的条件。

c.准解理断口。当脆性裂纹沿着不能确定的晶面扩展时，容易形成准解理断口，在断口上观察不到明显的河流花样或扇形花样。有的材料断口上存在一些河流或扇形花样，但同时也存在很多的撕裂棱（由许多独立形核裂纹互相连接时剪切撕裂而形成的）。铁素体钢焊接热影响区的准解理断口形貌如图 4-5 所示。

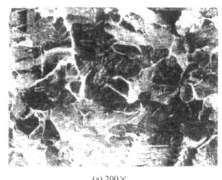

(a) 200×   (b) 200×

图 4-5 铁素体钢焊接热影响区的准解理断口形貌

③疲劳断口。典型的疲劳断口有三个区域：疲劳源（疲劳核心）、疲劳裂纹扩展区（疲劳区）和瞬时断裂区（最终断裂区）。疲劳源是疲劳断裂破坏的起点，一般发生在材料的表面，通过肉眼或低倍放大镜就可判断出其位置。但如果焊件内部存在缺陷（如脆性夹杂物、成分偏析等），疲劳源也可在材料的内部产生。疲劳源的数目往往不止一个，有时存在两个甚至更多，特别是对于低周期疲劳断裂，其疲劳应力的幅值较大，断口上常有多个位于不同高度上的疲劳源。

疲劳裂纹扩展区是疲劳断口上最重要的特征区域，常呈贝纹状、蛤壳状或海滩波纹状。断口上这种贝纹状的推进线反映出焊件承受载荷和不承受载荷（或承受反向载荷）时疲劳裂纹扩展过程中留下的痕迹，常见于低应力高周期疲劳断口。裂纹扩展受阻而停歇或在应用过程中疲劳应力改变等也会在断口上留下这种贝纹状的推进线，一般在低周期疲劳断口上很难观察到。贝纹状推进线通常是从裂纹源开始向四周逐渐推进的环形线条，垂直于疲劳裂纹扩展的方向。

瞬时断裂区是疲劳裂纹达到临界尺寸后发生快速断裂的区域，与静载荷拉伸快速断裂时断口中的放射区和剪切唇的特征相同，有时仅出现剪切唇。对于脆性比较大的金属材料，该区表现为结晶状的脆性断口区域。

2. 焊接断口的宏观分析

（1）宏观断口的特征区划分

金属材料不同，断裂的方式也不同，但断裂过程中存在着一些共同的特征。一般可将宏观断口分为三个特征区域（即宏观断口特征的三要素）：纤维区、放射区和剪切唇。矩形拉伸试样宏观断口三个特征区域的划分如图4-6所示。V形缺口试样冲击断口特征区的划分如图4-7所示。

①纤维区。纤维区一般位于断口的中央，呈粗糙的纤维状。仔细观察断口的纤维区可看到显微空洞和锯齿状形貌。纤维区是在切应力作用下，由塑性变形过程中的微裂纹不断扩展和相互连接造成的。由于纤维区的塑性变形较大，断面粗糙不平，对光线的散射能力很强，故呈暗灰色。

②放射区。放射区紧靠着纤维区，具有放射状花样特征，与纤维区的交界线标志着裂纹由缓慢扩展到快速扩展的转化。材料的性质不同，放射花样的粗糙程度也不同。放射花样越粗糙，表明裂纹扩展时克服塑性变形越大，消耗的能量越多；放射花样越细，甚至出现光滑的平面，则表明放射区中的塑性变形量很小，表现为脆性断裂。此外，沿晶断裂或解理断裂一般也发生在快速断裂的放射区内。

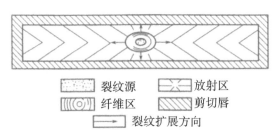

图4-6 矩形拉伸试样宏观断口三个特征区域的划分

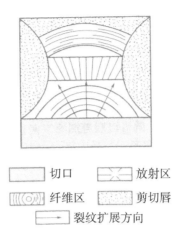

切口　　　　放射区

纤维区　　　　剪切唇

裂纹扩展方向

图 4-7 V 形缺口试样冲击断口特征区的划分

③剪切唇。剪切唇在金属断裂过程的最后阶段形成，表面比较光滑，与拉应力方向成 45° 角，该区域的塑性变形量大，属于韧性断裂区。

实际对破断分析时，可根据纤维区、放射区和剪切唇在断口上所占的比例粗略地评价材料的断裂性质。例如，纤维区较大，材料的塑性和韧性较好；放射区增加，表明材料的塑性降低、脆性增大。断口三个特征区域的状态、大小和相对位置与试样的形状、材质、试验温度和受力状态等因素有关。一般情况下，材料的强度增加，塑性降低，放射区所占的比例增大；试样的尺寸增大，放射区明显增大，而纤维区变化不大；试样中存在的缺口不但能改变断口中各区域所占的比例，而且使得裂纹的形成位置发生改变。低合金钢冲击吸收功、断口形貌与温度的关系如图 4-8 所示。

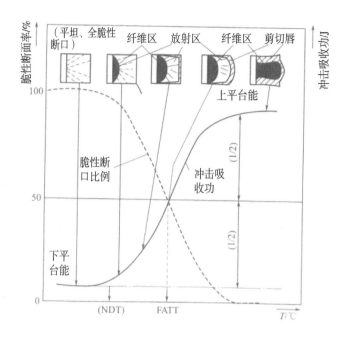

图 4-8 低合金钢冲击吸收功、断口形貌与温度的关系

（2）宏观断口特征的判断

①观察断口的粗糙度和光泽。断口越粗糙，表明韧性断裂所占的比例越大；断口呈暗灰色，表明裂纹扩展过程中塑性较大，如果断口细平且有金属光泽，则表明脆性解理断裂所占的比例较大。

②观察断口上是否存在放射花样或人字纹放射。花样或人字纹特征表明裂纹在该区做不稳定的快速扩展，沿着人字纹的尖顶可找到裂纹源的位置。

③观察断口上是否存在弧形迹线。在裂纹扩展过程中，断裂方式及裂纹扩展速度的明显变化会在断口上留下弧形迹线。例如，疲劳断口的同心圆就是典型的弧形迹线，找到了同心圆弧线，就可以顺着圆心方向找到疲劳裂纹源。

④观察断口与最大正应力方向的夹角。一般情况下，在平面应变条件下断裂的断口与最大正应力方向垂直；在平面应力条件下断裂的断口与最大正应力方向成 45° 角。确定断口倾斜角时，必须先分析构件上的受力状态。

⑤观察材料缺陷在断口上所呈现的特征。若材料内部存在缺陷，则缺陷附近存在应力集中，影响裂纹的起源和扩展。观察焊缝断口时，应特别注意夹杂物、微裂纹和气孔等缺陷所表现出来的特征。

（3）光滑圆试样断口的宏观分析

光滑圆试样拉伸断口通常呈杯锥状，也存在纤维区、放射区及剪切唇三个断口区域，断口的示意图如图4-9所示。

①纤维区。光滑圆试样的纤维区位于断口的中央，形成杯锥的底部，呈粗糙的纤维状，是裂纹源所在的区域。纤维区的形成过程是：在拉伸过程中，由于强烈的剪切变形和三向应力的作用，首先在试样缩颈的中央形成显微空洞，然后空洞扩展并相互连接而形成锯齿状的裂纹，该区的特征便呈粗糙不平的纤维状。纤维区反映了裂纹由空洞聚集而缓慢扩展的过程，大多数单相金属、碳钢及珠光体钢等材料的断口都存在这种特征。

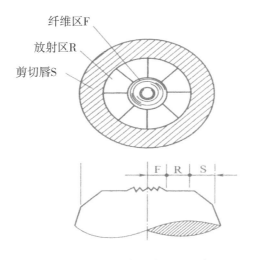

纤维区F
放射区R
剪切唇S

F　R　S

图4-9　光滑圆试样拉伸断口示意图

对于高强钢（例如马氏体钢），其纤维区还具有圆环花样（一种环形的剪切脊）的特征，并且圆环与裂纹宏观扩展的方向垂直。在环形花样的中央附近有一个或几个锥形坑，该区域即为裂纹源的位置。

②放射区。放射区中放射花样的辐射方向与裂纹扩展的方向一致，但与裂纹前沿的轮廓线相垂直，并逆指向裂纹源。放射花样是由于金属的剪切变形造成的，与纤维区的剪切断裂不同，而是在裂纹的尺寸达到临界尺寸后，作快速的低能量撕裂的结果。放射区金属的宏观塑性变形量很小，但在微观局部区域仍有相当程度的塑性变形。

放射区的断裂可分为沿晶断裂和解理断裂；由于剪切变形量很小，只有当裂纹从一个晶粒向另一个晶粒扩展时才有少量的塑性变形，所以该类断口的放射线往往是很细的，而且金属材料越脆，撕裂时的塑性变形量越小，反映在断口上的放射线就越细。若金属处于纯粹的晶间或解理断裂状态（金属材料极脆）时，不存在放射线，而呈现出细瓷状的结晶断口。

③剪切唇。剪切唇是在断裂过程中的最后阶段形成的，构成整个杯锥状断口的壁部。剪切唇表面光滑，也是一种裂纹快速扩展的剪切断裂。由于剪切唇产生于接近金属试样的表面，所受的拘束比较小，形成与轴线成45°夹角的切断断口。

（4）缺口圆试样拉伸断口的宏观分析

缺口圆试样拉伸断口形貌的示意图如图4-10所示。对于带缺口的圆试样由于缺口处的应力比较集中，故裂纹容易直接在缺口或缺口附近产生。纤维区不再位于试样断口的中央，而是沿圆周分布，裂纹则是从圆周处向试样内部扩展，如图4-10（a）所示。

由图4-10可见，断口/中最终断裂区比其他部位要粗糙得多。若金属纯度比较高，裂纹仍可以首先在试样中心形成，但试样外表面受到缺口的约束，从而抑止了剪切唇的形成。缺口试样的裂纹以不对称的形式由缺口向内部扩展时，断口的形貌较为复杂，如图4-10（b）所示。断裂初始阶段为纤维状，第二阶段为放射状，某些部位的放射区迅速扩展，使最终断裂区偏离断口中心位置。

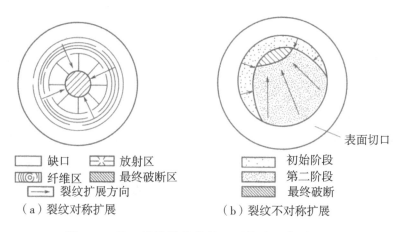

（a）裂纹对称扩展　　　　（b）裂纹不对称扩展

图4-10　缺口圆试样拉伸断口形貌的示意图

（5）矩形试样断口的宏观分析

无缺口的焊接接头矩形拉伸试样断口同圆试样断口一样，也存在三个特征区域，但由于材料几何形状的不同，断口中每个区域的特征稍有不同。正方形试样的纤维区位置与试样表面对称，矩形扁平试样的中央纤维区呈椭圆状，放射区则出现"人字形"花样，这是由于试样的几何形状改变时，裂纹主要沿着宽度的方向扩展的缘故，人字形花样的尖顶指向纤维区的裂纹源。

如果矩形试样的一侧或表面开有尖切口，则裂纹源将在缺口处形成，断口三个特征区的相对位置也发生变化。缺口处为纤维区，呈指甲状，该区的大小随试验条件的变化而变化。当微裂纹扩展到临界尺寸时，便开始作快速的不稳定扩展，形成人字形花样。试样的边缘为剪切唇。对焊接接头的脆性破坏进行实际分析时，只要顺着人字形花样或放射形花样便可以找到裂纹源的位置。带缺口板状试样的断口示意图如图 4-11 所示。

影响板状试样断口三个特征区域相对比例的因素主要有材料的性质、板材厚度及温度。金属材料越脆，板厚越大，温度越低，则纤维区越小，放射区越大。

（6）冲击断口的宏观分析

冲击断口也会出现三个特征区域，缺口附近形成裂纹源，然后是纤维区、放射区及剪切唇。剪切唇沿无切口的其他三侧边分布，纤维区与放射区（或剪切唇）相连接的边界常呈弧形。由于在摆锤的冲击作用下，V 形缺口一侧受拉伸应力，而不开缺口的另一侧受压应力，所以当受拉伸的放射区进入受压区域时可能消失而重新出现在纤维区中，使放射区两侧同时出现纤维区的断口形貌。若金属材料的塑性足够好，则放射区完全消失，整个断面上只存在纤维区和剪切唇两个区域。

温度对冲击断口各特征区域所占比例的影响如图 4-12 所示。可以看出，随着试验温度的降低，纤维区的面积减小，而放射区的面积增大；材料的性质由塑性材料转变为脆性材料，此时的温度称为脆性转变温度。

（7）疲劳断口的宏观分析

疲劳源（疲劳断裂核心区）区域一般非常小，多半发生在有应力集中或表面、内部有缺陷（如缺口、刀痕、夹渣或气孔等）的部位。因为焊接接头中不仅存在较大的应力集中，而且在表面或内部产生各种缺陷，如未焊透、焊根焊趾处的咬肉缺口及内部非金属夹杂物等，这些缺欠都可作为疲劳源产生的重要因素。因此，疲劳断口上可能同时有多个裂纹源存在，每个裂纹源的面积往往比仅有一个裂纹源存在时的要小，故裂纹源处的宏观断口特征有时不如单个裂纹源的明显。

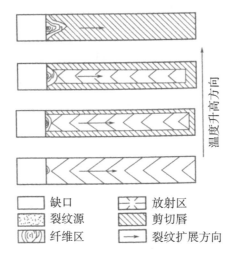

图 4-11　带缺口板状试样的断口示意图

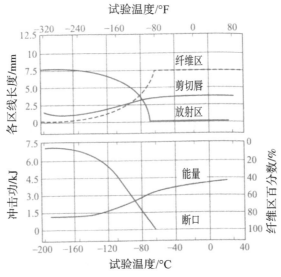

图 4-12　温度对冲击断口各特征区域所占比例的影响

疲劳断口的扩展区不如裂纹源平坦，典型的扩展区断口特征有贝状花纹，有时存在一些间距不等的弧线（即疲劳条纹）。裂纹由裂纹源向前扩展时，由于裂纹前沿的阻力不同，致使裂纹的扩展方向改变。裂纹在各自的平面上扩展，不同的扩展面相交而形成台阶，这些台阶在断口上表现为放射线，疲劳断口放射线的形成示意图如图 4-13 所示。

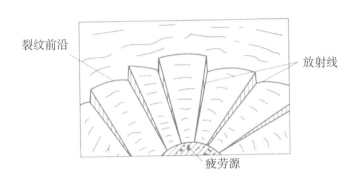

图 4-13　疲劳断口放射线

瞬时断裂区的宏观断口形貌与静载拉伸断裂断口相似。对于塑性材料，当疲劳裂纹扩展到净断面的应力达到材料的断裂应力时，便发生瞬时塑性断裂（滑移变形）；对于脆性材料，当裂纹的长度扩展到材料的临界裂纹长度时，便发生瞬时脆性断裂（沿解理面解理）。瞬时断裂也是一种静载断裂，所以具有静载断裂的断口特征。对于一般低合金高强钢，瞬时断裂区中也存在纤维区、放射区和剪切唇，但有时不容易清晰地观察到。

3. 焊接断口的微观分析

焊接接头区域的断口较为复杂，有时既有脆性破断的区域，也有塑性破断的区域。焊缝是塑性破断的区域，靠近熔合区的热影响区、粗晶区是脆性破断的区域。

（1）解理断口微观分析

解理断口是在拉应力作用下引起的一种脆性穿晶断裂，一般沿着一定的结晶面（也称解理面）分离，解理断裂后的断口称为解理断口。

钢中的解理断口由很多取向略有差别的光滑小平面（也称小刻面）组成，每个小平面代表一个晶粒。通过扫描电镜观察，可发现这些小平面并不是一个单一的解理面，而是由一组平行的解理面组成，两个平行解理面之间相差一定的高度，在交接处形成台阶，从垂直断面方向上还可观察到台阶汇合形成的一种类似河流的花样。

解理台阶和河流花样是判定是否为解理断裂的重要依据。分析河流花样的走向可以判断裂纹源的位置和裂纹扩展的方向。河流上游是裂纹源发源处，河流的流向与裂纹扩展的方向一致。这种焊缝的亚临界扩展期是很短的，一旦起裂，很快就会失稳破断，很少有塑性变形的痕迹。

解理断裂一般发生在晶体结构为体心立方和密排六方金属中，主要特征是沿结晶学的密排面扩展。面心立方金属只在某些特殊情况下才出现解理断裂；体心立方金属中解理断口主要沿晶面发生，有时也沿基体和形变孪晶的界面晶面发生；密排六方金属中解理断口沿晶面发生。

解理断口还具有其他一些舌状花样、鱼骨状花样、羽毛状花样相二次断裂等电子金相特征。舌状花样的形成与解理裂纹沿形变孪晶基体界面扩展有关，该形变孪晶是解理裂纹以很高的速度向前扩展时在裂纹前端形成的，一般发生在低温下。鱼骨状花纹发生在铁素体不锈钢冲击断口中，中间的鱼骨沿晶面、晶向解理，两侧是沿晶面、晶向和晶面、晶向孪晶解理所引起的花样，并有一定的塑性变形。

（2）准解理断口微观分析

通过扫面电镜（SEM）可以在某些断口上看到解理断裂的特征，同时伴随有明显的塑性变形痕迹，这种断口称为准解理断口。16Mn钢埋弧焊焊缝中的准解理断口典型形貌如图4-14所示。

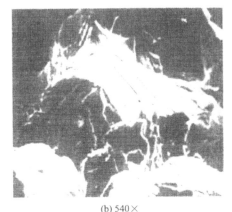

(a) 600×　　　　　　　　　　　　　(b) 540×

图 4-14　16Mn 钢焊缝的准解理断口形貌（SEM）

　　准解理断口除了具有解理断口的一般特征（如解理台阶和河流花样）外，比较突出的特点是在准解理小平面上有明显塑性变形的撕裂棱。撕裂棱是由许多单独形核的微裂纹相互连接时发生撕裂而形成，解理裂纹源则在解理面的边界上形成。

　　准解理断口上有不同比例的韧窝花样和平坦的小平面，每个小断裂面上虽然也存在一些解理断裂的某种特征，如解理台阶和河流花样等，但在各个小断裂面之间的连接方式上又具有很多塑性断裂的特征，如存在一些撕裂棱或由微孔聚集成的韧窝，有的甚至形成韧窝带。

　　有的焊接断口上既可以观察到解理断裂特征的区域，又可观察到准解理断裂特征的区域，而且在同一断口上有时可以观察到由两种以上断裂机制作用下而形成的不同宏观和微观断口形态。0Cr18MO2 铁素体钢焊缝金属冲击断口的形貌如图 4-15 所示。准解理裂纹的扩展路径比解理裂纹更不连续和曲折得多，常常在局部区域的某些部位形成裂纹并进行局部区域的扩展。此外，准解理平面的位向并不与解理面严格对应，即不一定存在确定的对应关系。

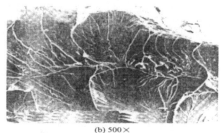

(a) 500×   (b) 500×

图 4-15 OCr18MO2 铁素体钢焊缝金属冲击断口的形貌（SEM）

（3）韧窝断口微观分析

韧窝断裂有两种类型，一种是纯剪切型断裂，另一种是微孔聚集型断裂。纯剪切型断裂只出现在高纯度金属中，工程材料焊接中经常可以看到的是微孔聚集型断裂。

通过扫描电镜观察微孔聚集型断口，可以看到有大量微坑覆盖在断面上，这些微坑称为韧窝。根据断口受力状态的不同，可将韧窝分成等轴韧窝、剪切韧窝及撕裂韧窝，这些不同类型韧窝花样的形成示意图如图 4-16 所示，都属于韧性断裂的微观形态特征。

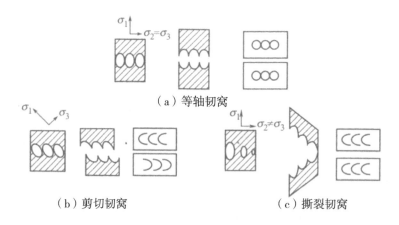

（a）等轴韧窝

（b）剪切韧窝   （c）撕裂韧窝

图 4-16 不同类型韧窝花样的形成示意图

韧窝的形状主要决定于应力状态或拉应力与断面的相对取向。韧窝的大小和深浅决定于金属材料断裂时微孔形核的数量、金属的塑性及试验温度。如果微孔形核的位置很多或材料的韧性较差，则断口上形成的韧窝尺寸较小、较浅；反之则韧窝的尺寸较大、较深。

对韧窝内部进行仔细观察，可以看到有非金属夹杂物或第二相粒子存在。由于局部塑性变形使夹杂物界面上首先形成微裂纹并不断扩展，在夹杂物与基体金属之间局部区域产生"内缩颈"，当缩颈的尺寸达到一定程度后被撕裂或剪切断裂而使空洞连接，形成韧窝断口形貌。微孔萌生后的长大和汇合过程可以有不同方式，其中以滑移方式形成的微孔间汇合模型如图 4-17 所示。

微孔聚集型的韧性断口上有韧窝存在，但对于在微观形态上出现韧窝的断口，在宏观形态上不一定是韧性断裂，因为宏观上属于脆性断裂的断口在某局部区域也可能有韧窝存在。因此在分析断口时，一定要把宏观分析和微观分析结合起来，才能得出正确的判断。

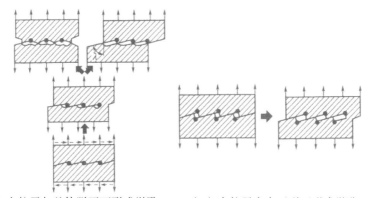

（a）由粒子与基体脱开而形成微孔　　（b）由粒子本身开裂而形成微孔

图 4-17 以滑移方式形成的微孔间汇合模型

第五章 配套电气设备相关知识

第一节 基础知识

1. 电路

电路是由各种电气器件按一定方式用导线连接组成的总体，它提供了电流通过的闭合路径。

2. 电源

电源是把其他形式的能量转换为电能的装置，例如，发电机将机械能转换为电能。

3. 负载

负载是消耗电能的装置，它把电能转换为其他形式的能量。

4. 电流

电流是由电荷的定向移动而形成的。当金属导体处于电场之内时，自由电子要受到电场力的作用，逆着电场的方向做定向移动，这就形成了电流。

5. 直流（恒定电流）

大小和方向均不随时间变化的电流。

6. 电压

电路中两点间的电位差，称为电压，用符号 U 表示。

7. 直流电压（稳恒电压或恒定电压）

如果电压的大小及方向都不随时间变化，用大写字母 U 表示。

8. 相序

相序就是相位的顺序，是交流电的瞬时值从负值向正值变化经过零值的依次顺序。

9. 正弦交流电压

正弦交流电压简称交流电压，对电路分析来说，一种最为重要的变动电压，其大小及方向均随时间按正弦规律作周期性变化。

10. 串联电路电压规律

串联电路两端总电压等于各部分电路两端电压和。

公式为

$$\sum U = U_1 + U_2$$

11. 并联电路电压规律

并联电路各支路两端电压相等，且等于电源电压。

公式为

$$\sum U = U_1 = U_2$$

12. 安全电压

其中安全电压指人体较长时间接触而不致发生触电危险的电压。

我国对工频安全电压规定了以下几个等级，即 36V，24V，12V 以及 6V。

13. 电导

电阻的倒数称为电导。其中 $G=I/R$，电阻 R 的倒数 G，其国际单位制为西门子（S）。

14. 全电路欧姆定律

公式为

$$I = E/(R+r) = (Ir+U)/(R+r)$$

$I-$ 电流　安培（A）$E-$ 电动势　伏特（V）$R-$ 电阻　欧姆（Ω）

$r-$ 内电阻　欧姆（Ω）$U-$ 电压　伏特（V）

公式说明：其中 E 为电动势，R 为外电路电阻，r 为电源内阻，内电压 U 内 $=Ir$，$E=U_z$ 内 $+U_z$ 外。

适用范围：只适用于纯电阻电路

15. 支路

电路中流过同一电流的一个分支称为一条支路。

16. 节点

三条或三条以上的支路的连接点称为节点。

17. 回路

由若干支路组成的闭合路径，其中每个节点只经过一次，这条闭合路径称为回路。

18. 电流互感器

电流互感器又称仪用变流器，是一种将大电流变成小电流的仪器。

19. 基尔霍夫电流定律

基尔霍夫电流定律又称节点电流定律，在电路中，任何时刻对于任一节点而言，流入节点电流之和等于流出节点电流之和。

$$\sum I_z 入 = \sum I_z 出$$

20. 基尔霍夫电压定律：沿任一回路绕行一周，回路中所有电动势的代数和等于所有电阻压降的代数和。

$$\sum E = \sum IR \sum U_z 电压升 = \sum U_z 电压降$$

21. 电功

电流在一段时间内通过某一电路，电场力所做的功。计算公式是 $W=pt$，W 表示电功，单位是焦耳（J）。

电流所做的功跟电压、电流和通电时间成正比。电流所做的功叫作电功，如果电压 U 的单位用伏特（V），电流 I 的单位用安培（A），时间 t 的单位用秒（s）。

电功 W 的单位用焦耳（J），那么，计算电功的公式是：$W=pt=UIt=uq$（q 为电荷）

22. 电功在纯电阻电路（无电动机）中的公式

（1）$W=Q=I^2Rt$（Q 为电热，一般在串联电路中使用）

（2）$W=Q=（U^2/R）t$（一般在并联电路中使用）

23. 焦耳

焦耳为 1 牛顿力的作用点在力的方向上移动 1 米距离所做的功，该单位可用于电功的测定。

焦耳这个单位很小，用起来不方便，生活中常用"度"做电功的单位，就是平常说的用了几度电的"度"。"度"在技术中叫作千瓦时，符号是 kW·h。1kW·h=3.6×10^{6}J=1 度

24. 电功率

电流在单位时间内所做的功。电功率用 P 来表示，$P=W/t$，而 $W=U·I·t$（即电压乘以电流乘以时间），所以 $P=UI$ 电功率等于电压与电流的乘积。

电压 U 的单位要用伏特，电流 I 的单位要用安培，这样，电功率 P 的单位就是瓦特。

电功率的单位还有千瓦，符号是 kW。1kW=1000W　1W=1000mW

把公式 $P=W/t$ 变形后可得 $W=Pt$，由此可以定义"千瓦时"，电流在 1h 内所做的功，就是 1kW·h

1kW·h=1000W×3600s=3.6×10^6

25. 额定电流

额定电流是用电器在额定电压下工作的电流。电气设备额定电流是指在额定环境条件（环境温度、日照、海拔、安装条件等）下，电气设备的长期连续工作时允许电流。

26. 额定电压

额定电压是电器长时间工作时所适用的最佳电压。高了容易烧坏，低了不正常工作（灯泡发光不正常，电机不正常运转）。此时电器中的元器件都工作在最佳状态，只有工作在最佳状态时，电器的性能才比较稳定，这样电器的寿命才得以延长。

27. 通路

通路就是电源与负载之间形成闭合回路，电路中有工作电流，这是用电设备正常工作时的电路状态。

28. 断路

断路就是指电源与负载之间没有形成闭合回路，也称之为开路，电路中没有电流，这种状态下用电设备不工作。

29. 短路

短路是指电流未经负载而直接流回电源。

30. 磁体

物体具有吸引铁、钴、镍等物体的性质，该物体就具有了磁性。具有磁性的物体叫作磁体。

31. 磁极

磁体两端磁性最强的部分叫磁极，磁体中间磁性最弱。当悬挂静止时，指向南方的叫南极（S），指向北方的叫北极（N）。

32. 磁场

磁体周围存在一种物质，能使磁针偏转。磁场对放入它里面的磁体会产生力的作用。

33. 磁化

一些物体在磁体或电流的作用下会获得磁性，这种现象叫作磁化。有些物体在磁化后磁性能长期保存，叫永磁体（如钢）；有些物体在磁化后磁性在短时间内就会消失，叫软磁体（如软铁）。

34. 过载保护

当负载通过超过限定范围电流而有烧毁危险时，保护装置能在一定的时间内切断电源，保护设备免遭损坏，称为过载保护。

35. 电缆

由芯线（导电部分）、外加绝缘层和保护层三部分组成的电线称为电缆。

36. 母线

电气母线是汇集和分配电能的通路设备，它决定了配电装置设备的数量，并表明以什么方式来连接发电机、变压器和线路，以及怎样与系统连接来完成输配电任务。

37. 电流的磁效应

通电导线的周围有磁场，磁场的方向跟电流的方向有关，这种现象叫作电流的磁效应。

38. 线圈

把导线绕在圆筒上，做成螺线管，也叫线圈，在通电情况下会产生磁场。

通电螺线管的磁场相当于条形磁体的磁场。

39. 右手定则

判断通电螺线管的磁场方向可以使用右手定则：将右手的四指顺着电流方向抓住螺线管，拇指所指的方向就是该螺线管的北极。

40. 感应电流

当闭合电路的一部分在磁场中做切割磁感线运动时，电路中就会产生电流。这个现象叫电磁感应现象，产生的电流叫感应电流。

41. 交流电

没有使用换向器的发电机，产生的电流，它的方向会周期性改变方向，这种电流叫交变电流，简称交流电。

42. 频率

每秒钟电流方向改变的次数叫频率，单位是赫兹，简称赫，符号为 Hz。我国的交流电频率是 50Hz。

43. 磁感应强度

描述磁场强弱和方向的基本物理量。是矢量，常用符号 B 表示。磁感应强度也被称为磁通量密度或磁通密度。在物理学中磁场的强弱使用磁感强度（也叫磁感应强度）来表示，磁感强度大表示磁感强；磁感强度小，表示磁感弱。国际单位制磁感应强度的单位是特斯拉，其符号为 T；高斯，其符号为 Gs。1T=10000Gs。

44. 感知电流

引起人的感觉最小电流称为感知电流。

45. 摆脱电流

人触电以后能自主摆脱电源的最大电流称为摆脱电流。

46. 致命电流

在较短时间内能危及生命引起心室颤动的最小电流称为致命电流。

47. 自感现象

由于导体本身电流的变化而产生的电磁感应现象叫作自感现象。

48. 空载损耗

空载损耗是以额定频率的正弦交流额定电压施加于变压器的一个线圈上

（在额定分接头位置），而其余线圈均为开路时，变压器所吸取的功率，用以供给变压器铁芯损耗（涡流和磁滞损耗）

49. 线电压

三相输电线各线（火线）间的电压叫线电压，线电压的大小为相电压的1、73倍。

50. 相电压

三相输电线（火线）与中性线间的电压叫相电压。

51. 相电流

三相电路中，流过每根相线的电流称为相电流。

52. 线电流

三相电路中，流过每根端线的电流称为线电流。

53. 三相三线制

接成星形或三角形的三相电源，向输电线路引出三根相线的接线方式，称为三相三线制。

54. 三相四线制

接成星形的三相电源，向输电线路引出三根相线及一根中线的接线方式，称为三相四线制。

55. 三相五线制

接成星形的三相电源，向输电线路引三根相线及两根中线，其中一根中线作为保护中线（通常称为保护线，用 PE 表示）的接线方式，称为三相五线制。

56. 对称三相负载

三相负载的每相复阻抗相等，即 $Z_A=Z_B=Z_C$，Z_A、Z_B、Z_C 分别表示 A 相、B 相、C 相的复阻抗，这样的三相负载称为对称三相负载。

57. 有功功率

有功功率又叫平均功率。交流电的瞬时功率不是一个恒定值，功率在一个周期内的平均值叫作有功功率，它是指在电路中电阻部分所消耗的功率，以字母 P 表示，单位为瓦特。

58. 无功功率

在具有电感和电容的电路里，这些储能元件在半周期的时间里把电源能量变成磁场（或电场）的能量存起来，在另半周期的时间里对已存的磁场（或电场）能量送还给电源。它们只是与电源进行能量交换，并没有真正消耗能量。我们把与电源交换能量的速率的振幅值叫作无功功率。用字母 Q 表示。

59. 短路电压

短路电压是当一个线圈接成短路时，在另一个线圈中为产生额定电流而施加的额定频率的电压（在额定分接头位置），以额定电压的百分数表示，它反映了变压器阻抗（电阻和漏抗）参数，也称阻抗电压（温度 70℃）

60. 交流电流的有效值

把两个等值电阻分别通一交流电流 i 和直流电流 I。如果在相同的时间 T 内所产生的热量相等，那么我们把这个直流电流 I 定义为交流电流的有效值。

61. 高压电气设备

对地电压在 1000V 以上者。

62. 低压电气设备

对地电压在 1000V 及以下者。

63. 电动机的额定电流

就是该台电动机正常连续运行的最大工作电流。

64. 电动机的功率因数

就是额定有功功率与额定视在功率的比值。

65. 电动机的额定功率

是指在额定工况下工作时，转轴所能输出的机械功率。

66. 电动机的额定转速

是指其在额定电压、额定频率及额定负载时的转速。

67. 工作接地

是为了保证电力系统正常运行所需要的接地。例如中性点直接接地系统中的变压器中性点接地，其作用是稳定电网对地电位，从而可使对地绝缘降低。保护接地——为了防止电气设备的绝缘损坏而发生触电事故，将电气设备的在正常情况下不带电的金属外壳或构架与大地连接，称为保护接地。

68. 空载电流

变压器空载运行时，由空载电流建立主磁通，所以空载电流就是激磁电流。额定空载电流是以额定频率的正弦交流额定电压施加于一个线圈上（在额定分接头位置），而其余线圈均为开路时，变压器所吸取电流的三相算术平均值，以额定电流的百分数表示。

69. 短路损耗

是以额定频率的额定电流通过变压器的一个线圈，而另一个线圈接线短路时，变压器所吸收的功率，它是变压器线圈电阻产生的损耗，即铜损（线圈在额定分接点位置，温度70℃）。

70. 电力系统

由发电厂（发电机）输配电线路，变电所及用户构成的整体。

71. 有源逆变

是将直流电通过逆变器变换为与交流电网同频率、同相位的交流电，并返送电网。

72. 输电线路

发电厂到变电所之间的线路。

73. 变电所

（负荷中心）以变压器为主并安装其他配电装置的场所。

74. 电力网

由输配电线路和变电所组成。

75. 电气事故

即为用电过程中出现的人身伤亡或由于用电不当引起的其他事故，包括触电伤亡和设备事故两大类。

76. 击穿

绝缘物质在电场的作用下发生剧烈放电或导电的现象，叫击穿。

77. 接地线

是为了在已停电的设备和线路上意外地出现电压时保证工作人员的重要工具。按部颁规定，接地线必须是25mm^{2}以上裸铜软线制成。

78、绝缘棒

又称令克棒、绝缘拉杆、操作杆等。绝缘棒由工作头、绝缘杆和握柄三部分构成。它供在闭合或位开高压隔离开关，装拆携带式接地线，以及进行测量和试验时使用。

79. 运用中的电气设备

是指全部带有电压或一部分带有电压及一经操作即带有电压的电气设备。

80. 动力系统

发电厂、变电所及用户的用电设备，其相间以电力网及热力网（或水力）系统连接起来的总体叫作动力系统。

81. 防雷接地

是针对防雷保护的需要而设置的接地。例如避雷针（线）、避雷器的接地，目的是使雷电流顺利导入大地，以利于降低雷过电压，故又称为过电压保护接地。

82. 接地短路

运行中的电气设备和电力系统中的线路，如果由于绝缘介质损坏而使带电体碰触接地的金属构件或直接与大地连接时，称为接地短路。

83. 接地电流

当发生接地短路时，经接地短路点流入大地的电流称为接地短路电流或接地电流。

84. 对地电压

为带电体与大地零电位之间的电位差。

85. 负荷率

是指在一定时间内，用电的平均有功负荷和最高有功负荷之比的百分数。

86. 电力系统的负荷

连接在电力系统上的一切用电设备所消耗的电能称为电力系统的负荷。

87. 直击雷过电压

雷电直接击中电气设备的导电部分而引起的过电压叫直击雷过电压。

第二节　电气设备相关知识问答

1. 导线的作用

导线是连接电源和负载，为电流提供通路，把电源的能量供给负载。

2. 开关的作用

开关是根据负载需要接通和断开电路。

3. 电路的功能和作用

电路有两类功能。第一类功能是进行能量的转换、传输和分配；第二类功能是进行信号的传递与处理。

4. 电阻的常见种类

（1）热敏电阻：是一种对温度极为敏感的电阻器。

（2）光敏电阻：硫化镉等材质，阻值随着光线的强弱而发生变化的电阻器。

（3）压敏电阻：是对电压变化很敏感的非线性电阻器。

（4）湿敏电阻：是对湿度变化非常敏感的电阻器，能在各种湿度环境中使用。

5. 电阻的串联电路

电流处处相等 $I_1=I_2=I$

总电压等于各用电器两端电压之和 $U=U_1+U_2$

总电阻等于各电阻之和 $R=R_1+R_2$

U_1 ： $U_2=R_1$ ： R_2

总电功等于各电功之和 $W=W_1+W_2$

W_1 ： $W_2=R_1$：$R_2=U_1$ ： U_2

总功率等于各功率之和 $P=P_1+P_2$

P_1 ： $P_2=R_1$：$R_2=U_1$ ： U_2

电压相同时电流与电阻成反比；电流相同时电阻与电压成正比

6. 电阻的并联电路？

总电流等于各处电流之和 $I=I_1+I_2$

各处电压相等 $U_1=U_2=U$

并联电路中，等效电阻的倒数等于各并联电阻的倒数之和 $1/R=1/R_1+1/R_1$

总电阻等于各电阻之积除以各电阻之和 $R=R_1+R_2÷（R_1+R_2）$

总电功等于各电功之和 $W=W_1+W_2$

当电压不变时，电流与电阻成反比。

当电流不变时，电阻与电压成正比。

$I_1：I_2=R_2：R_1$

$W_1：W_2=I_1：I_2=R_2：R_1$

总功率等于各功率之和 $P=P_1+P_2$

$P_1：P_2=R_2：R_1=I_2：I_1$

7. 串联电路和并联电路的特点

在串联电路中，由于电流的路径只有一条，所以，从电源正极流出的电流将依次逐个流过各个用电器，最后回到电源负极。因此在串联电路中，如果有一个用电器损坏或某一处断开，整个电路将变成断路，电路就会无电流，所有用电器都将停止工作，所以在串联电路中，几个用电器互相牵连，要么全工作，要么全部停止工作。

在并联电路中，从电源正极流出的电流在分支处要分为两路，每一路都有电流流过，因此即使某一支路断开，但另一支路仍会与干路构成通路。由此可见，在并联电路中，各个支路之间互不牵连。如图 5-1 所示。

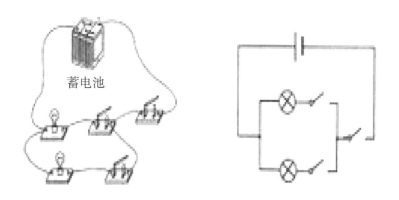

图 5-1　串联电路和并联电路

8. 串联和并联的区别

若电路中的各元件是逐个顺次连接来的，则为串联电路，若各元件"首首相接，尾尾相连"并列地连在电路两点之间，则电路就是并联电路。如图 5-2 所示。

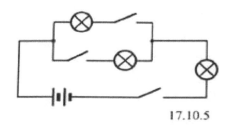

图 5-2 串联和并联的区别

9. 混联电路

电路里面有串联也有并联的就叫混联电路。

混联电路的优点：可以单独使某个用电器工作或不工作。

混联电路的缺点：如果干路上有一个用电器损坏或断路会导致整个电路无效。

混联电路的主要特征就是串联分压，并联分流。

10. 通电导线磁感线的判断方法

（1）通电直导线：用右手握住通电直导线，让大拇指指向电流的方向，那么四指的指向就是磁感线的环绕方向；

（2）通电螺线管：用右手握住通电螺线管，使四指弯曲与电流方向一致，那么大拇指所指的那一端是通电螺线管的 N 极。

（3）磁感线方向判断：在磁体外部磁感线由 N 极指向 S 极，在磁体内部由 S 极指向 N 极。

11. 自感现象好处、坏处有哪些？

好处 自感现象在电工无线电技术中应用广泛。

自感线圈是交流电路或无线电设备中的基本元件，它和电容器的组合可以构成谐振电路或滤波器，利用线圈具有阻碍电流变化的特性可以稳定电路的电流。

坏处 自感现象有时非常有害，例如具有大自感线圈的电路断开时，因电流变化很快，会产生很大的自感电动势，导致击穿线圈的绝缘保护，或在电闸断开的间隙产生强烈电弧，可能烧坏电闸开关，如周围空气中有大量可燃性尘粒或气体还可引起爆炸。这些都应设法避免。

12. 互感现象的应用

互感现象在电子和电子技术中应用很广，通过互感，线圈可以使能量或信号由一个线圈很方便地传递到另外一个线圈。利用互感现象原理我们可以制成变压器、感应圈等。

13. 三相异步电动机不能启动或转速低的原因及处理方法

（1）原因：①电源电压过低。②熔断器烧断一相或其他连接处断开一相。③定子绕组断路。④绕线式转子内部或外部断路或接触不良。⑤鼠笼式转子断条或虚焊。⑥定子绕组△接误接成Y接。⑦负载过大或机械卡住。

（2）处理：①检查电源。②用摇表或万用表检查有无断路或接触不良。③接上电源，测量三相电流，看电流有无变化。④检查接线并改正。⑤检查负载及机械部件。

14. 三相异步电动机三相电流不平衡的原因及处理方法

（1）原因：①定子绕组一相首末端接反。②电源不平衡。③定子绕组有线圈短路。④定子绕组匝数错误。⑤定子绕组部分线圈接线错误。

（2）处理：①检查电源。②确定首末端是否正确。③检查有无局部过热。④测量绕组电阻。⑤检查接线并改正。

15. 三相异步电动机过热的原因及处理方法

（1）原因：①过载。②电源电压太高。③定子铁芯短路。④定、转子相碰。⑤通风散热障碍。⑥定子绕组断路或接地。⑦接触不良。⑧缺相运行。⑨线圈接线错误。⑩受潮。⑪启动过于频繁。⑫环境温度过高。

（2）处理：①减载或更换电动机。②检查并设法限制电压波动。③检查铁芯。④检查铁芯、轴、轴承、端盖等。⑤检查风扇通风道等。⑥检查绕组直流电阻、绝缘电阻。⑦检查各接触点。⑧检查电源及定子绕组的连续。⑨照图纸检查并改正。⑩烘干。⑪按规定频繁启动。⑫加强冷却或更换电动机。

16. 怎样用钳形电流表测量小电流？

将被测导线先缠绕几圈后，再放进钳形表的钳口内进行测量，但此时钳形表所指示的电流值并不是所测的实际值，实际值 = 表盘读数 ÷ 导线缠绕的圈数。

17. 三相异步电动机的工作原理

（1）当三相对称定子绕组接入三相对称交流电源时，定子绕组产生旋转磁场。（2）转子上、下半部导体切割旋转磁场，分别产生感应电动势，在短路的笼型导体中产生感应电流。（3）依据左手定则上、下部导体受力方向相反，对转轴形成转矩。（4）转矩方向与旋转磁场方向一致，所以转子便顺着旋转磁场的方向转动起来。

18. 电动机接通电源后，转动不起来，并发出"嗡嗡"的叫声，主要有哪些原因？

（1）电源电压过低，启动转矩小。（2）电源缺相，单相运行。（3）定子绕组或转子绕组断路。（4）定子与转子铁心相擦（扫膛）。（5）轴承损坏或被卡住。（6）负载故障。

19. 异步电动机的大、中、小修期限是怎样规定的？

异步电动机的大、中、小修期限是：（1）大修每1~2年进行一次。（2）中修每年两次。（3）小修一般是对主要电动机或在恶劣环境（潮湿、多尘、腐蚀场所）中运行的电动机进行修理，通常每年四次。（4）其他电动机的小修次数可酌减，每年两次即可。

20. 异步电动机修理后的试验项目有哪几种？

异步电动机修理后的试验项目有：（1）绕组绝缘电阻的测定。（2）绕组在冷态下的直流电阻测定。（3）进行空载试验。（4）绕组绝缘强度测定。

21. 三相异步电动机烧坏的原因主要有哪些？

三相异步电动机烧坏的原因主要有：（1）接线错误，如将Y形接成Δ形或将Δ形接成Y形。（2）长期超载运行。（3）定子与转子相摩擦。（4）定子绕组短路或绕组接地。（5）负载盘卡。（6）缺相。

22. 三相异步电动机绕组接线错误有哪几种情况？

三相异步电动机绕组接线错误的情况有：（1）某极相组中一只或几只线圈嵌反或者首尾接错。（2）极相组接反。（3）某相绕组接反。（4）多路并联绕组支路接错。（5）Δ、Y接法错误。

23. 在电动机运行状态下三相异步电动机的转子转速总是低于其同步转速的道理是什么？

（1）当定子绕组接通三相正弦交流电时，转子便逐步转动起来，但其转速不可能达到同步转速。（2）如果转子转速达到同步转速，则转子导体与旋转磁场之间就不再存在相互切割运动。（3）也就没有感应电动势和感应电流，也没有电磁转矩，转子转速就会变慢。（4）因此在电动机运行状态下，转子转速总是低于其同步转速。

24. 在低压电网中为什么普遍采用三相四线制的接线方式？如何选择中线截面？

在低压电网中普遍采用三相四线制的原因和选择中线截面的方法是：

（1）因为用星形连接的三相四线制，可以同时提供两种工作电压，即线电压和相电压。（2）它既可供动力负载使用，又可供单相照明使用。（3）如常用的低压电压 380/220V，就可提供需要电源电压 380V 的三相交流电动机和单相 220V 的照明电源。（4）中线截面通常选取相线截面的 60% 左右。

25. 低压四芯电缆中性线有何作用？

低压四芯电缆中性线的作用是：（1）低压四芯电缆的中性线除作为保护接地外。（2）还担负着通过三相不平衡电流。（3）有时不平衡电流的数值比较大，故中性线截面积为相线截面的 30%~60%，不允许采用三芯电缆外加一根导线做中性线的敷设方法。（4）因为这样会使三相不平衡电流通过三芯电缆的铠装从而使其发热，降低电缆的载流能力。

26. 不对称负载作星形连接时，简述其必须有中线的原因？

不对称负载作星形连接时，必须有中线的原因是：（1）中线的作用是保证不对称负载的相电压对称。（2）因为没有中线时，如果负载不对称，各相负载两端相电压的大小由负载阻抗的大小而定，有的相电压可能高于负载的额定电压，有的相电压又可能低于负载的额定电压，造成负载无法正常工作，甚至使负载损坏。（3）因此，负载不对称时必须保证中线可靠连接，最好用机械强度大的铜线作中线，而决不允许在中线上安装开关或保险丝。

27. 造成万用表电阻挡测量无指示的主要原因有哪些？

（1）转换开关公共接触点引线断开。（2）调零电位器中心焊接点引线脱焊。（3）电源无电压输出。

28. 三相异步电动机的同步转速与哪些因素有关？

（1）三相异步电动机的同步转速与电源频率 f_1 成正比。（2）与磁极对数 p 成反比。（3）即 $n_1 = 60 f_1 / p$。

29. 三相异步电动机因电源缺相而烧坏绕组有何特征？怎样处理？

（1）该特征是：对星形连接三相异步电动机来说，是一相绕组完好，另外两相绕组烧黑；对三角形连接三相异步电动机来说，是两相绕组完好，另外一相绕组烧黑。

（2）处理方法是：在确定是电源缺相引起烧坏后，不但要拆除旧绕组，更新绕组，而且必须检查电源设备，否则电机修好后，会因电源缺相而再次烧毁电动机。

30. 三相异步电动机转子转速与哪些因素有关？

（1）三相异步电动机转子转速与电源频率 f，磁极对数 p 及转差率有关系。（2）即 $n_2=60f/p$（$1-S$）。

31. 如何改变三相异步电动机的转向？

由异步电动机工作原理可知：（1）异步电动机的旋转方向与旋转磁场的旋转方向一致。（2）而旋转磁场的旋转方向取决于定子绕组中电流的相序。（3）只要改变异步电动机三相电源的相序，就可以改变电动机旋转磁场的旋转方向，其转子转动方向也就随之改变了。

32. 三相交流换向器异步电动机的调速原理是怎样的？

（1）改变定子绕组同相所接两电刷之间的张角 θ。（2）即可改变调节绕组中电动势的大小。（3）改变次级回路中电流。（4）改变电磁转矩。（5）电动机就可在新的转速下重新稳定运行。

33. 为什么三相异步电动机不能在最大转矩处或接近最大转矩处运行？

（1）因为在最大转矩处或接近最大转矩处运行时，电动机不能稳定工作。（2）电动机电磁转矩一旦超过最大转矩或虽接近最大转矩但临遇电压波动时，都可能引起电动机转速急剧下降，而停止下来。

34. 三相笼型异步电动机本身常见的电气故障有哪些？

三相笼型异步电动机本身常见的电气故障主要有：（1）绕组接地；（2）绕组断路；（3）绕组短路；（4）绕组接错；（5）转子断条或端环断裂等。

35. 异步电动机超负荷运行会造成什么后果？

（1）异步电动机如果短时超负荷运行会使电机转速下降，温升增高。（2）如果异步电动机超负荷运行时间过长，超载的电机将从电网吸收大量的有功功率使电流迅速增大，超过电动机允许的额定电流，致使绝缘过热老化，甚至烧毁电动机。

36、触电急救的原则有哪些？

（1）进行触电急救时应坚持迅速、就地、准确、坚持的原则。（2）即迅速脱离电源；就地急救处理；准确地施行人工呼吸；坚持抢救。

37. 简述三相鼠笼型异步电动机直接启动的方法，并说明直接启动的条件

（1）异步电动机直接启动时仅采用接触器和按钮的控制方法，将电机直接投入电网，这种方法叫直接启动。（2）能否直接启动要考虑以下三个方面：一是电机本身；二是供电电网容量；三是生产机械的要求。

38. 三相异步电动机有哪些调速方法？

三相异步电动机的调速方法有：（1）改变磁极对数 P，改变转差率 S 和改变电源频率 f。（2）改变转差率又包括：转子串接调速变阻器，电磁转差调速，晶闸管串级调速，定子调压。

39. 对照明及动力线路的维修应做哪些工作？

（1）定期清扫，以清除灰尘及杂物，同时可以容易地发现线路缺陷。（2）更换损坏件，对线路中的灯具、灯泡开关、绝缘子等，发现损坏要及时更换。（3）检查线路接头，发现接头有局部过热，或某相线路供电质量不良，应按要求妥善连接。（4）测量线路绝缘电阻。

40. 低压电网零线重复接地的作用

（1）低压电网零线重复接地的作用：当发生接地短路时，重复接地能降低零线的对地电压。（2）当零线断线时，不会使部分零线因无接地点而"悬空"。零线"悬空"会使接零设备外壳带电。（3）当零线断线时，使星形连接的两相负荷设备串联，可能烧坏其中一相负荷设备。

41. 电流互感器在运行中，二次侧不准开路的原因

（1）电流互感器正常工作时，二次侧接近短路状态，一次磁势和二次磁势抵消。（2）当二次侧开路时，二次电流为零，二次磁势也为零。一次电流全部成了励磁电流。（3）铁心中的磁通很大，并且极度饱和不但使互感器严重过热，甚至会烧坏互感器。（4）更主要的是在二次侧产生的很高的感应电动势，可危及人身安全或造成仪表保护装置、互感器一次绝缘的损坏。（5）所以电流互感器二次侧不能开路运行。

42. 电压互感器在运行时，二次回路不允许短路的原因

（1）电压互感器在正常运行时，由于二次负载是一些仪表和继电器的电压线圈，其阻抗很大，基本上相当于变压器的空载状态。（2）即电压互感器本身所通过的电流很小，因此，一般电压互感器的容量均不大，绕组导线很细，漏抗也很小。（3）如果二次回路发生短路，此时的短路电流便会很大，这样极易烧毁电压互感器，为此应在二次回路装设熔断器加以保护。

43. 在带电的电流互感器二次回路工作时，应采取哪些安全措施？

（1）严禁将电流互感器二次侧开路。（2）短路电流互感器二次绕组时，必须使用短路片或短接线，应短路可靠，严禁用导线缠绕的方法。（3）严禁在电流互感器与短路端子之间的回路上和导线上进行任何工作。（4）工作必须认真、谨慎，将回路的永久性接地点断开。（5）工作时必须有专人监护，使用绝缘工具，并站在绝缘垫上。

44. 在带电的电流互感器二次回路工作时，应注意的安全事项是什么？

（1）严格防止电流互感器二次侧开路和接地，应使用绝缘工具，戴手套。（2）根据需要将有关保护停用，防止保护拒动和误动。（3）接临时负荷应装设专用刀闸和熔断器。

45. 电流对人体有哪些伤害？

电流对人体的伤害有两种类型：即电击和电伤。电击是电流通过人体内部，影响呼吸、心脏和神经系统，引起人体内部组织的破坏，以致死亡。电伤主要是对人体外部的局部伤害，包括电弧烧伤、熔化金属渗入皮肤等伤害。这两类伤害在事故中也可能同时发生，尤其在高压触电事故中比较多，绝大部分属电击事故。电击伤害严重程度与通过人体的电流大小、电流通过人体的持续时间、电流通过人体的途径、电流的频率及人体的健康状况等因素有关。

46. 触电事故有哪些种类？

从人体触及带电体的方式和电流通过人体的途径，触电可分为：

（1）单相触电——人站在地上或其他导体上，人体某一部分触及带电体。

（2）两相触电——人体两处同时触及两相带电体。

（3）跨步电压触电——人体在接地体附近，由于跨步电压作用于两脚之间造成。当人的两脚在呈现不同电位的地面上时，两脚之间承受电位差。若电力系统一相接地或电流自接地体向大地流散时，将在地面上呈现不同的电位分布。人的跨距一般取 8m，在沿接地点向外的射线方向上，距接地点越近，跨步电压越小；距接地点 20m 外，跨步电压接近于零触电伤亡事故，包括与正常带电部分接触触电，与漏电部分接触触电和没有直接与电气设备接触触电。

47. 预防触电的主要措施有哪些?

预防触电的主要措施有:

（1）电气作业人员对安全必须高度负责，应认真贯彻执行有关各项安全工作规程，安全技术措施必须落实。安装电气必须符合绝缘和隔离要求，拆除电气设备要彻底干净。对电气设备金属外壳一定要有效接地。电气作业人员要正确使用绝缘的手套鞋、垫、夹钳、杆和验电笔等安全工具。

（2）加强全员的防触电事故教育，提高全员防触电意识；健全安全用电制度；严禁无证人员从事电工作业；使用电气设备要严格执行安全规程。

（3）针对发生触电事故高峰值带有季节性的特点做好防范工作。据有关资料表明，六、七、八、九月发生的触电事故占全年发生数的 70% 左右，而七月发生数又占事故高峰期的 40% 以上。在高温多雨季节到来以前，要全面组织好电气安全检查，对流动式电动工具要列入重点检查，也要做好日常对电气的保养、检查工作。

48. 接地和接零相比较有哪些不同之处？

保护接地和保护接零是维护人身安全的两种技术措施，其不同处是:

（1）保护原理不同。低压系统保护接地的新原理是限制漏电设备对地电压，使其不超过某一安全范围。高压系统的保护接地，除限制对地电压外，在某些情况下，还有促成系统中保护装置动作的作用。保护接零的主要作用是借接零线路使设备潜心电形成单相短路，促使线路上保护装置迅速动作。

（2）适用范围不同。保护接地适用于一般的低压不接地电网及采取其他安全措施的低压地电网；保护接地也能用于高压不接地电网。不接地电网不必采用保护接零。

（3）线路结构不同。保护接地系统除相线外，只有保护地线。保护接零系统除相线外，必须有零线；必要时，保护零线要与工作零线分开；其重要装置也应有地线。

49. 低压回路停电的安全措施

（1）将检修设备的各方面电源断开，取下熔断器（保险），在刀闸操作把手上挂"禁止合闸，有人工作！"的标示牌。

（2）工作前必须验电。

（3）根据需要采取其他安全措施。

50. 什么是导体、绝缘体和半导体？

很容易传导电流的物体称为导体。在常态下几乎不能传导电流的物体称为绝缘体。导电能力介于导体和绝缘体之间的物体称为半导体。

51. 什么是高压线？

高压线担负着输送和分配电能的架空线路或电缆线路，电压为 3~35kV 及以上的电力线路。

52. 什么是低压线？

低压线担负着分配电能架空线路或电缆线路作用的，电压为 1kV 以下的电力线路。典型为 220V/380V 的电力线路。

53. 高压电器在电力系统的作用是什么？

高压电器在电能生产、传输和分配过程中，起着控制、保护和测量的作用。

54. 什么是高压成套装置？

高压成套装置是以开关为主的成套电器，它用于配电系统，作接受与分配电能之用。对线路进行控制、测量、保护及调整。

55. 什么是低压电器？

低压电器是用于额定电压交流 1000V 或直流 1500V 及以下，在由供电系统和用电设备等组成的电路中起保护、控制、调节、转换和通断作用的电器。

56. 什么是低压成套装置？

低压成套装置是以低压开关电器和控制电器组成的成套设备。

57. 什么是电控设备？其用途是什么？

电控设备是指各种生产机械的电力传动控制设备，其直接控制对象多为电动机。主要用于冶金、矿山、机车、船舶、各种生产机械和起重运输机械等。

58. 什么是配电设备？

配电设备是指各种在发电厂、变电站和厂矿企业的低压配电系统中作动力、配电和照明的成套设备。

第三节　电气设备安全问答

1. 什么是高压线？

高压线为担负着输送和分配电能的架空线路或电缆线路作用的，电压为 3~35kV 及以上的电力线路。

2. 什么是低压线？

低压线为担负着分配电能架空线路或电缆线路作用的，电压为 1kV 以下的电力线路。典型为 220V/380V 的电力线路。

3. 高压电器在电力系统的作用是什么？

高压电器在电能生产、传输和分配过程中，起着控制、保护和测量的作用。

4. 什么是高压成套装置？

高压成套装置是以开关为主的成套电器，它用于配电系统，作接受与分配电能之用。对线路进行控制、测量、保护及调整。

5. 什么是低压电器？

低压电器是用于额定电压交流 1000V 或直流 1500V 及以下，在由供电系统和用电设备等组成的电路中起保护、控制、调节、转换和通断作用的电器。

6. 什么是低压成套装置？

低压成套装置是以低压开关电器和控制电器组成的成套设备。

7. 低压成套装置包括哪两种类型？

电控设备和配电设备（或配电装置）。

8. 什么是电控设备？其用途是什么？

电控设备是指各种生产机械的电力传动控制设备，其直接控制对象多为电动机。主要用于冶金、矿山、机车、船舶、各种生产机械和起重运输机械等。

9. 什么是配电设备?

配电设备是指各种在发电厂、变电站和厂矿企业的低压配电系统中作动力、配电和照明的成套设备。

10. 变配电停电作业时的工作步骤是什么?

变配电停电作业时的工作步骤是:断开电源、验电、装设临时接地线、悬挂标示牌和装设遮栏。

11. 高压一次设备主要包括哪些?

高压一次设备主要有高压熔断器;高压隔离开关;高压负荷开关;高压断路器。

12. 高压隔离开关的主要功能是什么?

高压隔离开关主要是隔离高压电源,以保证其他电气设备(包括线路)的安全检修。因为没有专门的灭弧结构,所以不能切断负荷电流和短路电流。

13. 高压负荷开关的主要功能是什么?

高压负荷开关具有简单的灭弧装置,因而能通断一定的负荷和过负荷电流的功能,但不能断开短路电流,同时也具有隔离高压电源、保证安全的功能。

14. 高压断路器的主要功能是什么?

高压断路器主要功能是,不仅能通断正常负荷电流,而且能接通和承受一定时间的短路电流,并能在保护装置作用下自动跳闸,切除短路故障。

15. 低压一次设备主要包括哪些?

低压一次设备主要有低压熔断器;低压刀开关;低压刀熔开关和负荷开关;低压断路器。

16. 低压熔断器的主要功能是什么?

低压熔断器主要是实现低压配电系统短路保护,有的也能实现其过负荷保护。

17. 低压刀开关的主要功能是什么?

低压刀开关无负荷操作,作隔离开关使用。

18. 电气线路的安全技术措施有哪些?

电气线路的安全技术措施:

(1)施工现场电气线路全部采用"三相五线制"(TN-S 系统)专用保护

接零（PE 线）系统供电。

（2）施工现场架空线采用绝缘铜线。

（3）架空线设在专用电杆上，严禁架设在树木、脚手架上。

（4）导线与地面保持足够的安全距离。导线与地面最小垂直距离：施工现场应不小于 4m；机动车道应不小于 6m；铁路轨道应不小于 7.5m。

（5）无法保证规定的电气安全距离，必须采取防护措施。如果由于在建工程位置限制而无法保证规定的电气安全距离，必须采取设置防护性遮拦、栅栏、悬挂警告标志牌等防护措施，发生高压线断线落地时，非检修人员要远离落地 10m 以外，以防跨步电压危害。

（6）为了防止设备外壳带电发生触电事故，设备应采用保护接零，并安装漏电保护器等措施。作业人员要经常检查保护零线连接是否牢固可靠，漏电保护器是否有效。

（7）在电箱等用电危险地方，挂设安全警示牌。如"有电危险""禁止合闸，有人工作"等。

19. 电气设备常见问题有哪些？

（1）设备老化维护不力。对于大多数企事业单位，尤其是成立较早的国有企业来说，随着用电设备的使用期延长，维修更换不及时的问题更加突出。这些用户变配电室设备陈旧，且更新改造能力有限。

（2）设备污闪。由于机加工、冶炼、化工建材行业的气体及粉尘污染较严重，电气设备尤其是 35 千伏及以上室外安装的电气设备，容易受导电粉尘或化学气体的污染，在小雨雾天气造成设备爬闪。由于大雨将冲掉和稀释导电粉尘或化学气体，不会对电器设备造成危害，而小雨雪及雾天就容易造成事故、外力破坏。这类事故每年都有发生，如电缆被挖断、汽车撞杆、偷盗电力线路杆塔等。

（3）另外由于一些新产品没有运行经验，容易造成事故。小动物引起的事故。这类事故多发生在秋冬之交，尤其是设备防护等级水平低的电站。由于小动物如老鼠、猫、蛇等进入设备区，爬上裸露的带电部分造成相间短路，导致设备损坏和停电事故。

（4）误操作事故。由于近几年新产品新技术的应用，人们忽视了操作制度，凭经验办事，往往容易造成设备及人身恶性事故。

（5）加强设备管理。用户发现电气设备老化有缺陷，应根据严重程度进行整改和处理，保证安全运行。对污染严重易引起电气事故的单位，应建立严格的绝缘监测系统，监视设备的附盐密度、化学气体的浓度及天气状态。特别是初春及晚秋时节应做好检修清扫。必要时缩短清扫周期和采取必要的措施，如水冲洗、排风等。

（6）外力破坏及新产品的防范。应加强设备巡视，明确电力线路的走向，电缆的埋设位置警告、标识，并依托各级政府及法律的力量，做好《中华人民共和国电力法》的普及和安全用电宣传。

（7）对于新产品的使用，则首先应在非重要的线路及用户试用，取得一定的运行经验后，全面推广，做到既应用新技术，又不至于造成事故而影响供用电安全。

（8）加强用户变电站的管理。严格执行北京地区安装标准，在条件允许的情况下使用安全等级高的设备，尤其是 10kV 及以下设备及设备区应进行房屋及电缆隧道的封堵。设备区门口应加装挡板，裸露的带电部分加绝缘套。不在变、配电室内用餐，更不能存放杂物及食品。

（9）加强用户电气人员的培训。提高人员素质，做到奖优罚劣，加强值班、运行、检修人员的责任心，对于一些老站应进行相应改造。如 35 千伏及以上站的进线刀闸与开关的连锁应完善，可有效避免误拉合刀闸的事故。其他如带地线合闸等，应有相应的技术防范措施。

20. 为什么电气设备着火不能用泡沫灭火器灭火？

（1）泡沫中有水，若电源三相未完全切断，某相依旧带电，使用后会漏电伤人。

（2）电机等电器进水后，绝缘会受到破坏，导致电机损毁。

（3）一般用干粉灭火器对电器设备灭火。

21. 推车式干粉灭火器使用方法

主要适用于扑救易燃液体、可燃气体和电器设备的初起火灾。本灭火器移动方便，操作简单，灭火效果好。（1）把干粉车拉或推到现场。（2）右手抓着喷粉枪，左手顺势展开喷粉胶管，直至平直，不能弯折或打圈。（3）除掉铅封，拔出保险销。（4）用手掌使劲按下供气阀门。（5）左手持喷粉枪管托，右手把持枪把，用手指扣动喷粉开关，对准火焰喷射，不断靠前左右摆动喷粉枪，把干粉笼罩在燃烧区，直至把火扑灭为止

22. 电气火灾和爆炸的原因、预防及扑救方法

电气火灾和爆炸在火灾、爆炸事故中占有很大的比例。造成电气火灾与爆炸的原因很多。除设备缺陷、安装不当等设计和施工方面的原因外，电流产生的热量和火花或电弧是引发火灾和爆炸事故的直接原因。

（1）过热

电气设备过热主要是由电流产生的热量造成的。

引起电气设备过热的不正常运行大体包括以下几种情况：

①短路。

②过载。

③接触不良。

④铁芯发热。

⑤散热不良。

此外，电炉等直接利用电流的热量进行工作的电气设备，工作温度都比较高，如安置或使用不当，均可能引起火灾。

（2）电火花和电弧

一般电火花的温度都很高，特别是电弧，温度可高达 3000~6000℃，因此，电火花和电弧不仅能引起可燃物燃烧，还能使金属熔化、飞溅，构成危险的火源。在有爆炸危险的场所，电火花和电弧更是引起火灾和爆炸的十分危险的因素。电火花大体包括工作火花和事故火花两类。

根据电气火灾和爆炸形成的主要原因，电气火灾应主要从以下几个方面进行预防：

（1）要合理选用电气设备和导线，不要使其超负载运行。

（2）在安装开关、熔断器或架线时，应避开易燃物，与易燃物保持必要的防火间距。

（3）保持电气设备正常运行，特别注意线路或设备连接处的接触保持正常运行状态，以避免因连接不牢或接触不良，使设备过热。

（4）要定期清扫电气设备，保持设备清洁。

（5）加强对设备的运行管理。要定期检修、试验，防止绝缘损坏等造成短路。

（6）电气设备的金属外壳应可靠接地或接零。

（7）要保证电气设备的通风良好，散热效果好。

电气火灾与一般火灾相比，有两个突出的特点：

（1）电气设备着火后可能仍然带电，并且在一定范围内存在触电危险。

（2）充油电气设备如变压器等受热后可能会喷油，甚至爆炸，造成火灾蔓延且危及救火人员的安全。

所以，扑救电气火灾必须根据现场火灾情况，采取适当的方法，以保证灭火人员的安全。

（1）断电灭火。

电气设备发生火灾或引燃周围可燃物时，首先应设法切断电源，必须注意以下事项：

①处于火灾区的电气设备因受潮或烟熏，绝缘能力降低，所以拉开关断电时，要使用绝缘工具。

②剪断电线时，不同相电线应错位剪断，防止线路发生短路。

③应在电源侧的电线支持点附近剪断电线，防止电线剪断后跌落在地上，造成电击或短路。

④如果火势已威胁邻近电气设备时，应迅速拉开相应的开关。

⑤夜间发生电气火灾，切断电源时，要考虑临时照明问题，以利扑救。如需要供电部门切断电源时，应及时联系。

（2）带电灭火。

如果无法及时切断电源，而需要带电灭火时，要注意以下几点：

①应选用不导电的灭火器材灭火，如干粉、二氧化碳、1211灭火器，不得使用泡沫灭火器带电灭火。

②要保持人及所使用的导电消防器材与带电体之间的足够的安全距离，扑救人员应戴绝缘手套。

③对架空线路等空中设备进行灭火时，人与带电体之间的仰角不应超过

45°，而且应站在线路外侧，防止电线断落后触及人体。如带电体已断落地面，应划出一定警戒区，以防跨步电压伤人。

23. 电工绝缘手套应如何使用？

（1）按照规定，每隔6个月应对绝缘手套做一次耐压试验。每次使用之前应确认在上次试验的有效期内。

（2）每次使用之前应进行充气检查，看看是否有破损、孔洞。具体方法：将手套从口部向上卷，稍用力将空气压至手掌及指头部分，检查上述部位有无漏气，如有则不能使用。

（3）绝缘手套只允许在作业必要时使用，严禁作为他用。

（4）作业时，应将衣袖口套入筒口内，以防发生意外。

（5）绝缘手套使用后，应撒上一些滑石粉，以保持干燥和避免黏结。存放时不得与其他工具、仪表混放。注意存放在干燥处，并不得接触油类及腐蚀性药品等。

（a）绝缘手套式样　（b）手套使用前的检查

（c）绝缘靴（鞋）的式样

图 5-3　绝缘手套和绝缘靴（鞋）

24. 电工绝缘鞋应如何选用？

（1）根据有关标准要求，电工绝缘鞋外底的厚度（不含花纹）不得小于4mm，花纹无法测量时，厚度不应小于6mm。

（2）外观检查。鞋面或鞋底有标准标号，有绝缘标志、安监证和耐压电压数值。同时还应了解制造厂家的资质情况。

（3）电绝缘鞋易用平跟，外底应有防滑花纹、鞋底磨损不超过1/2、电绝缘鞋应无破损，鞋底防滑齿磨平、外底磨透露出绝缘层者为不合格。

25. 对电缆敷设的基本要求有哪些？

电缆的敷设应选择不易遭受各种损坏，并在技术上和经济上最有利的路线。选择电缆的形式时，必须充分考虑周围环境特点和敷设方式。

（1）直接埋在地下的1000V以上的电缆应使用铠装电缆，事故修理长度不超过10m时可用无铠装的电缆，无直接受机械损伤及化学侵蚀的危险，可使用无铠装的电缆。

（2）敷设在排管中的电缆应使用加厚的裸铅包电缆，但在跨越道路和铁路的短段排管中可以使用裸铠装电缆。

电缆埋置深度，电缆之间的实际距离、与其他管线间接近和交叉的距离，应符合下列规定。

（1）电缆对地面和建筑物的最小允许距离：直埋电缆的埋置深度（由地面至电缆外皮）0.7m，如电缆穿越农田时，为了防止被拖拉机挖伤，可考虑适当加深；石筑堤坝的土层厚度（电缆敷设在土层中间）1.0m；电缆外皮至建筑物的地下基础0.6m（或按当地城市建设局的规定，但最小不得小于0.3m）。

（2）电缆相互接近时的净距：控制电缆不做规定；10kV及以下的电力电缆相互间、1kV以下电缆与控制电缆间为0.1m；1kV以上电缆与控制电缆间为0.25m；10kV以上至35kV电力电缆相互间，或与其他电压的电缆间为0.25m；不同部门使用的电缆（包括通信电缆）相互间为0.5m。

（3）电缆相互交叉时的净距为0.5m。电缆在交叉点前后1m范围内，如用隔板隔开时，上述距离可降低0.25m，穿入管中时不做规定。

（4）电缆与地下管道间接近和交叉的最小允许距离：电缆与热力管道接近时的净距为2m；电缆与热力管道交叉时的净距为0.5m；电缆与其他管道接近或交叉时的净距为0.5m。禁止将电缆平行敷设在管道的上面和下面。

（5）电缆与城市街道、公路或铁路交叉时，应穿于管中。管的内径不应小于电缆外径的1.5倍，但不得小于100mm。管顶距轨底或路面的深度不应小于1m，距排水沟底不应小于0.5m；管长除跨越路面或轨道宽度外，一般应在两端各伸出2m。当电缆和直流电气铁路或电车轨道交叉时，应有适当的防腐蚀措施。

（6）电缆沿铁路或有轨电车轨道敷设时，最小允许接近距离应符合下列规定：电缆和普通铁路路轨间隔 3m；电缆和直流电气化铁路路轨间隔 10m；电缆和有轨电车路轨间隔 2m。如不能保持上述距离时，应将电缆穿于管中。

（7）电缆在两段连接处应有适当的松弛部分，在弯曲地方应有不小于下列规定的弯曲半径：纸绝缘多芯电力电缆（铅包或铝包、铠装），15 倍电缆外径；纸绝缘多芯电力电缆（裸铅包、沥青纤维绕包），20 倍电缆外径；纸绝缘单芯电力电缆（铅包、铠装），25 倍电缆外径；胶漆布绝缘多芯及单芯电力电缆（铅包、铠装），25 倍电缆外径；纸绝缘多芯控制电缆（铅包或铝包、铠装或无铠装），15 倍电缆外径；橡胶绝缘和塑料绝缘，多芯及单芯电力电缆和控制电缆（铅包或塑料保护层）铠装，10 倍电缆外径，无铠装 6 倍电缆外径。

（8）电缆从地下或电缆沟引出地面时，地面上 2m 的一段应用金属管加以保护，其根部埋入地下深度不小于 0.25m，如系单芯电缆，应避免构成磁力环路。在发电厂变电所内的铠装电缆，如无机械损伤的可能，可不加保护，但对于无铠装电缆，则必须加以保护。

（9）露天敷设的电缆，应视电缆外护层的情况，必要时涂以沥青漆，以防腐蚀。

（10）敷设在房屋内、隧道内和不填砂土的电缆沟内的电缆，麻包外护层应剥去。电缆周围介质对电缆外皮有损害作用时，应加涂防腐漆。

（11）电缆沟的转弯角度应和电缆的允许弯曲半径相配合。

（12）直埋电缆时，挖掘的沟底必须是良好的土层，没有石块或其他硬质杂物，否则应铺以 100mm 厚的软土或砂层。电缆敷设好后，上面应铺以 100mm 厚的软土或砂层，然后盖以混凝土保护板，覆盖宽度应超过电缆在直径两侧以外各 50mm。在一般情况下，也允许用砖代替混凝土保护板。

（13）直埋电缆的周围泥土不应含有腐蚀电缆金属包皮的物质（烈性的酸碱溶液、石灰、炉渣、腐殖质及有机渣滓等）。

（14）电缆中间接头盒外面应有生铁或混凝土的保护盒。当周围介质对电缆有腐蚀作用，或地下经常有水在冬季会造成冰冻时，保护盒内应注沥青。

（15）直接埋在地下的电缆接头下面必须垫以混凝土基础板，其长度应伸出电缆头保护盒两端 600~700mm。

（16）直埋电缆自土沟引进隧道、人孔及建筑物时，应穿在管中，并对管口加以堵塞以防漏水。

（17）在单芯电缆的两端铅包同时接地时，其他各点的铅包与电缆支架可用绝缘材料隔开或用导线牢固地连接一起。如果只有一端铅包接地，其他各点铅包必须与支架绝缘起来，并应防止电缆间及电缆与大地间的偶然短接。

（18）单芯电缆只有一端铅包接地时，另一端铅包的感应电压不应超过65V，否则两端都应接地或采取铅包分段绝缘的方法。

（19）三相线路使用单芯电缆或分相铅包电缆时，每相周围应无铁件构成的（钢带去掉）磁环路。

（20）人孔内各电缆铅包应全部互相连接起来。电缆支架和电缆铅包间或用绝缘材料隔开，或用导线牢固地连接起来。电缆铅包如直接连接于接地金属支架上，其接触电阻不应大于 $0.1M\Omega$ 。

（21）在电缆中间接头和终端头处，电缆的铠装、铅包和金属接头盒应有良好的电气连接，使其处于同一电位。

（22）靠发电机或大型回转机附近的电缆，应垫以弹性材料制成的衬垫。

（23）地下并列敷设的电缆，其中间接头盒位置相互错开，其净距不应小于 0.5m。

（24）电缆头引出线应保持固定位置。

（25）电缆中间接头和户外终端头应有可靠的防水密封，以防水分浸入。

（26）电缆头相位颜色应明显，并与电力系统的相位符合。

（27）敷设在郊区及空旷地带的电缆线路及厂区直埋电缆线路，应竖立电缆位置的标志，并有符合实际的电缆敷设路径图和详细的技术资料。

（28）电缆沟、隧道及人孔内的电缆和中间接头，以及电缆两端的终端头均应装铭牌，记下路线名称或号数及电压等级等。新建或大修后，应校核电缆两端所挂铭牌是否符合实际。

26. 哪些地方不适合敷设电缆？

敷设电缆时应避开时常有水的地方；地下埋设物复杂区；发散腐蚀性溶液的地方；规划的建筑物区或时常挖掘的地方；制造或储藏容易爆炸或易燃烧的危险场所。

27. 漏电保护器工作原理是什么？

正常工作时电路中除了工作电流外没有漏电流通过漏电保护器，此时流过零序互感器（检测互感器）的电流大小相等，方向相反，总和为零，互感器铁芯中感应磁通也等于零，二次绕组无输出，自动开关保持在接通状态。当被保护电器或线路发生漏电或有人触电时，就有一个接地故障电流，使流过检测互感器内电流不为零，互感器铁芯中产生磁通，其二次绕组有感应电流产生，经放大后输出，使漏电脱扣器动作推动自动开关跳闸达到漏电保护的目的。

第四节　配套电气设备故障分析及处理

1. 交流接触器噪声有什么现象？故障原因是什么？如何处理？

故障现象：

（1）交流接触器发出异响。

（2）交流接触器抖动。

（3）交流接触器频繁通断。

故障原因：

（1）铁芯端面有灰尘、油垢或生锈。

（2）短路环损坏，断裂。

（3）电压太低，电磁吸力不足。

（4）弹簧太硬，活动部分发生卡阻。

处理方法：

（1）擦拭、用细纱布除锈。

（2）修复焊接短路环或将线圈更换。

（3）调整电压。

（4）更换弹簧，修复卡阻部分。

2. 交流接触器触头电弧烧伤有什么现象？故障原因是什么？如何处理？

故障现象：

（1）交流接触器有异味。

（2）交流接触器外壳边缘有烧焦的痕迹。

（3）交流接触器有断相现象。

故障原因：

（1）动、静触头间存在接触电阻。

（2）触头压力弹簧压力不足。

（3）触头表面有油污和灰尘。

（4）触头表面接触不良。

处理方法：

（1）卸开灭弧罩露出接触器触头。

（2）接触器触头因电弧烧伤，使触头表面会形成凹凸不平的斑痕或金属熔渣。修理时可将触头卸下来，用细锉先清理一下凸出的小点或金属熔渣。

（3）用小锤将凹凸不平处轻轻敲平。

（4）用细锉细心地把触头表面锉平，切勿锉得过狠。

（5）用细砂布磨光触头表面。

3. 电动机短路故障有什么现象？故障原因是什么？如何处理？

故障现象：

（1）电动机温度过高。

（2）断路器动作跳闸。

（3）电动机发出异常的嗡嗡声。

故障原因：

（1）嵌线不熟练，造成电磁线绝缘损坏。

（2）绕组受潮，过高的电压使得绝缘击穿。

（3）电动机长期过载，电流大，使绝缘老化，失去绝缘作用。

（4）连接线绝缘不良或绝缘被损坏。

（5）端部或间层绝缘没能垫好。

（6）金属异物落入电动机内部和油污过多。

（7）转子与定子绕组端部相互摩擦造成绝缘损坏。

处理方法：

（1）外部观察法。观察接线盒、绕组端部有无烧焦，绕组过热后留下深褐色，并有臭味。

（2）探温检查法。空载运行 20 分钟（发现异常时应马上停止），用手背摸绕组各部分是否超过正常温度。

（3）通电实验法。用电流表测量，若某相电流过大，说明该相有短路处。

（4）电桥检查。测量各绕组直流电阻，一般相差不应超过 5% 以上，如超过，则电阻小的一相有短路故障。

（5）万用表或兆欧表法。测任意两相绕组间的绝缘电阻，若读数极小或为零，说明该二相绕组相间有短路。

（6）电压降法。把三绕组串联后通入低压安全交流电，测得读数小的一组有短路故障。

（7）电流法。电机空载运行，先测量三相电流，在调换两相测量并对比，若不随电源调换而改变，较大电流的一相绕组有短路。

4. 通电后电动机不能转动有什么现象？故障原因是什么？如何处理？

故障现象：

（1）电动机无转动。

（2）电动机无异味和冒烟现象。

故障原因：

（1）电源未通（至少两相未通）。

（2）熔丝熔断（至少两相熔断）。

（3）过流继电器调得过小。

（4）控制设备接线错误。

处理方法：

（1）检查电源回路开关，熔丝、接线盒处是否有断点。

（2）检查熔丝型号、熔断原因，换新熔丝。

（3）调节继电器整定值与电动机配合。

（4）改正接线。

5. 通电后电动机不转有嗡嗡声有什么现象？故障原因是什么？如何处理？

故障现象：

（1）电动机无转动。

（2）电动机无异味和冒烟现象。

（3）电动机发出嗡嗡声。

故障原因：

（1）定、转子绕组有断路（一相断线）或电源一相失电。

（2）绕组引出线始末端接错或绕组内部接反。

（3）电源回路接点松动，接触电阻大。

（4）电动机负载过大或转子卡住。

（5）电源电压过低。

（6）小型电动机装配太紧或轴承内油脂过硬。

（7）轴承卡住。

处理方法：

（1）查明断点予以修复。

（2）检查绕组极性；判断绕组末端是否正确。

（3）紧固松动的接线螺丝，用万用表判断各接头是否假接，予以修复。

（4）减载或查出并消除机械故障。

（5）检查是否把规定的 Δ 接法误接为 Y；是否由于电源导线过细使压降过大，予以纠正。

（6）重新装配使之灵活；更换合格油脂。

（7）修复轴承。

6. 运行中电动机振动较大有什么现象？故障原因是什么？如何处理？

故障现象 1：

（1）电动机声音过大。

（2）电动机有共振现象。

（3）电动机发出嗡嗡声。

故障原因：

（1）由于磨损轴承间隙过大。

（2）气隙不均匀。

（3）转子不平衡。

（4）转轴弯曲。

（5）联轴器（皮带轮）中心未校正。

（6）风扇不平衡。

（7）电动机地脚螺丝松动。

处理方法：

（1）检修轴承，必要时更换。

（2）调整气隙，使之均匀。

（3）校正转子动平衡。

（4）校直转轴。

（5）重新校正，使之符合规定。

（6）检修风扇，校正平衡，纠正其几何形状。

（7）紧固地脚螺丝。

7. 单相电动机，电源正常，通电后电机不能启动有什么现象？故障原因是什么？如何处理？

故障现象 2：

（1）电动机通电后无法启动。

（2）电动机通电后，启动后即刻不旋转。

（3）电动机发出嗡嗡声。

故障原因：

（1）电机引线断路。

（2）主绕组或副绕组开路。

（3）离心开关触点合不上。

（4）电容器开路。

（5）轴承卡住。

（6）风扇不平衡。

（7）转子与定子碰擦。

处理方法：

（1）用万用表检查电源线是否有断路。

（2）检查绕组是否有阻值。

（3）检查离心开关触点是否接触良好。

（4）确定电容器是否被击穿。

（5）旋转轴承是否正常。

（6）检查风扇是否有卡滞现象。

（7）检查转子是否有扫镗现象。

8.电动机绕组匝间或相间短路故障有什么现象？故障原因有哪些？如何处理？

故障现象：

（1）电动机三相电流不平衡。

（2）电动机有绝缘烧焦的臭味。

故障原因：

电动机绕组匝间或相间短路。

处理方法：

（1）停机并拆开电动机，抽出转子。

（2）仔细观察电动机绕组，查看绕组漆包线的颜色，一般颜色有焦黑色而且比其他部位重的可能是短路点。

（3）拆开绕组绑扎线，用划线板（一般采用竹制）轻轻撬开短路漆包线的连接处。

（4）采用耐高温的绝缘材料做好绝缘处理。

（5）重新扎好绑扎线，然后刷上绝缘漆并烘干。

（6）重新检测电动机绕组绝缘电阻和直流电阻，无异常后恢复电动机至正常运行。

9.停运电动机绕组受潮、绝缘电阻下降故障什么现象？故障原因有哪些？如何处理？

故障现象：

（1）电动机有受潮锈蚀现象。

（2）用兆欧表测试电动机绕组绝缘下降。

故障原因：

电动机绕组受潮。

处理方法：

（1）断开电动机电源开关。

（2）拆开电动机，抽出转子。

（3）将带有金属网罩的红外线灯泡或比一般普通功率稍大一点的灯泡放入定子铁芯内，给灯泡接上电源，使灯光直接照射到绕组上。

（4）将电动机定子铁芯温度控制在 60~70℃，如果温度过高可适当减小灯泡功率，如温度过低可增加灯泡功率，持续干燥几小时至十几小时。

（5）断开灯泡电源，待定子铁芯冷却后，测量定子绕组绝缘阻值，如测得阻值在 0.5MΩ 以上表明故障排除，否则应继续干燥几小时至十几小时，如故障仍不能排除表明绕组损坏应更换。

（6）电动机绝缘合格后恢复电动机及接线，改善其工作环境后再投入运行。

10. 电动机过载故障有什么现象？故障原因有哪些？如何处理？

故障现象：

（1）电动机运行声音沉重。

（2）电动机过热。

（3）电动机运行一段时间过载保护动作。

故障原因：

（1）电源电压低于额定 10% 的以下导致电动机功率输出不足。

（2）电动机自身问题。

（3）电动机过载。

处理方法：

（1）检测三相电源电压正常，三相电压平衡且波动范围正常，表明电动机过载与三相电压无关。

（2）将钳形电流表拨至高于电动机额定电流的一档。

（3）测量运行中电动机 A 相电流、B 相电流、C 相电流，测量结果三相电流均大大超过电动机的额定电流值且三相电流平衡则表明电动机过载。

（4）检查电动机轴承有无过热、听电动机有无定子、转子摩擦声，无此现象表明电动机自身无问题。

（5）查看电动机所带机械设备铭牌，看要求输入功率是否大于电动机额定功率，或机械设备已超负荷工作。

（6）查明过载原因，排除过载故障或减小电动机负载至电动机的额定功率之内。

11. 电动机转速低于额定转速故障有什么现象？故障原因有哪些？如何处理？

故障现象：

电动机转速低于额定转速。

故障原因：

（1）电源电压过低。

（2）鼠笼转子断条。

（3）负载超标。

（4）绕组故障。

（5）绕线型转子起动装置故障。

（6）电动机缺相运行。

处理方法：

（1）检查电源电压是否过低：用电压表测量电动机输入端电压，如过低则调整电源变压器分接开关提高电压。

（2）检查鼠笼转子，如果是笼转子断条，更换新转子。

（3）检查负载，如果拖动的机械设备输入功率偏大，需选择大容量电动机或减小机械设备输入功率。

（4）检查绕组，通过测量电动机绕组的绝缘电阻和直流电阻，如果绕组有故障则修理电动机绕组。

（5）检查绕线型转子启动装置：如果存在故障则需更换或修理起动装置。

（6）检查电动机是否缺相运行：如果缺相需排除绕组故障或接线故障，或更换熔丝。

12. 电动机运行时轴承过热故障有什么现象？故障原因有哪些？如何处理？

故障现象：

电动机运行时轴承过热。

故障原因：

（1）轴承损坏。

（2）轴承润滑油过多或过少。

（3）轴承润滑油质量不合格。

（4）轴承与其他机械部件装配不当。

处理方法：

（1）检查电动机电流是否超过额定电流值，并听电动机轴承端盖处声音是否正常，如果不正常，则需断电停机，拆开轴承端盖，检查轴承是否损坏，如果损坏，需更换轴承。

（2）听电动机运行声音无异常且轴承端盖处过热，需断电停机打开轴承端盖，检查润滑油是否过多或过少或油质不符，如果需要清除或加入轴承润滑油，更换符合质量要求的润滑油。

（3）检查皮带轮、联轴器等装配是否符合要求，如装配不当需重新调整装配皮带轮、联轴器、端盖、轴承盖等，使之装配符合要求。

13. 三相电压不平衡超过 5% 故障有什么现象？故障原因有哪些？如何处理？

故障现象：

三相电压不平衡超过 5%。

故障原因：

三相电压不平衡超过 5% 的原因有：

（1）变压器高压侧电压不平衡。

（2）变压器内部故障。

（3）变压器至测量点的电力线路断线、接触不良、开关烧损、保险熔断等。

处理方法：

（1）测量配电室低压电源总开关三相电压值，在高压侧电压正常的情况下测得三相电压不平衡则表明变压器内部有故障或由变压器至电源总开关的线路有故障。线路故障大多由接触不良引起，处理方法为检测变压器，查找线路接触不良故障点予以排除。

（2）电源总开关电压正常，测量电动机电源开关电压，如三相电压不平衡超过5%则表明由电动机电源开关至配电室总开关一段的线路或某级开关故障。处理方法为由配电室电源总开关逐级测量三相电压，如测至某一级开关三相电压不平衡时则表明由该开关至上一级开关之间的线路或开关有故障，一般为接触不良，查找故障点予以排除。

14. 电动机运行不平稳有什么现象？故障原因有哪些？如何处理？

故障现象：

（1）电动机运行时声音异常。

（2）电动机运行时振动大。

故障原因：

（1）电动机所带机械设备问题。

（2）电动机三相电压不平衡。

（3）电动机绕组局部短路或损坏。

（4）电动机本身机械问题。

处理方法：

（1）拉开三相电源开关，在开关的负荷侧查确无电，实施安全措施，然后接上不带机械设备的空载电动机。

（2）合上电源开关，拆除安全措施，使电动机空载运行。

（3）如故障现象消失，说明故障为机械问题，检修机械设备。

（4）如故障现象仍在，需用万用表测量电动机开关下侧的相对地电压是否平衡，相间电压是否一致，如不一致，检修开关及上侧电力线路。

（5）如三相电压平衡，故障现象仍未消失，需测量电动机运行时的三相电流不平衡度，在电动机的接线盒外测量电动机三相电流的矢量和，即将三根导线同时放在钳形电流表的钳口内，测量结果有电流数值显示表明电动机三相空载电流不平衡，需检修电动机绕组线圈，如电流数值为零或接近零则表明电动机的空载电流平衡，需检修电动机的机械问题。

（6）停运电动机，根据需要确定是否恢复电动机所带的机械设备。

15. 电动机三相电源缺相故障有什么现象？故障原因有哪些？如何处理？

故障现象：

（1）电动机运行声音不正常。

（2）电动机不转或转速特别慢。

（3）电动机运行中出现过热保护。

故障原因：

（1）高压电源缺相导致低压侧电源缺相。

（2）变压器内部故障导致低压侧电源缺相。

（3）变压器低压侧至负荷端的电力线路断线、开关烧损。

处理方法：

（1）怀疑电动机三相电源有缺相故障，应立即停机，以防止电动机因缺相运行而烧毁。

（2）测量电动机电源开关上侧三相电压正常，而开关下侧三相电压不正常，这表明电动机电源开关故障，排除方法为更换或检修开关。

（3）测量电动机电源开关上侧三相电压缺相则表明供电电路故障，需进一步向上查找。

（4）测量配电室电源总开关三相电源电压，测量结果为三相电压正常则表明电源总开关至电动机电源开关的一段线路或某一级开关有断路故障。

（5）故障查找方法：由配电室电源总开关逐级测量各级开关的三相电压，如测得某级三相电压缺相则表明由该开关至上一级开关之间的线路或开关有断路故障。

（6）如测量配电室电源总开关三相电压缺相则表明变压器内部故障或变压器低压侧至总开关有断路故障。排除方法为检测变压器，查找线路断路点，修复断路故障。

16. 插座线路漏电故障有什么现象？故障原因有哪些？如何处理？

故障现象：

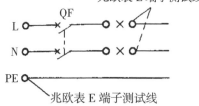

图 5-4 插座线路漏电断路器漏电保护动作

故障原因：

（1）漏电断路器损坏。

（2）线路绝缘层破损。

（3）插座接线错误。

（4）用电设备漏电。

处理方法：

（1）拔下该漏电断路器回路上的所有用电电器插头。

（2）插座空载时合上漏电断路器，若漏电断路器立即跳闸，需拆下漏电断路器负荷侧所接的零线 N 和火线 1。

（3）再次合上漏电断路器，若漏电断路器正常不跳闸，则提示插座线路导线有漏电故障，若漏电断路器仍跳闸，则提示漏电断路器损坏，应更换。

（4）若确定插座线路漏电，选用 500V 或 1000V 兆欧表，将兆欧表 E 端子测试线接地或 PE 线，用 1 端子测试线分别测量已断开的接漏电断路器负荷侧的火线 1 和零线 N 对地绝缘电阻，若某次测得阻值低于 0.22MΩ 提示该根导线对地漏电。测量方法如上图所示。例如，火线 1 漏电。

（5）拆下 1 号插座面板，拆开火线导线接头，再次测量火线导线的对地绝缘电阻。若测得阻值无限大则表明漏电断路器与 1 号插座之间的火线正常，若测得阻值低于 0.22MΩ 表明漏电断路器与 1 号插座之间的火线 1 对地漏电。

（6）拆下 2 号插座面板，拆开 2 号插座火线 1 导线接头，测量 1 号插座至 2 号插座火线对地或 PE 线绝缘电阻，判断线路有无漏电，与上述相同。

17. 漏电断路器误动或拒动故障有什么现象？故障原因有哪些？如何处理？

故障现象：

漏电断路器误动或拒动。

故障原因：

（1）漏电断路器不同步合闸。

（2）强电磁干扰。

（3）漏电定值过大。

（4）使用环境恶劣，环境温度、湿度、机械振动超过漏电断路器的设计条件。

（5）导线较长，有的敷设离地面距离较小，有不平衡的电容电流。

（6）漏电断路器本身故障。

处理方法：

（1）更换或调整漏电断路器达到合闸同步。

（2）更改安装地点或加强屏蔽。

（3）更换动作电流值稍小的漏电断路器。

（4）移动漏电断路器的安装环境。

（5）需更换动作电流值较大的漏电断路器或将漏电断路器迁移至线路后断安装。

（6）修复或更换漏电断路器。

18. 电缆线路故障有什么现象？如何检查判断？如何处理？

故障现象 1：

变压器二次侧电源开关保护动作。

故障原因：

（1）选用 500V 或 1000V 兆欧表并检查应完好，采用 1 端子测试线和 E 端子测试线测量。

（2）运行中的电缆必须先停电检查确无电后，再进行充分放电，实施安全措施。然后拆下电缆两端与设备或线路连接点，将电缆线芯分开并保持相互及对地在绝缘状态。

（3）将兆欧表1端子测试线接于电缆A相线芯上，用兆欧表E端子测试线分别测A相与B相、A相与C相、A相与N线的绝缘阻值。若某次测量阻值为零，则提示该次测量的线芯与A相短路。若三次测量阻值均无限大表明正常，电缆线芯无短路故障。

（4）电缆A相与兆欧表1端子测试线连接，E端子测试线接地线或电缆铠，测量A相与地线的绝缘阻值。测得阻值为零则提示电缆A相接地短路，若阻值无限大表明正常。

（5）按照步骤③和步骤④方法测量B相与C相、B相与N线、B相对地的绝缘电阻。测量C相与N相、C相与地及N线与地的绝缘阻值，判断B相、C相、N线线芯是否短路及是否接地短路，分析测量结果方法同上。

处理方法：

通过电缆故障测试仪对电缆故障定点，将电缆从故障点锯开，剥离损坏部分后做电缆接头。

故障现象2：

变压器二次侧三相电压正常，负荷处电源开关进线端三相电压不正常。

故障原因：

（1）停电、验电、放电、实施安全措施。

（2）将电缆一端线芯短封在一起，另一端线芯分开。

（3）将兆欧表1端子测试线接于电缆A相线芯上，用兆欧表E端子测试线分别测量A相与B相、A相与C相、A相与N线阻值三次。若三次测得阻值均为零表明正常，电缆线芯无断路故障。若某一次测量阻值无限大则提示E测试线所接线芯相断路。当三次测量阻值均无限大时提示A相线芯可能断路，需进一步查找。

（4）将兆欧表1端子测试线接于电缆B相线芯上，用兆欧表E端子测试线分别测量B相与C相、B相与N线阻值两次。若两次测得阻值均为零表明B相、C相、N线正常无断路故障，电缆线芯A相断路。若某次测得阻值无限大，则提示E测试线所接线芯相断路。若两次测量阻值均无限大时，提示B相线芯可能断路。

（5）将兆欧表1端子测试线接于电缆C相线芯上，用兆欧表E端子测试线测量 C 相与 N 线阻值一次。测得结果为零表明电缆线芯 C 相、N 线正常，电缆线芯 B 相断路。若测得阻值无限大，则提示电缆 C 相线芯或 N 相线芯断路。

处理方法：

通过电缆故障测试仪对电缆故障定点，将电缆从故障点锯开，剥离损坏部分后做电缆接头。

19. 三相四线制配电系统零线断路故障有什么现象？如何检查判断？如何处理？

故障现象：

（1）电源三相相电压异常。

（2）电器不能正常工作。

故障原因：

（1）将万用表拨至交流 500V 电压挡，用红、黑表笔测量。

（2）若发现低压三相四线配电系统电源进线开关 QF1 负荷侧的相电压异常，应立即测量电源进线开关 QF1 负荷侧三相线电压及三相对零线 N 相电压值。测得三相线电压平衡及相电压等于线电压的 $1/\sqrt{3}$ 表明正常。若测得三相线电压不平衡且三相对零线 N 的相电压有高有低则提示变压器二次绕组中性点的工作接地导线断路或由此处引出的零线断路，此时应立即拉开电源进线开关 QF1，以防止扩大因零线断路而引起的设备损毁事故。如图 5-5 所示。

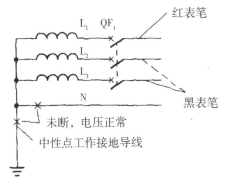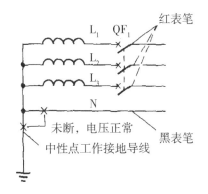

（a）测量 QF₁ 三相线电压示意图　　（b）测量 QF₁ 三相对零线 N 相电压示意图

图 5-5 测量电压示意图

（3）若发现低压三相四线配电系统出线二级开关 QF2 负荷侧的相电压异常，应立即测量出线二级开关 QF2 负荷侧三相线电压及三相对零线相电压值。测得三相线电压平衡及相电压等于线电压的 1/√3 表明零线测量点之前正常。测得三相电压不平衡且三相对零线 N 的相电压有高有低则提示零线测量点之前的零线有断路故障，此时应立即拉开出线二级开关 QF2，以防止扩大零线断路而引起的出线二级开关 QF2 以下设备损毁事故。测量方法如上图所示。

（4）拉开出线二级开关 QF2 后，测量出线二级开关 QF2 电源侧三相线电压。测得三相线电压平衡表明电源总零线正常，若测得三相电压不平衡则提示电源总零线断路或至上一级开关位置之间的零线断路。

（5）排除三级开关及以下各级线路的零线断路故障方法可按步骤 3、步骤 4 进行。

处理方法：

查出断点后对零线断点进行可靠的连接及绝缘处理。

20. 电力电缆短路崩烧故障的现象时什么？故障原因是什么？如何处理？

故障现象：

电力电缆部分烧毁。

故障原因：

（1）多处接地，短路线未拆除。

（2）电缆相互间绝缘老化，电缆受到机械力而破损。

（3）电缆头接头松，如铜卡子接得不紧而造成过热，发生接地而将电缆崩烧。

（4）设计时电缆选择不合理，或者动热稳定不够，或者电缆选型不对，造成绝缘损坏，发生短路崩烧故障。

处理方法：

（1）施工结束后要对电缆进行全面检查，对人为的接地线或短路全部拆除，并按照规定用摇表检查电缆对地或相间的绝缘电阻，要符合规定的要求。

（2）电缆不能超负荷运行，也不能超过电缆允许的温度运行，经常检查电缆的绝缘水平，不要造成人为的机械损伤。

（3）加强对电缆的维护，如发现电缆头接头松应立即停电检修。

（4）设计时要按照负荷及工艺要求合理选择电缆。

21. 合闸时静触头和动触头旁击故障有什么现象？故障原因是什么？如何处理？

故障现象：

合闸时造成旁击。

故障原因：

这种故障原因是静触头和动触头的位置不合适，合闸时造成旁击，隔离开关应检查动触头的紧固螺丝有无松动过紧。熔断器式隔离开关检查静触头两侧的开口弹簧有无移位，或因接触不良过热变形及损坏。

隔离开关和熔断器式隔离开关合闸后操作手柄反弹不到位。

处理方法：

隔离开关调整三极动触头连接紧固螺丝的松紧程度及刀片间的位置，调整动触头紧固螺丝松紧程度，使动触头调至与静触头的中心位置，作拉和试验，合闸时无旁击，拉闸时无卡阻现象。熔断器式隔离开关调整静触头两侧的开口弹簧，使其静触头间隙置于动触头刀片的中心线，再做拉合试验检查。

22. 接触器的触头接触不牢靠有什么现象？故障原因有哪些？如何处理？

故障现象：

吸合不牢靠。

故障原因：

（1）触头上有油污、花毛、异物。

（2）长期使用，触头表面氧化。

（3）电弧烧蚀造成缺陷、毛刺或形成金属屑颗粒等。

（4）运动部分有卡阻现象。

处理方法：

（1）对于触头上的油污、花毛或异物，可以用棉布蘸酒精或汽油擦洗即可。

（2）如果是银或银基合金触头，其接触表面生成氧化层或在电弧作用下形成轻微烧伤及发黑时，一般不影响工作，可用酒精和汽油或四氯化碳溶液擦洗。即使触头表面被烧得凸凹不平，也只能用细锉清除四周溅珠或毛刺，切勿锉修过多，以免影响触头寿命。对于铜质触头，若烧伤程度较轻，只需用细锉把凸凹不平处修理平整即可，但不允许用细砂布打磨，以免石英砂粒留在触头间，而不能保持良好的接触；若烧伤严重，接触面低落，则必须更换新触头。

（3）运动部分有卡阻现象，可拆开检修。

实例 1

插座线路漏电故障有什么现象？故障原因有哪些？如何处理？

电路简介：该电路主要用于办公室及家庭的插座线路，主要由单相三极插座、三相四极插座和 4P 的漏电断路器组成。

原理图（图 5-6）：

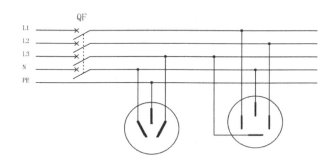

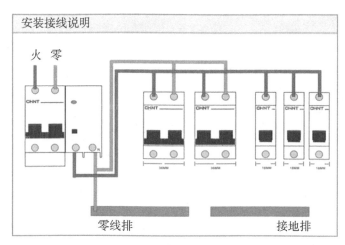

图 5-6 实例 1 原理图

动作详解：①当线路发生单相触电。②当线路发生单相接地。③当电气设备或电气线路发生漏电时。④由于电气设备本身的缺陷、使用不当和安全措施不利而发生人身触电和火灾时，及时切断电源，保护设备和人身安全。

故障现象：

插座线路漏电断路器漏电保护动作。

故障原因：

（1）漏电断路器损坏。

（2）线路绝缘层破损。

（3）插座接线错误。

（4）用电设备漏电。

处理方法：

（1）拔下该漏电断路器回路上的所有用电电器插头。

（2）插座空载时合上漏电断路器，若漏电断路器立即跳闸，需拆下漏电断路器负荷侧所接的零线 N 和火线 1。

（3）再次合上漏电断路器，若漏电断路器正常不跳闸，则提示插座线路导线有漏电故障，若漏电断路器仍跳闸，则提示漏电断路器损坏，应更换。

（4）若确定插座线路漏电，选用 500V 或 1000V 兆欧表，将兆欧表 E 端子测试线接地或 PE 线，用 1 端子测试线分别测量已断开的接漏电断路器负荷侧的火线 1 和零线 N 对地绝缘电阻，若某次测得阻值低于 0.22MΩ 提示该根导线对地漏电。测量方法如图所示。例如，火线 1 漏电。

（5）拆下 1 号插座面板，拆开火线导线接头，再次测量火线导线的对地绝缘电阻。若测得阻值无限大则表明漏电断路器与 1 号插座之间的火线正常，若测得阻值低于 0.22MΩ 表明漏电断路器与 1 号插座之间的火线 1 对地漏电。测量方法如图所示。

（6）拆下 2 号插座面板，拆开 2 号插座火线 1 导线接头，测量 1 号插座至 2 号插座火线对地或 PE 线绝缘电阻，判断线路有无漏电，与上述相同。测量方法如图所示。

实例 2：漏电断路器误动或拒动故障有什么现象？故障原因有哪些？如何处理？

电路简介：该电路主要用于办公室、家庭及商业场所的动力用电，具有漏电、过载及短路保护。

原理图（图 5-7）：

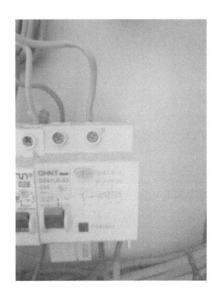

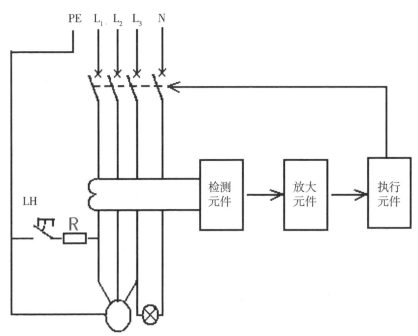

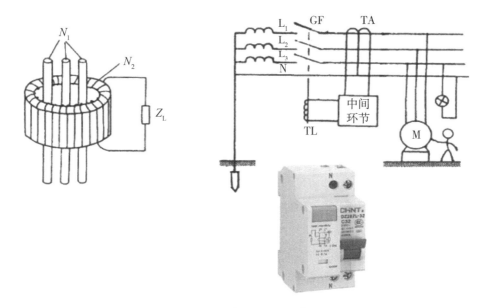

图 5-7　实例 2 原理图

动作详解：漏电保护器的主要部件是磁环感应器，相线和零线并列在磁环上缠绕几圈，在磁环上还有一个次级线圈，当同一相的火线和零线在正常工作时，电流产生的磁通正好抵消，在次级线圈中不会感应出电压。如果某一相有漏电或未接零线，在磁通中通过的相线和零线的电流就会不平衡，而产生穿过磁环的磁通，在次级线圈中感应出电压，通过电磁铁使脱扣器动作跳闸。

故障现象：

漏电断路器误动或拒动。

故障原因：

（1）漏电断路器不同步合闸。

（2）强电磁干扰。

（3）漏电定值过大。

（4）使用环境恶劣，环境温度、湿度、机械振动超过漏电断路器的设计条件。

（5）导线较长，有的敷设离地面距离较小，有不平衡的电容电流。

（6）漏电断路器本身故障。

处理方法:

(1)更换或调整漏电断路器达到合闸同步。

(2)更改安装地点或加强屏蔽。

(3)更换动作电流值稍小的漏电断路器。

(4)移动漏电断路器的安装环境。

(5)需更换动作电流值较大的漏电断路器或将漏电断路器迁移至线路后安装。

(6)修复或更换漏电断路器。

实例3:三相四线制配电系统零线断路故障有什么现象?如何检查判断?如何处理?

电路简介:我国目前大多采用三相四线制低压供电系统,即中性点直接接地的低压工作系统。

原理图(图5-8)

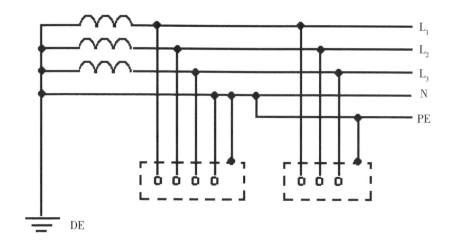

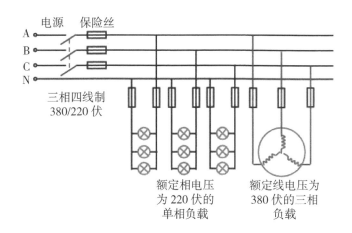

图 5-8 实例 3 原理图

动作详解：该系统具有三条相线 A、B、C，一条零线 N，之所以称之为零线，是因为它是由变压器二次侧中性点引出的，而二次侧中性点又直接接地与大地零电位连接。在此系统中它既是工作零线又是保护零线，现称为 PEN 线。

故障现象：

（1）电源三相相电压异常。

（2）电器不能正常工作。

故障原因：

（1）将万用表拨至交流 500V 电压挡，用红、黑表笔测量。

（2）若发现低压三相四线配电系统电源进线开关 QF1 负荷侧的相电压异常，应立即测量电源进线开关 QF1 负荷侧三相线电压及三相对零线 N 相电压值。测得三相线电压平衡及相电压等于线电压的 $1/\sqrt{3}$ 表明正常。若测得三相线电压不平衡且三相对零线 N 的相电压有高有低则提示变压器二次绕组中性点的工作接地导线断路或由此处引出的零线断路，此时应立即拉开电源进线开关 QF1，以防止扩大因零线断路而引起的设备损毁事故。

（3）若发现低压三相四线配电系统出线二级开关 QF2 负荷侧的相电压异常，应立即测量出线二级开关 QF2 负荷侧三相线电压及三相对零线相电压值。测得三相线电压平衡及相电压等于线电压的 $1/\sqrt{3}$ 表明零线测量点之前正常。测得三相电压不平衡且三相对零线 N 的相电压有高有低则提示零线测量点之前的零线有断路故障，此时应立即拉开出线二级开关 QF2，以防止扩大零线断路而引起的出线二级开关 QF2 以下设备损毁事故。测量方法如图所示。

（4）拉开出线二级开关 QF2 后，测量出线二级开关 QF2 电源侧三相线电压。测得三相线电压平衡表明电源总零线正常，若测得三相电压不平衡则提示电源总零线断路或至上一级开关位置之间的零线断路。

（5）排除三级开关及以下各级线路的零线断路故障方法可按步骤（3）、步骤（4）进行。

处理方法：

查出断点后对零线断点进行可靠的连接及绝缘处理。

第六章 焊接生产管理中的问题与现场实例

焊接结构不断向高参数、大型化、重型化发展，对焊接质量提出越来越高的要求。

焊接质量出现问题会导致整个焊接结构的提前失效，甚至导致灾难性的后果。为了确保焊接产品质量，许多企业按 ISO 9000~ISO 9004 和 GB/T 10300质量管理与质量保证标准建立或完善质量保证体系，以加强制造过程的质量控制。合理和合法地执行相关标准，是企业焊接质量管理的重要环节，也是焊接工程师需要熟悉和掌握的一项重要任务。

第一节 质量管理中几个基本概念的区别

1. 质量管理的定义和控制环节

焊接质量管理是指从事焊接生产或工程施工的企业通过开展质量活动发挥企业的质量职能，有效地控制焊接结构质量的全过程。这里的质量即产品满足用户"使用要求"的适用性。大多数焊接产品应具有的是符合性质量，即产品全部质量特性的考核指标必须满足相应的标准、规范、合同或第三方的有关规定。强化焊接质量管理有助于产品质量的提高，达到向用户提供满足使用要求的焊接产品的目的，可以推动企业的技术进步，增强产品的竞争力。

锅炉和压力容器已广泛应用于电力、石油、化工行业中，其运行条件比较严格，尤其是储存易燃、易爆、有毒介质的压力容器，制造质量与人民生命财产密切相关，出现问题会带来安全隐患。为此，国家质量技术监察部门制定了严格的质量措施和一系列的监察规程。焊接质量控制是其中重要的环节之一。

（1）质量管理的几个基本定义

①质量。质量（quality）的定义为：产品或服务满足规定或潜在需要的特征和特性的总和。关于质量的定义实质上由两个层次的含义构成：第一层次所讲的"需要"，是指产品（或服务）必须满足用户需要，即产品的适用性。"需要"可以包括可用性、安全性、可靠性、可维修性、经济性和环境适应性等几个方面。第二层次是指在第一层次成立的前提下，质量是产品（或服务）的特征和特性的总和，即产品的符合性。由于"需要"可转化为有指标的特征和特性，因此产品（或服务）全部符合相应的特征和特性指标的要求就是质量。

②质量管理。质量管理（quality management）的定义为：对确定和达到质量要求所必需的职能和活动的管理。质量管理是企业管理的重要组成部分。质量管理工作的职能是负责制订企业的质量方针、质量目标、质量计划并组织实施。为了实施质量管理，要建立完善的质量体系，对影响产品质量的各种因素和活动进行有效的控制。焊接结构产品也不例外，特别是重要的焊接结构，如锅炉、船舶、压力容器等。

③质量保证。质量保证（quality assurance）的定义为：为使人们确信某一产品、过程或服务能满足规定的质量要求所必需的有计划、有系统的全部活动。质量保证的核心内涵是"使人们确信"某一产品（或服务）能满足规定的质量要求，使需方对供方能否提供符合要求的产品（或服务）和是否提供了符合要求的产品（或服务）掌握充分的证据，建立足够的信心。同时，也使本企业领导者对能否提供满足质量要求的产品（或服务）有相当的把握而放心地组织生产。

质量保证又可分为内部质量保证和外部质量保证两大类。内部质量保证是为使企业领导者"确信"本企业的产品质量能满足规定的质量要求所进行的活动。这是企业内部的一种管理手段，目的是使企业领导者对本企业产品的质量做到心中有数。外部质量保证是为了使需方"确信"供方的产品质量能满足规定的质量要求所进行的活动。如供方向需方提供其质量体系和满足合同要求的各种证据，包括质量保证手册、质量记录和质量计划等。

④质量体系。质量体系（quality system）的定义为：为保证产品、过程或服务满足规定的或潜在的要求，由组织机构、职责、程序、活动、能力和资源等构成的有机整体。质量体系包括一套专门的组织机构，具体化了保证产品质量的人力和物力，明确了各有关部门和人员的职责和权利，规定了完成任务所必需的各项程序和活动。应指出，过去曾出现过的质量管理体系、质量保证体系等用语，现在均应标准化为质量体系。

⑤质量控制。质量控制（quality control）的定义为：为保证某一产品、过程或服务满足规定的质量要求所采取的作业技术的活动。产品质量有个产生、形成和实现的过程，这个过程就是如图6-1所示的质量环。质量环上每一个环节的作业技术和活动必须在受控状态下进行，才能生产出满足规定质量要求的产品，这就是质量控制的内涵。

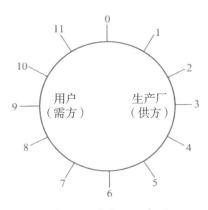

图6-1　质量环示意图

1- 市场调研；2- 设计、规范的编制和产品研制；3- 采购；4- 工艺准备；5- 生产制造；6- 检验和试验；7- 包装和储存；8- 销售和发运；9- 安全和运行；10- 技术服务和维修；11- 用后处理

（2）焊接质量管理的控制环节

焊接质量管理的控制系统大致可分为以下几个控制环节。

①焊接材料质量控制。锅炉、压力容器所用的焊接材料必须由生产厂家出具的有效的质量保证书及清晰、牢固的标志。焊接材料的熔敷金属化学成分及外形尺寸必须符合相应的国家标准，如有疑问须重新检验，直至确认合格方可验收入库。焊材库管理人员须按照相关的规定（如 JB 3223—83《焊条质量管理规程》）保管焊接材料，按照焊接工艺规程规定的焊接材料管理制度进行验

收、入库、保管及发放。

②焊接工艺评定试验。焊接工艺评定试验是对焊接工艺评定任务书中涉及的各项工艺参数和工艺措施的验证性试验，必须由本单位焊工使用本单位设备，按照相关标准的规定完成。评定合格的焊接工艺才能应用于锅炉和压力容器的焊接生产。不得借用其他单位的焊接工艺评定。

焊接工艺评定试验合格与否，一般通过被评定的焊接接头的各项理化性能试验结果来判定。进行焊接工艺评定试验时，焊接责任工程师和各控制点负责人，要对评定试验全过程的工作质量进行控制，确保所有的技术指标都符合评定任务书的要求。当工艺评定试验结果不合格时，应分析原因，重新制定工艺参数和工艺措施，再次进行工艺评定直至合格为止。焊接工艺评定试验所适用的范围必须在标准规定的范围之内，一旦超出规定范围，必须按相关标准重新进行评定。

③焊工资格考试。焊工技能水平是保证锅炉和压力容器焊接质量的关键因素之一。为了确保焊缝质量，国家劳动部门和质量监察部门规定每一个从事锅炉、压力容器生产和安装的焊工都必须接受理论知识及操作技能培训和考试，成绩合格者才能从事规定项目内的焊接工作。各单位应结合本单位生产及焊工本身的实际情况，合理地安排焊工参加培训和考试项目。国家规定锅炉、压力容器焊工资格认证的有效期为三年，各单位应提前申请锅炉、压力容器焊工考试委员会安排考试。

④焊接工艺制定及组织实施在焊接工艺评定合格的基础上，依据产品设计图纸、技术规格说明书、相关规程的要求，制定合理的施焊工艺。对某个具体产品，焊接技术人员要根据其结构特点制定具体的焊接工艺。在制定焊接工艺前首先要确定有无相应的或能覆盖的焊接工艺评定（若没有必须立即着手进行此项工作），确定由持有何种焊接资格项目的合格焊工施焊。焊接工艺参数及处理措施一定要在工艺评定的范围之内，要根据产品的结构特点，制定合理的能减小焊接应力和变形的焊接顺序。操作者施焊前必须认真阅读焊接工艺指导书，施焊时必须严格按照焊接工艺的规定执行。对于关键焊缝或有特殊要求的焊缝，焊接技术人员必须亲自向操作者交代注意事项，并经常到生产现场指导焊接工作。

⑤产品焊接试板的制作是为检验产品焊接接头的力学性能，按照《压力容器安全技术监察规程》《钢制压力容器》GB 150—1998 和《钢制压力容器产品焊接试板的力学性能检验》JB 4744—2000 的要求，采用与施焊产品相同的材料和焊接工艺，对产品的焊接试板进行试验。

产品焊接试板是用来检验产品焊缝质量的，它的材质与焊接工艺必须与产品主焊缝（例如容器纵缝）完全相同。焊接试板必须与筒体在同一块或同一批材料上下料并做好标记移植，具有相同的坡口形式，与筒体纵缝连在一起一同进行焊接，若需热处理也必须同时进行，然后才能分割下来进行无损探伤及焊接接头力学性能试验。产品焊接试板的力学性能试验合格后，才能转入下一道工序。

⑥焊缝返修。焊缝超标缺陷的返修，按照相关规程（例如《压力容器安全技术监察规程》）的规定进行，即返修前须先分析产生缺陷的原因并制定返修工艺。与制定焊接工艺的要求一样，制定焊接返修工艺也必须要有相应的返修工艺评定，并且返修次数不得超过返修工艺评定规定的返修次数。返修过程中，焊接检验人员要做好详细的现场返修记录；返修完成后按原焊接检验要求进行检验。

⑦焊接热处理实施是为改善焊接接头的力学性能，消除焊接残余应力，按照《压力容器安全技术监察规程》《钢制压力容器》和设计图纸的要求，对壁厚超过一定限度的钢制压力容器需进行焊后热处理。对于某些特殊的材料或某些特殊焊接结构的产品，为了保证焊缝质量，减小焊接应力，有时也需要进行焊前预热或焊后热处理。焊接热处理一定要按照规定进行，若有产品焊接试板也要一同进行热处理。

⑧焊接设备管理工作。状态良好的焊接设备，是顺利完成焊接工作、保证焊接质量的必要条件。焊接设备，包括焊条烘干设备，必须由专人管理，定期检查维护或维修。

⑨焊接检验。焊接检验包括焊缝外观检验及无损检验，必须按照相应的标准进行，对检验不合格的焊缝要按照质量保证手册规定的程序申请返修。例如，在锅炉、压力容器焊接过程中，根据各质量控制环节，再按各加工工序的重要程度和相互的联系，对不同系统划出若干个质量控制点。其中关键的质量

控制点可作为停止点，即该点上的质量不合格时，下一道工序要停止流转。例如，产品焊接试板的焊缝检验是一个重要的质量控制点，因此将其作为停止点，检验合格后方可进入下一道工序。对控制点规定出控制内容、责任人员及职责，以确保每道工序的质量。

2. 质量体系结构与质量环

质量体系在建立、健全、运行和不断改进完善的过程中必须遵循一些原理和原则，这些原理和原则是质量体系的基本准则，包括：

（1）质量体系结构。

质量体系结构由企业领导责任、质量责任与权限、组织机构、资源和人员及工作程序几个方面组成。

①企业领导责任。企业领导对企业质量方针的制定与质量体系的建立、完善、实施和正常运行负责。

②质量责任与权限。在质量文件中应明确规定与质量直接或间接有关的活动，明确规定企业各级领导和各职能部门在质量活动中的责任；明确规定从事各项质量活动人员的责任和权限及各项质量活动之间的纵向与横向衔接，控制和协调质量责任与权限。

③组织机构。企业应建立与质量管理相适应的组织机构，该组织机构一般包括各级质量机构的设置、各机构的隶属关系与职责范围、各机构之间的工作衔接与相互关系，在全企业形成质量管理网络。

④资源和人员。为实施质量方针并达到质量目标，企业领导应保证必需的各级资源，包括人才资源和专业技能、设计和研制产品所必需的设备、生产设施、检验和试验设备、仪器仪表和计算机软件等。

⑤工作程序。企业应根据质量方针，按照质量环中产品质量形成的各个阶段，制订并颁布与必需的产品质量活动有关的工作程序，包括管理标准、规章制度、工艺规程、操作规程、专业质量活动及各种工作程序图表等。

（2）质量环。

从了解与掌握用户对产品质量的要求和期望开始，直到评定能否满足这些要求和期望为止，影响产品（或服务）质量的各项相互作用活动的理论模式即所谓质量环。质量环是指导生产企业建立质量体系的理论基础和基本依据。通用性的质量环，包括 11 个活动阶段。

（3）质量体系文件。

企业应针对其质量体系中采用的全部要素及要求和规定，系统地编制出方针和程序性的书面质量文件，包括质量保证手册、大纲、计划、记录和其他必要的供方文件等。

（4）质量体系审核。

为确定质量活动及结果是否符合质量计划安排，以及这些安排是否贯彻并达到了预期目的所做的系统、独立的定期检查和评定，即所谓质量体系审核。这一过程包括质量体系审核、工作质量审核和产品质量审核几部分。审核的目的是查明质量体系各要素的实施效果，确认是否达到了规定的质量目标。

3. 质量管理与焊接检验的关系

为了确定焊接结构质量是否具有符合性，必须测定其质量特性。焊接检验是指通过调查、检查、测量、试验和检测等途径获得的焊接产品一种或多种特性的数据与施工图样及有关标准、规范、合同或第三方的规定相比较，以确定其符合性的活动。

焊接检验的作用在于监控焊接产品质量的形成过程，确认企业已生产或正在生产的焊接产品符合质量要求，以及定期检查在役焊接产品符合质量要求。从这一意义上来说，离开焊接检验，企业无法实施有效的焊接质量管理。焊接检验是企业实施焊接质量管理的基础和基本手段。

焊接检验的依据是质量标准，焊接质量标准须根据产品使用性能来制定。焊接检验所依据的技术文件包括如下几个。

①相关的技术标准或规范。相关的技术标准或规范规定的质量评级或验收方法是指导焊接检验工作的法规性文件。

②施工图样和订货合同。焊接产品的施工图样或订货合同中一般明确规定或提出了对焊接质量（或焊缝质量）的具体要求。

③检验的工艺性文件。这类文件具体规定了检验方法及实施过程，是焊接检验工作的指导性实施细则。

图样或工艺变更的通知单、材料代用及追加或改变检验要求的通知单等均应作为焊接检验的依据妥善保存。各种焊接检验方法的有效运用与相互协调，以及焊接检验文件的整理与保存可以保证企业焊接产品质量体系的有效运行。

焊接标准和规范中一般包含作为焊接质量标准的焊接材料认可试验、焊接方法认可试验、焊工技能考试、焊接材料标准、坡口精度标准、焊接部位外观标准、焊接接头无损检验标准等。这些标准是实现制造和生产无缺陷焊接结构的必要条件，也是生产厂家应遵守的规程。焊接材料认可试验、焊接方法认可试验和焊接材料标准是为了防止焊接缺陷而制定的。

对于具体的焊接接头某部位的性能全部进行核查是不可能的，但使用经认可的焊接材料、经认可的焊接方法并严格按工艺规程进行施工，能保证这些焊接产品的性能。

焊工技能考试、坡口精度标准、焊接装配精度标准和焊接接头部位外观标准是为了防止尺寸或结构上的缺陷而制定的。对重要的焊接结构件，焊接完成后应对焊缝进行外观及无损探伤检验，对检验不合格的焊接接头按质量保证手册的规定进行返修，对热处理后的产品进行表面质量、外观尺寸检验，对焊缝进行外观及无损探伤。对筒体交叉焊缝处的焊缝金属及热影响区硬度，用便携式硬度计进行测试，各项检验结果应满足技术要求。

第二节　焊接质量保证和工艺评定

现代化焊接生产要求全面焊接质量管理，即要求产品从设计、制造，直到出厂后的销售服务等所有环节都实行质量保证和质量控制。焊接质量控制包括完善企业技术装备、提高操作人员的素质及生产过程的严格管理，目的是获得无缺陷的焊接结构，满足焊接产品在工程中的使用要求。

为了保证产品的焊接质量，国家技术监督局 1990 年颁布了 GB/T 12467—1990、GB/T 12468—1990 和 GB/T 12469—1990 焊接质量保证国家标准。这是一套结构严谨、定义明确、规定具体而又实用的专业性标准，其中规定了钢制焊接产品质量保证的一般原则、对企业的要求、熔化焊接头的质量要求与缺陷分级等。这套标准与 GB/T 10300（ISO 9000~ISO 9004）标准系列和企业的实际结合起来，建立起较完善的焊接质量保证体系，对于提高企业的焊接质量管理水平和质量保证能力，确保焊接产品质量符合规定的要求具有重要的意义，并符合企业的长远利益。

1. 焊接质量保证及控制标准

（1）焊接质量保证

国家劳动部门和技术监察部门对锅炉、压力容器的质量监督是很严格的，制定了一系列的监察规程。生产厂家必须严格遵守按照监察规程制定的、经所在地劳动监察部门批准的、健全有效的质量保证体系。按《蒸汽锅炉安全技术监察规程》（简称《锅规》）和《压力容器安全技术监察规程》（简称《容规》），对焊接质量严格加以控制。

①为了保证产品的焊接质量，生产企业除满足《焊接质量保证　对企业的要求》（GB/T 12468—1990）中所列出的企业技术装备、人员及技术管理的要求外，还应保证产品的合理设计及合理的制造工艺流程。对焊接接头的质量要求，应通过可靠的试验和检验予以验证。

焊接质量保证的一般要求包括以下几方面。

a. 设备企业必须具备合格的车间、机器、设备，如厂房、仓库、焊接设备、热处理设备和测试设备等。

b. 人员。要有胜任的人员从事焊接产品的设计、制造、试验及监督管理工作。

c. 技术管理。应具备能保证焊接质量的控制体系及相应的机构设置。

d. 设计。从事产品设计时，应根据有关规定，充分考虑载荷情况、材料性能、制造和使用条件及所有附加因素；设计者应熟悉本业务范围所涉及的各种原材料标准、焊接材料标准及各类通用性基础标准，如焊缝符号标准、坡口形式及尺寸标准等。

设计者应了解与产品质量有关的检验和试验标准，如焊接接头力学性能试验标准、无损探伤标准等。对有关焊接产品及焊接方法的选择、坡口形式及是否需要分部组焊和如何分部，应根据实际生产条件、母材、结构特征及使用要求等进行综合考虑。必要时征求工艺人员的意见，协商确定。

设计者应向工艺人员提交下列文件。

a. 产品设计的全套焊接结构图样及有关加工装配图样。

b. 产品设计说明书。

c.焊接接头的各项技术指标，如接头的等级要求，力学性能指标（包括特定条件下的低温冲击、疲劳及断裂韧性指标等）、耐腐蚀、耐磨性能、结构的尺寸公差要求等。

d.应明确各项检验依据的标准及规则。

一般产品焊接设计需考虑的因素如图6-2所示。

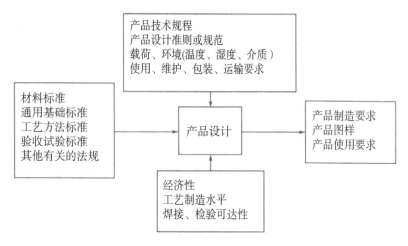

图6-2 焊接设计时需考虑的因素

⑤焊接产品的一般制造流程如图6-3所示。

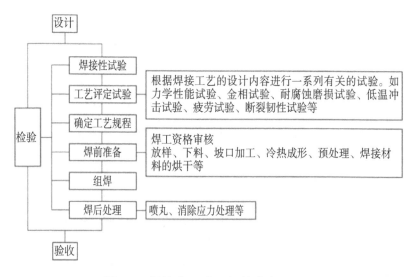

图6-3 焊接产品的一般制造流程

②对企业的要求。

a.技术装备生产企业必须拥有相应的设备和工艺装备，以保证焊接工作顺利完成。

这些设备及工艺装备包括：

（a）非露天装配场地及工作场地的装备、焊接材料烘干设备、清理设备等。

（b）结构件组装及运输用的吊装设备。

（c）机械加工装备、机床及工具。

（d）焊接和切割设备、装置及工夹具，焊接辅助设备及工艺装备。

（e）预热及焊后热处理装置。

（f）检查材料及焊接接头的检验设备及检验仪器。

（g）必要的焊接试验装备、理化检测设备及设施。

b.人员素质。企业必须具有一定的技术力量，包括具有相应学历的各类专业技术人员和具有一定操作技能水平的各种技术工种的工人，其中，焊工和无损检测人员必须经过培训或考试合格并取得相应证书。

焊接技术人员由数人担任，必须明确一名技术负责人。技术人员除了具有相应的学历和一定的生产经验外，必须熟悉与企业产品相关的焊接标准、法规，必要时应经过专门培训。

焊接技术人员分别由焊接高级工程师、工程师、助理工程师和技术员及焊接技师担任，分工负责下列任务。

（a）负责产品设计的焊接工艺性审查，制定工艺规程（必要时应通过工艺评定试验），指导产品生产。

（b）熟悉企业所涉及的各类钢材标准和常用钢材的焊接工艺要求。

（c）选择满足产品技术要求的焊接设备、工装及夹具。

（d）选择适用的焊接方法和焊接材料，使之与母材匹配；提出和监督焊接材料的储存条件。

（e）提出焊前准备及焊后热处理要求。

（f）厂内培训及考核焊工。

（g）按设计要求规定有关的检验项目、检验方法；对焊接产品产生的缺陷进行判断，分析产生的原因并做出技术处理意见。

（h）监督焊工操作质量，对违反焊接工艺规程要求的操作提出必要的处理措施。

焊工和操作人员必须达到与企业产品相关考核项目的要求并持有相应的合格证书。焊工和操作人员只能在证书认可资质范围按工艺规程进行焊接生产操作。企业应配备与制造产品相适应的检查人员，包括无损检验及焊接质量检查人员、力学性能检验人员、化学分析人员等。无损检验人员应持有与生产产品类别相适应的检验方法的等级合格证书。企业还应具有与制造产品类别相适应的其他专业技术人员。

c.技术管理。生产企业应根据产品类别设置完整的技术管理机构，建立健全各级技术岗位责任制和厂长或总工程师技术责任制。具体的技术管理内容如下。

（a）企业必须有完整的设计资料、生产图纸及必要的制造工艺文件。不管是从外单位引进的还是自行设计的，必须有总图、零部件图、制造技术文件等。所有图样资料上应有设计人员、审核人员的签字。总图应有厂长或总工程师的批准签字。引进的设计资料须有复核人员和总工程师或厂长签字。

（b）有必要的生产管理机构及完善的工艺管理制度。明确焊接技术人员、检查人员及焊工的职责范围。焊接产品必需的制造工艺文件应有技术负责人（主管工艺师或焊接工艺主管人员）签字，必要时附有工艺评定试验记录或工艺评定报告。焊接技术人员应对焊接质量承担技术责任，焊工应对违反工艺规程及操作不当的质量事故承担责任。

（c）建立独立的质检机构，检查人员应按制造技术文件严格执行各类检测，对所检焊缝提出质量检测报告，对不符合技术要求的焊缝，应按产品技术文件监督返修和复检。检查人员应对由漏检或误检造成的质量事故承担责任。

d.企业说明书和证书。以钢结构焊接为主的企业应填写企业说明书，可作为承揽制造任务或投标时企业能力的说明，必要时也可作为企业认证的基础文件，经备查核实后作为有关部门核定制造产品范围的依据。有关管理条例、技术法规要求按国家标准进行认证的企业，可由国家技术监督局或主管部门及其授权的职能机构，根据企业申请及企业说明书对企业进行考察，全面验收后授予证书。变更填发证书的基本条件时应及时通知审批机构。证书有效期为三年，在有效期内若无重大变化或质量事故，此证书经审批机构认可，可延长使用。若供货产品上发现严重质量事故，则对企业进行中间检查，必要时撤销其证书。

（2）焊接质量控制标准

焊接质量控制标准是进行质量检验的依据，对提高焊接质量，确保焊接结构（尤其是锅炉和压力容器等易燃易爆产品）的安全运行十分重要。焊接质量评定标准分为质量控制标准和适合于焊接产品使用要求的标准。

①质量控制标准。质量控制标准是从保证焊接产品的制造质量角度出发，把焊后存在的所有焊接缺陷看成是对焊缝强度的削弱和对结构安全的隐患，它不考虑具体使用情况的差别，而要求把焊接缺陷尽可能地降到最低限度。

质量控制标准中规定的具体内容，以人们长期在生产中积累经验为基础，以焊接产品制造质量控制为目的而制定的国家级、部级及企业级焊接质量验收标准，都属于质量控制标准。例如，《焊接质量保证钢熔化焊接头的要求和缺陷分级》GB/T 12469—1990、《焊接质量保证一般原则》GB/T 12467—1990、《焊接质量保证对企业的要求》GB/T 12468—1990等。建立焊接质量控制标准的目的是确保焊接结构的质量保持在某一水平，标准内容简明，容易掌握，大都是焊接生产实践中积累的经验。采用这类标准进行质量评定后的焊接结构在使用中的安全系数大，但评定结果偏于保守，经济性较差。

②适合于使用要求的标准。在役锅炉、压力容器、管道等焊接结构的定期检修中，常存在一些在质量控制标准中不允许存在的"超标缺陷"。如果将所有的"超标缺陷"一律进行返修或将锅炉或容器等判为废品，会造成过多的不必要返修和报废。实际应用中，对使用性能无影响的缺陷进行修复，可能会产生更有害的缺陷。

根据质量控制标准检验合格的锅炉、压力容器、管道等可以投入使用，但按质量控制标准检验不合格的可能也可以使用。从适合于使用的角度出发，应对"超标缺陷"加以区别，只返修那些对锅炉、压力容器等焊接结构安全运行造成危险性的缺陷，而不构成危险的缺陷可予保留。这种以适于使用为目的而制定的标准称为适合于使用要求的标准。

适合于使用要求的标准充分考虑到存在缺陷的结构件的使用条件，以满足使用要求为目的。评定时以断裂力学为基础，得出允许存在的临界裂纹尺寸，超过临界裂纹尺寸视为不符合使用要求，不超过临界裂纹尺寸认为所评定的缺陷是可以接受的，焊接结构件在使用中是安全的。

③在役锅炉、压力容器的质量评定锅炉、压力容器由于其特殊的工作环境，在设计、制造、安装、使用、检验、改造和维修中受到国家《压力容器安全技术监察规程》的监察。

在役锅炉、压力容器的质量评定必须遵循国家有关标准、行业标准和专业标准。至于应采用哪一类标准来进行评定，应根据压力容器的寿命、检验周期、探伤和安全要求，经制造单位、使用单位和质量监察部门来确定。无论采用哪类标准进行评定，都必须以保证压力容器使用安全可靠为前提。

在役锅炉、压力容器安全状况分为 5 个等级。一级表示锅炉、压力容器处于最佳安全状态；二级表示锅炉、压力容器处于良好安全状态；三级表示锅炉、压力容器安全状况一般，在合格范围内；四级表示锅炉、压力容器处于在限制条件下监督运行状态；五级表示锅炉、压力容器停用或判废。

在役锅炉安全状况评定项目主要包括锅炉外部检验、汽包、汽水分离器、省煤器、水冷壁、过热器、水循环泵、承重部件、安全附件检查等。在役压力容器安全状况评定项目主要包括外部检验、压力容器结构检查、压力容器腐蚀减薄、变形检验、焊缝表面及内在质量检验等。例如，锅炉、压力容器如存在以下情况，可依旧质量控制标准进行评定。

a. 锅炉、压力容器仅存在少量"超标缺陷"。

b. 期望检修的周期长一些。

c. 不具备进行可靠断裂力学计算的数据和能力。

d. 缺乏锅炉、压力容器的使用经验。

在以下情况下，可依据适合于使用要求的标准进行评定。

a. 按质量控制标准修复锅炉、压力容器难度大，并有返修报废的危险；而采用适合于使用要求的标准评定，可减少修复工作量，缩短工期。

b. 有经资格认可的断裂安全分析人员。

c. 具备在现场对焊接缺陷进行综合判断的经验和能力。

d. 具有丰富的锅炉、压力容器使用经验。

2. PQR 与 WPS 的重要作用

焊接是锅炉、压力容器制造中的重要加工方法。焊接质量的优劣直接影响锅炉、压力容器的质量、安全运行和寿命，因为是带压工作，质量有问题会带来隐患，给国家和人民生命财产带来潜在的巨大威胁。在锅炉压力容器的失效事故中，焊缝是主要的失效源，而制造质量的优劣是事故的重要原因之一。

我国早在 20 世纪 70 年代，即由通用机械研究所负责，制定了焊接工艺评定标准《钢制压力容器焊接工艺评定》（JB 3964），并引进国外先进焊接管理标准《焊接工艺规程》（Welding Procedure Specification，WPS）和《焊接工艺评定报告》（Welding Procedure Qualification Report，PQR）。

焊接工艺评定报告（PQR）和焊接工艺规程（WPS）自引进以来，已是锅炉、压力容器及压力管道制造、安装、维修中必不可少的技术文件，是评定制造、安装、维修单位焊接技术水平（资格）的依据。由于其科学、合理、严格，也为管道、钢结构、储罐制造和安装等生产部门采用。PQR 和 WPS，前者是后者的编制依据。我国焊接生产、工程安装中已广泛编制焊接工艺规程（WPS），用于指导生产。

工程安装中，大型设备、容器现场制作、安装，分段制作的塔、容器、设备的现场组对、压力管道安装等，施工单位都须提交合格的 PQR 和 WPS。审查 PQR 和 WPS，并检查 WPS 的贯彻执行，是监理工程师控制焊接质量的一项重要内容。

工程结构焊接质量的形成，始于设计图纸，终于工程投用。只有当焊接构件（容器、管道、钢结构等）按设计要求，经合理的焊接工艺、严格的检查，通过系统试验和考核合格后，才能说焊接质量是合格的或优良的。这个过程中，合理的焊接工艺和严格的检查是施工监理中焊接质量控制的关键。

严格的检查，从母材、焊材到焊接接头以整个焊接结构，包括化学成分分析、力学性能、无损检测和变形测量、焊缝外观检查、内在质量分析等，在焊接工艺规程、焊接工艺评定报告以及有关标准、规程中都有明确规定，必须认真执行。合理的焊接工艺包括硬件和软件。硬件有合格的焊工和性能良好的焊接设备、检验仪器及必需的工装、量具等。软件则是正确的焊接工艺规程

（WPS）。我国有关行业标准对 PQR 有明确规定，其中以压力容器制造最为严格。企业应按产品的技术规程及工艺评定标准的规定设计工艺评定试验内容，工艺评定的试验条件必须与产品生产条件一致，工艺评定试验要使用与实际生产相同的钢材及焊接材料。为了减小人为因素影响，工艺评定试验应由技术熟练的焊工施焊。

进行工艺评定试验时，必须考虑焊接方法、钢材种类及规格、焊接材料（包括焊条、焊丝及填充材料、焊剂、保护气体等）、预热和焊后热处理。在某些条件下还应考虑电流种类和极性、层间温度、多层焊和单层焊、热输入、焊丝摆动频率及幅度、接头形式及焊接位置等。焊接工艺评定试验要根据有关的标准及规程进行，如理化分析标准、力学性能试验标准、无损检验标准等。

PQR 和 WPS 的重要性是很明确的。我国许多大型制造、安装企业通过了 ISO 9002 认证，他们承担的制造、安装工程都有质量保证体系，结构件的焊接均有 WPS 和依据的 PQR，应该说队伍素质是比较高的。但是也有一些单位成了"例行公事"。

例如，某单位在施工时，为应付检查，先编制了焊接工艺，而无焊接工艺评定报告（PQR）作依据。这种焊接工艺实际上是无效的，当发现后又补做了 PQR，这种做法不符合焊接工艺评定程序，应当杜绝这类情况发生在施工现场。

为了确保焊接质量，应采取如下有效措施。

①发挥焊接专业人员的技术主导作用，审核 PQR 与 WPS 必须是有经验的焊接专业人员。

②定期举办焊接施工、检验人员培训。

③定期更新过时的 PQR 与 WPS。焊接技术、施工方法发展很快，新钢种不断涌现，施工单位应定期对库存的 PQR 与 WPS 进行清理，对不适应施工要求的予以废除或封存，有的需要补做试验进行修订，有的则要重新进行评定。

④有关认证机构严格把关。

3. 焊接工艺评定的目的和影响因素

（1）焊接工艺评定的目的。

焊接工艺评定是通过对焊接接头的力学性能或其他性能的试验证实焊接工

艺规程的正确性和合理性的一种程序。生产厂家应按国家有关标准、监督规程或国际通用的法规，自行组织并完成焊接工艺评定工作。

焊接工艺评定试验不同于以科学研究和技术开发为目的而进行的试验，焊接工艺评定的目的主要有两个：一是为了验证焊接产品制造之前所拟定的焊接工艺是否正确；二是评定即使所拟定的焊接工艺是合格的，但焊接结构生产单位是否能够制造出符合技术条件要求的焊接产品。

也就是说，焊接工艺评定的目的除了验证焊接工艺规程的正确性外，更重要的是评定制造单位的能力。所谓焊接工艺评定就是按照拟定的焊接工艺（包括接头形式、焊接材料、焊接方法、焊接参数等），依据相关规程和标准，试验评定拟定的焊接接头是否具有所要求的性能。焊接工艺评定的目的在于检验、评定拟定的焊接工艺的正确性、是否合理、是否能满足产品设计和标准规定，评定制造单位是否有能力焊接出符合要求的焊接产品，为制定焊接工艺提供可靠依据。

人们对焊接工艺评定的目的有两种不同的观点，即验证所拟定的焊接工艺的正确性，以及验证所拟定的焊接工艺的正确性并同时评定制造单位的能力。

上述观点涉及以下两种不确定因素。

①制造单位编制的焊接工艺规程是否正确。

②制造单位是否具备必要的能力。

由于存在"是"或"否"这样的不确定性，各国压力容器建造规范或标准都要求在压力容器焊接开始之前，通过焊接工艺评定试验对这种不确定性做出评判。若结果是"是"，则允许进行焊接，否则便不能。

美国 ASME 规范认为，焊接工艺评定的目的是确定拟建造的焊件满足对预定应用场合提出的各项性能要求的能力。焊件是具体制造单位焊接制成的，确定焊件是否具有要求的性能，就是评定制造单位能否生产出满足要求的焊件的能力。

焊接工艺既包括由焊接性试验或根据相关的资料所拟定的工艺，也包括已经评定合格，但由于特殊原因需要改变一个或几个焊接条件的工艺。为了保证锅炉、压力容器的焊接质量，对这些工艺条件都必须进行工艺评定，因为它是没有经过实际焊接条件检验的工艺。如果在施焊前不进行焊接工艺评定，那么焊后即使经无损探伤合格的焊缝，其焊接接头的使用性能未必能够满足质量要求，这就使压力容器产品的安全性大大降低。

焊接工艺评定在很大程度上能反映出制造单位所具有的施工条件和能力。焊接工艺评定所进行的各种试验，是结合锅炉和压力容器的特点和技术条件，结合制造单位具体条件下进行的焊接工艺验证性试验。因此，只要试验合格，经过焊接工艺评定的焊接工艺是可靠的，并能够满足锅炉和压力容器焊接的需要。

焊接工艺评定还用以证明施焊单位是否能够焊制出符合相关法规、标准、技术条件所要求的焊接接头。在焊接工艺评定中明确规定：对于焊接工艺评定的试件，要由制造单位操作技能熟练的焊接操作者施焊。一项评定合格的焊接工艺由于施焊单位的变更有可能成为不合格的工艺，这是因为各制造单位在技术水平上有差异，设备条件不同，生产经验等方面也存在差别。

（2）焊接工艺评定的特点。

焊接工艺评定试验与金属焊接性试验、产品焊接试板试验、焊工操作技能评定试验相比，有相同之处，也有不同之处，主要的特点如下。

①焊接工艺评定与金属焊接性试验不同，焊接工艺评定主要是验证或检验所制定或拟定的焊接工艺是否正确；而金属焊接性试验主要用于证明某些材料在焊接时可能出现的焊接问题或困难，有时也用于制定某些材料的焊接工艺。

②焊接工艺评定与焊接产品试板试验不同，焊接工艺评定是在施工之前所进行的施工准备过程，不是在焊接施工过程中进行的。而产品焊接试板试验则是在焊接结构生产过程中进行的,这种试板的焊接是与产品的焊接同步进行的。

③焊接工艺评定与焊工操作技能评定试验不同，焊接工艺评定试件的焊接由操作技能熟练的焊工施焊，没有操作因素对工艺评定的不利影响。焊接工艺评定的目标是焊接工艺，目的是评定焊接工艺的正确性；而焊工操作技能评定试板则是由申请参加考试的焊工施焊。

这些焊工的操作技能参差不齐，焊工操作技能影响试板的焊接质量，也影响评定结果。焊工操作技能评定试验评定的目标是焊工，用以考核焊工操作技能的高低。

④锅炉和压力容器的焊接工艺评定是见证性试验，进行评定时需要见证（Witness），也就是在焊接工艺评定时应有官方、第三方检验人员或用户检验

人员同时在场的情况下方可进行评定。制造单位在进行工艺评定前，必须通知授权的检验人员到场，否则无效。

焊接工艺评定应以可靠的钢材焊接性能试验为依据，并在产品焊接之前完成。焊接工艺评定过程是：拟定焊接工艺指导书，根据相关标准的规定施焊试件，检验试件和试样，测定焊接接头是否具有所要求的使用性能，提出焊接工艺评定报告。验证施焊单位拟定的焊接工艺的正确性。

焊接工艺评定所用的设备、仪表应处于正常工作状态，钢材、焊接材料必须符合相应标准，由本单位技能熟练的焊接操作人员焊接试件。

评定对接焊缝焊接工艺时，采用对接焊缝试件；评定角焊缝焊接工艺时，采用角焊缝试件。对接焊缝试件评定合格的焊接工艺也适用于角焊缝；评定组合焊缝（角焊缝加对接焊缝）焊接工艺时，根据焊件的焊透要求确定采用组合焊缝试件。对接焊缝试件评定合格的焊接工艺也适用于角焊缝；评定组合焊缝（角焊缝加对接焊缝）焊接工艺时，根据焊件的焊透要求确定采用组合焊缝试件、对接焊缝试件或角焊缝试件。焊接工艺评定的试件形式如图 6-4 所示。

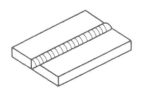 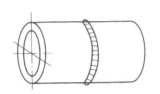

（a）板材对接焊缝试件　　　　（b）管材对接焊缝试件

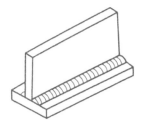 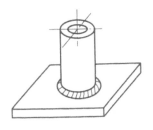

（c）板材角焊缝试件　　　（d）管与板角焊缝试
　　　和组合焊缝试件　　　　　件和组合焊缝试件

图 6-4　焊接工艺评定的试件形式

焊接工艺评定是评定焊接工艺正确与否的一项科学试验，是保证焊接质量的前提和基础。从事焊接结构的制造厂，应按照国家标准和有关行业标准的规定，进行焊接工艺评定，以评定合格的记录作为焊接工艺规程的编制依据。

　　根据几十年积累的生产经验，国际焊接工程界形成了一套焊接工艺评定规则。美国机械工程师协会（ASME）锅炉与压力容器委员会于1940年组织编写了世界上第一部《焊接与钎焊工艺评定及焊工与钎焊工技能考核标准》，并于1962年做了重大修改和补充，成为美国ASME锅炉与压力容器法规的第九卷，强制性地在美国和加拿大锅炉与压力容器制造行业贯彻执行。后来被许多工业国所沿用而成为世界公认的权威性的标准。

　　美国ASME锅炉与压力容器法规包含世界上较科学和较系统的焊接工艺评定标准。几十年的生产经验表明，美国ASME锅炉与压力容器法规对焊接工艺评定的要求和规定，是控制锅炉与压力容器产品焊接质量行之有效的程序和方法。

　　我国劳动部颁发的《蒸汽锅炉安全技术监察规程》和《压力容器安全技术监察规程》，自1987年起都增加了有关焊接工艺评定的规定。明确说明：采用焊接方法制造、安装、修理和改造锅炉受压元件时，施焊单位应制定焊接工艺指导书并进行焊接工艺评定，符合要求焊接工艺评定报告的合法性和正确性。

　　美国ASME锅炉与压力容器法规明确规定，每个承担锅炉和压力容器生产任务的制造厂必须具备以下两个先决条件。

　　①应当制定出能指导焊工焊制产品焊缝的焊接工艺规程。

　　②必须按相关标准通过焊接试板和试样的检验，证明按该焊接工艺规程焊接的接头符合产品设计要求。

　　焊接工艺评定报告应由企业管理者或管理者代表审查签字，以此保证该企业完成的焊接工艺评定程序的合法性及试验结果的可靠性。

　　（3）重要因素、补加因素和次要因素。

　　焊接工艺评定的影响因素是由焊接工艺重要参数的变化决定的。焊接工艺参数按其对焊接工艺评定的重要影响，可以分为重要因素、补加因素和次要因素三类。

①重要因素（也称"基本因素"）是指明显影响焊接接头抗拉强度和弯曲性能的焊接工艺因素，如焊接方法、母材金属的类别号、填充金属分类号、预热和焊后热处理等参数的变化。

②补加因素（也称"附加重要因素"）是指明显影响焊接接头冲击韧性的焊接工艺因素，如焊接方法、向上立焊还是向下立焊、焊接热输入、预热温度和焊后热处理的变化。当规定进行冲击试验时，需增加补加因素。

③次要因素（也称"非重要因素"）是指对要求测定的力学性能无明显影响的焊接工艺因素，如接头形式、背面清根或清理方法等。

这三类因素是相对而言的，如当需要做冲击韧性试验时，补加因素就变成了基本因素。

所谓基本因素、补加因素、次要因素也是相对于某种焊接方法而言的。有的参数对于这种焊接方法是基本因素，而对于另一种焊接方法可能成为次要因素，对第三种焊接方法可能成为不需要考虑的参数。

所有的焊接工艺参数可以按接头形式、母材金属、填充金属、焊接位置、预热、焊后热处理、所用气体、电特性和操作技术分成九大类，并分别对常用的焊接方法以表格形式列出工艺评定中应考虑的重要因素、补加因素和次要因素。

各种焊接方法的焊接工艺评定重要因素和补加因素见表6-1。

表 6-1　各种焊接方法的焊接工艺评定重要因素和补加因素

类别	焊接条件	重要因素						补加因素					
		气焊	焊条电弧焊	埋弧焊	熔化极气体保护焊	钨极气体保护焊	电渣焊	气焊	焊条电弧焊	埋弧焊	熔化极气体保护焊	钨极气体保护焊	电渣焊
填充材料	1. 焊条型号、牌号	—	△	—	—	—	—	—	—	—	—	—	—
	2. 当焊条牌号中仅第三位数字改变时，用非低氢型药皮焊条代替低氢型药皮焊条	—	—	—	—	—	—	—	△	—	—	—	—
	3. 焊条的直径改为大于 6mm	—	—	—	—	—	—	—	△	—	—	—	—
	4. 焊丝型号、牌号	△	—	△	—	△	—	—	—	—	—	—	—
	5. 焊剂型号、牌号；混合焊剂的混合比例	—	—	△	—	—	△	—	—	—	—	—	—
	6. 添加或取消附加的填充金属；附加填充金属的数量	—	—	△	—	—	△	—	—	—	—	—	—
	7. 实心焊丝改为药芯焊丝，或反之	—	—	—	△	—	—	—	—	—	—	—	—
	8. 添加或取消预置填充金属；预置填充金属的化学成分范围	—	—	—	—	△	—	—	—	—	—	—	—
	9. 增加或取消填充金属	—	—	—	—	△	—	—	—	—	—	—	—
	10. 丝极改为板极或反之，丝极或板极牌号	—	—	—	—	—	△	—	—	—	—	—	—
	11. 熔嘴改为非熔嘴或反之，熔嘴牌号	—	—	—	—	—	△	—	—	—	—	—	—
焊接位置	从评定合格的焊接位置改变为向上立焊	—	—	—	—	—	—	—	△	—	△	△	—
预热	1. 预热温度比评定合格值降低 50℃以上	—	△	△	△	△	—	—	—	—	—	—	—
	2. 最高层间温度比评定合格值高 50℃以上	—	—	—	—	—	—	—	△	△	△	△	—
气体	1. 可燃气体的种类	△	—	—	—	—	—	—	—	—	—	—	—
	2. 保护气体种类；混合保护气体配比	—	—	—	△	△	—	—	—	—	—	—	—
	3. 从单一的保护气体改用混合保护气体，或取消保护气体	—	—	—	△	△	—	—	—	—	—	—	—
电特性	1. 电流种类或极性	—	—	—	—	—	—	—	△	△	△	△	—
	2. 增加热输入或单位长度焊道的熔敷金属体积超过评定合格值（若焊后热处理细化了晶粒，则不必测定热输入或熔敷金属体积）	—	—	—	—	—	—	—	△	△	△	△	—
	3. 电流值或电压值超过评定合格值 15%	—	—	—	—	—	△	—	—	—	—	—	—
操作技术	1. 焊丝摆动幅度、频率和两端停留时间	—	—	—	—	—	—	—	—	—	—	△	—
	2. 由每面多道焊改为每面单道焊	—	—	—	—	—	—	—	—	—	△	—	—
	3. 单丝焊改为多丝焊，或反之	—	—	—	—	—	△	—	△	—	—	—	—
	4. 电（钨）极摆动幅度、频率和两端停留时间	—	—	—	—	—	△	—	—	—	—	△	—
	5. 增加或取消非金属或非熔化的金属成形滑块	—	—	—	—	—	△	—	—	—	—	—	—

4. 焊接工艺评定规则、程序及注意事项

（1）焊接工艺评定规则。

标准的工艺评定规则因产品类型不同而有差别，但基本上是对评定的条件、何种情况需进行评定和评定结果的适用（或替代）范围等做出规定。锅炉、压力容器品种较多，生产条件也各不相同。在焊接工艺评定时，必须注意以下一些规则。

①改变焊接方法，需重新评定。

②当同一种焊缝使用两种或两种以上焊接方法（或焊接工艺）时，可按每种焊接方法（或焊接工艺）分别进行评定；也可使用两种或两种以上焊接方法（或焊接工艺）焊接试件，进行组合评定。组合评定合格后用于焊件时，可以采用其中一种或几种焊接工艺，但要保证每一种焊接工艺所熔敷的焊缝金属厚度都在已评定的有效范围内。

③为了减少焊接工艺评定数量，可根据母材的化学成分、力学性能和焊接性能对钢材进行分类分组。

a. 一种母材评定合格的焊接工艺可以用于同组别号的其他母材。

b. 在同类别号中，高组别号母材的评定适用于该组别号母材与低组别号母材所组成的焊接接头。

c. 当不同类别号的母材组成焊接接头时，即使母材各自都已评定合格，其焊接接头仍需重新评定。但类别号为Ⅱ、组别号为Ⅵ—1 的同钢号母材的评定适用于该类别号或该组别号母材与类别号为Ⅰ的母材所组成的焊接接头。

④试件的焊后热处理应与焊件在制造过程中的焊后热处理相同。在消除应力热处理时，试件保温时间不得少于焊件在制造过程中累计保温时间的 80%。改变焊后热处理类别，需重新评定。焊后热处理类别为：

a. 铬镍不锈钢分为不热处理和热处理（固溶或稳定化处理）。

b. 除铬镍不锈钢外分为不热处理、消除应力热处理、正火、正火加回火、淬火加回火。

⑤采用焊缝试件按照相应的标准评定合格的焊接工艺，不仅适合于具有相同厚度的工件母材和焊缝金属，而且适用于一定厚度范围内的其他工件母材和焊缝金属。因为厚度在一定范围内冷却速度相差不大，对焊缝金属的组织性能

影响不大（其他条件不变），因而能够保证焊接接头的使用性能。评定合格的焊接工艺，对焊缝金属和母材厚度有一定的适用范围。

评定合格的对接焊缝试件的焊接工艺适用于焊件的母材厚度和焊缝金属厚度的有效范围见表6-2。

表6-2 焊接工艺适用于焊件的母材厚度和焊缝金属厚度的有效范围

mm

试件母材厚度 T	适用于焊件母材厚度的有效范围	
	最小值	最大值
$1.5 \leqslant T < 8$	1.5	$2T$，而且不大于12
$T \geqslant 8$	$0.75T$	$1.5T$
试件焊缝金属厚度 t	适用于焊件焊缝金属厚度的有效范围	
	最小值	最大值
$1.5 \leqslant t < 8$	不限	$2t$，而且不大于12
$t \geqslant 8$	不限	$1.5t$

当采用两种或两种以上焊接工艺焊接的试件评定合格后，适用于焊件的厚度有效范围，不得以每种焊接工艺评定后所适用的最大厚度进行叠加。

⑥对于返修焊、补焊和打底焊，当试件母材厚度不小于40mm时，工艺所适用的焊件母材的厚度有效范围的最大值不限。

⑦对接焊缝试件评定合格的焊接工艺适用于不等厚对接焊缝焊件的厚度都应在已评定的有效范围内评定合格的焊接工件厚边和薄边母材。

⑧对接焊缝试件对角焊缝试件评定合格的焊接工艺用于焊件角焊缝时，焊件厚度的有效范围不限。

⑨板材对接焊缝试件评定合格的焊接工艺适用于管材的对接焊缝，反之亦然；板材角焊缝试件评定合格的焊接工艺适用于管与板的角焊缝，反之亦然。

⑩当组合焊缝焊件为全焊透时，可采用与焊件接头的坡口形式和尺寸类同的对接焊缝试件进行评定；也可采用组合焊缝试件加对接焊缝试件（后者的坡口形式和尺寸不限定）进行评定。此时，对接焊缝试件的重要因素和补加因素应与焊件的组合焊缝相同。当组合焊缝焊件不要求全焊透时，若坡口深度大于焊件中较薄母材厚度的一半，按对接焊缝对待；若坡口深度小于或等于焊件中较薄母材厚度的一半，按角焊缝对待。

⑪当变更任何一个重要因素时都需要重新进行焊接工艺评定。当增加或变更任何一个补加因素时，可按增加或变更的补加因素增焊冲击韧性试件进行试

验。当变更次要因素时不需重新进行焊接工艺评定，但需重新编制焊接工艺指导书。

（2）焊接工艺评定的一般程序。

锅炉和压力容器焊接结构生产中，各生产单位产品质量管理机构不尽相同，工艺评定程序会有一定差别。以下是焊接工艺评定的一般程序。

①焊接工艺评定立项由生产单位的设计或技术管理部门根据新产品结构、材料、接头形式、所采用的焊接方法和钢板厚度范围，以及产品在生产过程中因结构、材料或焊接工艺的重大改变，需重新编制焊接工艺规程时，提出需要焊接工艺评定的项目。

②下达焊接工艺评定任务书所提出的焊接工艺评定项目经过审批程序后，由焊接工程师根据有关法规和产品的技术要求提出焊接工艺评定任务书，经责任工程师审核，总工程师批准后下达执行。任务书的主要内容包括：产品订货号、接头形式、母材钢号与规格、对接头性能的要求、检验项目和合格标准等。焊接工艺评定任务书的推荐格式见表6-3。

表6-3　焊接工艺评定任务书的推荐格式

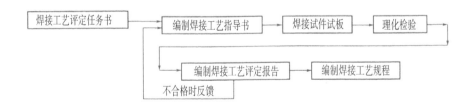

任务来源			
产品名称		产品令号	
部（组）件名称		部（组）件图号	
零件名称		焊接方法	

被评接头	母材钢号	母材类组别	规格	接头形式

母材力学性能

项目	钢号	试件规格	屈服强度 / MPa	抗拉强度 / MPa	伸长率 /%	断面收缩率 /%	冷弯角 / (°)	冲击吸收功 /J	硬度	其他	标准
产品											
试件											

评定标准

试件无损检查项目　　外观　　□MT①　　□PT　　□RT　　□UT

试件理化性能试验项目

项目	拉伸		弯曲			冲击	金相		硬度	化学分析	其他
	接头	焊缝	面弯	背弯	侧弯		宏观	微观			
试样数量											

补充试验项目（不做考核）

性能试验合格标准（按试件母材）

要求完成日期：

制订		日期		校对		日期	

①焊缝无损检验代号。

③提出焊接工艺指导书又称为焊接工艺规程，由焊接工程师按照焊接工艺评定任务书提出的条件和技术要求进行编制，以焊接工艺评定报告为依据。焊接工艺指导书（即焊接工艺规程）的推荐格式见表6-4。

表6-4　焊接工艺指导书推荐格式

名称_____批准人签字_____

焊接工艺指导书编号_____

焊接方法_____日期_____焊接工艺评定报告编号_____

机械化程度（手工、半自动、自动）_____

焊接接头：_____

坡口形式_____

垫板（材料及规格）_____其他_____应当用简图、施工图、焊缝代号或文字说明接头形式、坡口尺寸、焊缝层次和焊接顺序

母材：

类别号

焊接材料：_____组列号_____与列别号_____组列号_____相焊

或标准号_____钢号_____与标准号_____钢号_____相焊

厚度范围：

母材：对接焊缝_____角焊缝_____

管子直径、壁厚范围：对接焊缝_____角焊缝_____组合焊缝_____

焊缝金属_____

其他

焊接材料：

焊条类别_____其他_____

焊条标准_____牌号_____

填充金属尺寸_____

焊丝、焊剂牌号_____

焊剂商标名称_____

焊条（焊丝）、熔敷金属化学成分（质量分数）%

C	Si	Mn	P	S	Cr	Ni	Mo	V	Ti

注：对每一种母材与焊接材料的组合均需分别填表

焊接位置： 对接焊缝的位置_____ 焊接方向：向上____向下____角焊缝位置__	焊后热处理： 加热温度____℃____升温速度____保温时间___ 冷却方式____
预热： 预热温度（允许最低值）____℃ 层间温度（允许最高值）____℃ 保持预热时间加热方式____	气体： 保护气体____ 混合气体组成____ 流量____

电特性：

电流种类____极性____

焊接电流范围(A)____电弧电压(V)____

（应当对每种规格的焊条所焊位置和厚度分别记录电流和表压范围，这些数据列入下表中）

焊缝层次	焊接方法	填充金属		焊接电流		电弧电压范围/V	焊接速度/cm·min⁻¹	热输入
		牌号	直径/mm	极性	电流/A			

钨极规格及类型（钍钨极或铈钨极）_____

熔化极气体保护焊熔滴过渡形式（喷射过渡、短路过渡等）_____

焊丝送进速度范围_____

技术措施：

摆动焊或不摆动焊_____

摆动参数_____

喷嘴尺寸_____

焊前清理或层间清理_____

背面清根方法_____

导电嘴至工件距离（每面）_____

多道焊或单道焊（每面）_____

多丝焊或单丝焊_____

锤击_____

其他（环境温度、相对湿度）_____

编制		日期		审核		日期	

④编制焊接工艺评定试验执行计划。计划内容包括为完成所列焊接工艺评定试验的全部工作，如试件备料、坡口加工、试件组焊、焊后热处理、无损检测和理化检验等的计划进度、费用预算、负责单位、协作单位分工及要求等。

⑤试件的准备和焊接试验计划经批准后即按焊接工艺指导书领料、加工试件、组装试件、焊材烘干和焊接。试件的焊接应由考试合格的熟练焊工，按焊接工艺指导书规定的工艺参数施焊。焊接全过程在焊接工程师监督下进行，并记录焊接工艺参数的实测数据。如试件要求焊后热处理，则应记录焊后热处理过程的实际温度和保温时间。

⑥焊接试件的检验。试件焊完后先进行外观检查，再进行无损探伤，最后进行焊接接头的力学性能试验。评定试件不允许返修。如检验不合格，则分析原因，重新编制焊接工艺指导书（修改工艺或参数），重焊试件。

⑦编写焊接工艺评定报告要求。评定的项目经检验全部合格后，即可编写焊接工艺评定报告。工艺评定报告内容大体分成两大部分：第一部分是记录焊接工艺评定试验的条件，包括试件材料牌号、类别号、接头形式、焊接位置、焊接材料、保护气体、预热温度、焊后热处理制度、焊接热输入等；第二部分是记录各项检验结果，其中包括拉伸、弯曲、冲击、硬度、宏观金相、无损检验和化学成分分析结果等。

焊接工艺评定报告由完成该项评定试验的焊接工程师填写并签字，内容必须真实完整。

焊接工艺评定报告推荐格式见表6-5。

表6-5 焊接工艺评定报告推荐格式

单位名称＿＿＿＿＿批准人签字＿＿＿＿＿

焊接工艺评定报告编号＿＿＿＿日期＿＿＿＿焊接工艺书编号＿＿＿＿

焊接方法＿＿＿＿机械化程度（手工、半自动、自动）＿＿＿＿

接头：

用简图画出坡口形式、尺寸、垫板、焊缝层次和顺序等

母材： 钢材标准号 钢号 类、组别号＿＿＿＿与类、组别号相焊 厚度 直径 其他	焊后热处理： 温度保温时间 气体 气体种类 混合气体成分
填充金属： 焊条标准 焊条牌号 焊丝钢号、尺寸 焊剂牌号 其他	电特性： 电流种类极性 焊接电流（A） 电压（V） 其他
焊接位置： 对接焊缝位置＿＿＿＿方向（向上、向下）角 焊缝位置 预热： 预热温度（℃） 层间温度（℃） 其他	技术措施： 焊接速度 摆动或不摆动 摆动参数 多道焊或单道焊（每面） 单丝焊或多丝焊 其他

焊缝外观检查

＿＿＿＿＿＿＿＿＿＿

＿＿＿＿＿＿＿＿＿＿

＿＿＿＿＿＿＿＿＿＿

无损检测：

着色探伤（标准号、结果）＿＿＿＿超声波探伤（标准号、结果）＿＿＿＿

磁粉探伤（标准号、结果）＿＿＿＿射线探伤（标准号、结果）＿＿＿＿

其他＿＿＿＿

拉伸试验报告编号

试样号	宽	厚	面积	断裂载荷	抗拉强度/MPa	断裂特点和部位

弯曲试验报告编号

试样编号及规格	试样类别	弯轴直径	试验结果

冲击试验报告编号

试样号	缺口位置	缺口形式	试验温度	冲击吸收功 /J

角焊缝试验和组合焊缝试验

检验结果：

焊透_____　　未焊透_____

裂纹类型和性质：（表面）_____（金相）_____

两焊脚尺寸差_____

其他检验：_____

检查方法（标准、结果）_____

焊缝金属化学成分分析（结果）_____

其他_____

结论：本评定按 GB×××—×× 规定焊接试件检验试样，测定性能，确认试验记录正确，评定结果（合格、不合格）

施焊	（签字）焊接日期标记
填表	（签字）日期
填表	（签字）日期

①焊接工艺评定报告由总工程师批准生效，作为制定焊接工艺规程的依据。

②经评定合格的焊接工艺指导书可直接用于生产，也可以根据焊接工艺指导书、焊接工艺评定报告结合实际生产条件，制定焊接工艺规程（卡），指导焊接生产。

③焊接工艺评定工作和相关试验必须在制造厂内进行，所编制的焊接工艺规程只适用于该制造厂。

（3）焊接工艺规程的编制。

制造单位的焊接技术人员根据锅炉或压力容器结构、图纸和技术条件，通过焊接性试验，参考有关焊接技术资料或根据生产经验拟定一套焊接工艺，并依据焊接工艺评定任务书和规格。

①指明焊接方法和自动化等级（手工、机械化、自动），注明是否自动焊接。

②母材的钢号、分类号、焊接材料（焊条、焊丝、焊剂、钨极等）的型号（或牌号）和规格。

③焊接接头形式、坡口形式及尺寸、预留间隙、焊道层次、施焊顺序及有无垫板等。

④母材的厚度适应范围及管子的直径。

⑤熔敷金属的化学成分。

⑥焊缝所处的位置及焊接方向。

⑦焊前预热温度、层间温度的控制及焊后是否需进行热处理及热处理规范等。

⑧多层焊缝每层是否用相同的焊接方法和焊接材料，焊材的型号（或牌号）和规格，焊接电流种类、极性和焊接电流、电弧电压、焊接速度、自动焊或半自动焊的导电嘴至工件的距离、喷嘴尺寸及喷嘴与工件的角度、保护气体种类、气体衬垫和保护气体的成分和流量、施焊和操作技术（如焊条有无摆动、摆动方式、清根方法和有无锤击等）。

⑨焊接设备及相关仪表、仪器等。

⑩对所评定产品焊接接头性能的要求，包括强度、塑性、冲击韧性及其他性能（耐腐蚀性、耐磨性、硬度等）等。

⑪操作人员、编制人和审批人的签名和日期等。

有关焊接工艺评定任务书和焊接工艺指导书（或焊接工艺规程）的格式，相关标准（如 JB 4708—92）中推荐了相应的表格。有时为了特殊需要，根据焊接工艺评定所涉及的内容可自行设计相应表格编制焊接工艺规程。

（4）焊接工艺评定应注意的问题。

焊接工艺评定是在钢材焊接性试验基础上，结合锅炉、压力容器结构特点、技术条件，在制造单位具体条件下的焊接工艺验证性试验；还用以证明施焊单位是否有能力焊制出符合有关法规、标准、技术条件要求的焊接接头，因此焊接工艺评定应在本单位进行。

国标给出的焊接工艺评定是通用性标准，对于特殊结构和特殊使用条件

（如低温、耐腐蚀等）的锅炉和压力容器的焊接工艺评定，施焊单位在执行国家标准时，应考虑特殊技术要求并做出相应的规定。

焊接工艺评定是锅炉和压力容器焊接质量管理的重要环节之一，但保证锅炉和压力容器焊接质量只做焊接工艺评定是不够的，还必须做好焊工考试、材料管理及产品焊接整个过程中的一系列的质量管理工作。

对于焊工考试与焊接工艺评定的关系，只要焊工考试的焊接方法、母材钢号、试件类别、焊接材料在产品焊接工艺评定有效范围内，其产品的焊接工艺评定就能用于焊工考试的评定。否则须另行指导焊工考试。

应注意编制焊接工艺（卡）与焊接工艺评定的关系。焊接工艺评定是在产品制造前进行的，只有其评定合格后，才可编制焊接工艺（卡）。焊接工艺评定是编制焊接工艺（卡）的依据。焊接工艺评定只考虑影响焊接接头力学性能的工艺因素，而未考虑焊接变形、焊接应力等因素。焊接工艺（卡）的制定除依据焊接工艺评定外，还须结合工厂实际情况，考虑劳动生产率、技术素质、设备等因素，使之具有先进性、合理性、完整性。焊接工艺评定是技术文件，要编号存档，而焊接工艺（卡）则是与产品图纸一起下放到生产车间，具体指导生产。

焊接工艺评定工作在执行中也存在以下问题。

①地点与时效。有些大型企业施工队伍分散在全国各地，焊接工艺评定在总部的焊接试验室进行。分散在各地的施工人员素质差异很大，有时现场焊接条件达不到焊接工艺评定的要求；还有的 PQR（焊接工艺评定报告）是数年前完成的。对这些早年完成的 PQR 应做出适当处理，对不适用的 PQR 要重新补做。如果是 U 形缺口冲击试验，须补作 V 形缺口冲击试验。

②覆盖面不足。有的焊接工艺规程（WPS）依据的焊接工艺评定报告（PQR），从钢材种类到厚度范围都不能覆盖，却用于指导焊接生产。这种"焊接工艺"，如果没有 PQR 的支持，就不能使用，应重新按标准进行评定。

③ PQR 和 WPS 编制不规范有的多层多道焊缝，焊接工艺规程（WPS）中填写不清，只标层数，没有道数，正反面焊道不明确，焊接材料的规格、烘干、领用时间、日期都没有注明，焊接工艺参数也不是实地记录。签字、盖章也不规范。

进行焊接工艺评定要明确基本程序，以相关国家标准为准绳，按规定选取评定项目，编制焊接工艺评定任务书和焊接工艺指导书，按要求准备及加工试件，做好试验记录，完成符合标准的焊接工艺评定报告。还要加强对焊接工艺评定报告、试样的档案管理等工作。

焊接工艺文件的管理，对焊接质量管理体系的各个环节起重要作用。焊接工艺文件一般包括焊接工艺规程、通用焊接工艺和专用焊接工艺等。焊接工艺文件的管理应明确有无编制依据，能否满足基本要求及编制、会签和审批程序及权限。

（5）焊接工艺评定报告的管理。

焊接工艺评定报告是企业质量控制和保证的重要证明文件，是国家技术监督部门和用户对企业质量系统评审和产品质量监督中的必检项目，也是焊接生产企业获取国内外生产许可和质量认证的重要先决条件之一。因此，焊接工艺评定报告应严格管理，从评定报告的格式、填写、审批程序、复制、归档、修改到外部评审等，应建立完善的管理制度。

①焊接工艺评定报告的管理程序。在焊接工艺评定中，要真实而完整地记录整个试验过程，如焊接工艺评定试验的条件、试板的检验结果及其他产品技术条件所要求的检验项目的检测结果。焊接工艺评定报告应按企业制定的工艺文件编号制度统一编号，注明报告填写日期。评定报告应由完成该项评定试验的焊接工程师填写，并在报告的最后一行签名。为保证评定报告的完整性和正确性，评定报告应经总工程师审核，最后由企业负责人审批签名，以代表企业对报告的真实性和合法性负责。为了体现评定报告的真实性，通常将评定试板的力学性能、宏观金相检验等报告原件作为焊接工艺评定报告的附件一并归档备查。

焊接工艺评定报告一经审批，原则上不准修改，这不仅是因为工艺评定报告是企业的重要质保文件，而且是一份真实反映焊接工艺评定试验全过程的记录报告。当焊接工艺评定标准或法规本身有关条款做出修改时，允许对已经审批的评定报告做必要的补遗。补遗报告也应经企业管理者或管理者代表签证。

焊接工艺评定报告是一个企业的内部文件，只适用于本企业作为其他焊接工艺文件的编制依据，供企业内部的焊接工艺人员使用，不准任意复制。

②焊接工艺评定报告的合法性。焊接结构生产企业必须严格按照焊接工艺评定标准或有关法规的要求，完成焊接工艺评定试验。企业必须根据自身的生产能力和工艺装备，由本企业的工艺部门和人员编制工艺评定任务书和焊接工艺指导书，并按标准或法规的要求，利用企业现有的焊接设备和考试合格的焊工完成焊接工艺评定试验。

相关法规不允许企业将焊接工艺评定试验委托外单位去完成，也不允许企业借用外单位的焊接工艺评定报告编制用于本企业焊接生产的焊接工艺规程。必须保证本企业的焊接工艺评定报告的合法性。企业的管理者须为完成所规定的焊接工艺评定试验建立必要的条件。很难设想，一家没有能力自行完成相应的焊接工艺评定试验的企业，能够生产出质量完全符合标准或法规要求的产品。由此可见，焊接工艺评定试验也是考核企业焊接生产能力和质量控制有效性的重要手段。

焊接工艺评定报告所记录的数据和检验结果必须是真实的，是采用经校验合格的仪器、仪表和检测设备测量结果的记录，不允许对试验数据和检测结果进行修改，更不允许编造检验结果。企业管理者有责任采取有效的管理和监督措施，杜绝有关人员的违法行为。企业负责人在工艺评定报告上签字，这就意味着他对报告所列全部数据的真实性和合法性负完全的责任。

③焊接工艺评定报告的有效性。焊接工艺评定报告经企业负责人签字后只说明该文件在企业内部已完成审批程序，可以在企业内部作为编制焊接工艺规程的依据，但不能作为企业质量认证的证明文件。只有当该企业的焊接工艺评定报告经技术监督部门代表签字认可后，才真正具有法律效力。例如，某企业向美国 ASME 总部申请锅炉与压力容器制造许可证时，该企业的焊接工艺评定报告需经美国锅炉与压力容器检验师（国家管理局授权的检验师）签字认可，才真正有效。

焊接工艺评定报告一经上述人员签字认可，就具有长期的有效性。

应指出，焊接工艺评定报告的长期有效性是以完全符合法规的要求为前提的。也就是说，焊接工艺规程的任一重要参数，都必须在法规评定规则所允许的范围内。一旦焊接工艺规程的某一重要参数超过所评定的范围，原所依据的焊接工艺评定报告即告失效，必须重新进行焊接工艺评定。

④焊接工艺评定及工艺规程的局限性。焊接工艺评定报告及其所支持的焊接工艺规程，是焊接结构生产企业确保产品焊接质量的重要手段，但不应理解为是唯一的手段。制造和生产大、中型焊接结构的企业，只用焊接工艺规程指导焊工以求焊制出质量完全符合产品技术要求，或制造法规要求的产品是远远不够的。

焊接工艺规程是以填表方式用简略的数字和技术术语阐明该种接头焊接所必需的重要焊接工艺参数和次要参数，即使将法规所规定的37个工艺参数全部填满，也不能说已包括焊接工艺的全部内容。

为使操作者能持续稳定地焊制质量符合法规要求的产品，应当补充编制一些必要的焊接工艺文件，如焊接工艺守则、操作守则、产品部件的制造技术要求或焊接技术要求等。焊接工艺守则一般分为两大类：一类是阐明焊接工艺方法要素及典型工艺参数的工艺守则，如焊条电弧焊工艺守则、二氧化碳气体保护焊工艺守则、埋弧自动焊工艺守则、钨极氩弧焊工艺守则等。另一类是详细规定各种材料焊接工艺要求的守则，如碳钢焊接工艺守则、低合金钢焊接工艺守则、不锈钢焊接工艺守则、铝及铝合金焊接工艺守则等。编写完善的焊接工艺守则是一种比焊接工艺规程内容更详细的焊接工艺文件，也是焊工必须遵照执行的通用焊接技术要求。

焊接产品或产品部件的制造技术条件是一种内容更广泛、适用范围更大的工艺文件，是针对该种产品的整个制造工艺过程，并结合产品特殊的运行条件而提出的技术要求、工艺措施、检验手段和合格标准。对于从事焊接产品或部件制造的所有技术人员、生产管理人员和技术工人都具有指导意义，也是编制焊接工艺规程的重要依据文件之一。

⑤焊接工艺评定报告与工艺规程的关系。对于锅炉和压力容器产品来说，每一份焊接工艺规程都必须有相对应的焊接工艺评定报告支持（也就是编制的依据）。由于焊接工艺规程的内容包括焊接工艺的重要参数和次要参数，不论重要参数还是次要参数发生改变，都需要重新编制焊接工艺规程；而焊接工艺评定报告只有当重要参数改变时，才需要重新进行焊接工艺评定。因此，一份焊接工艺评定报告可以支持若干份焊接工艺规程。

例如，一份在平焊位置完成的焊接工艺评定报告，可以同时支持在横焊、立焊和仰焊位置的焊接工艺规程，只要所有的重要参数在所评定的范围之内。其他次要因素的变化也可采取相同的办法处理。

一份焊接工艺规程可能需要多份焊接工艺评定报告的支持。例如，一条厚壁容器的焊缝采用两种不同的焊接方法焊成，打底焊缝采用二氧化碳气体保护焊，填充层和盖面层采用埋弧焊，该焊接工艺规程应由两份相应评定厚度的二氧化碳气体保护焊及埋弧焊的焊接工艺评定报告所支持。某些采用组合焊工艺的焊接接头甚至需要 3 份或 4 份焊接工艺评定报告。

采用组合焊工艺完成的接头，焊接工艺规程也可以一份焊接工艺评定报告为依据，按产品焊接工艺所规定的每种焊接方法所焊制的焊缝厚度焊制评定试板，所切取的接头拉伸和弯曲试样，应能反映各种焊接方法所焊焊缝的性能。另一种做法是，对组合焊工艺所用的每种焊接方法，单独焊制试板，试板的厚度至少为 12mm，这些试板的工艺评定报告，可用于相对应的焊接方法和焊缝厚度，包括根部焊道。

采用组合焊工艺焊接的工艺评定报告，也可按每种焊接方法或工艺所评定的焊缝厚度，分别支持只采用一种焊接方法或工艺所焊接头的焊接工艺规程，条件是其他所有重要参数完全相同或在所评定的范围之内。

为了减少焊接工艺评定的数量，避免不必要的重复，ASME 锅炉与压力容器法规将化学成分、焊接性和力学性能相近的材料归入一类。属于同一类的材料编制焊接工艺规程时，可以借用其他同类材料的焊接工艺评定报告，只要所采用的焊接工艺重要参数在已评定的范围之内。这样可省略大量重复的焊接工艺评定试验。例如，按钢号计，归入第 1 类第 1 组的钢材有 80 余种。焊接工艺评定报告不受钢材形状的限制，采用板材完成的焊接工艺评定试验，也适用于管材、型材、锻件和铸件。

上述材料分类原则是以法规认可的材料为前提的，列入 ASME 法规的所有材料都经过全面的鉴定，并在实际生产中应用多年，性能符合锅炉与压力容器制造要求。同类材料焊接工艺评定报告的相互借用具有充分的基础。

我国现行的锅炉与压力容器焊接工艺评定标准也对钢材作了相似的分类，但缺乏充分的、系统的试验数据和生产经验的积累。因此，应谨慎对待国产钢种的焊接工艺评定报告针对同类钢种的适用性问题。

母材厚度不同的焊接接头如符合下列条件，坡口焊缝的焊接工艺评定报告同样有效。

a. 较薄部件的厚度在所评定的范围之内。

b. 较厚部件的厚度，如对于不要求缺口冲击韧性的材料，部件的最大厚度不受限制，但工艺评定试板厚度应大于6mm。对于要求缺口冲击韧性的材料，较厚部件的厚度应在所评定的范围之内，但如工艺评定试板的厚度大于38mm，其最大厚度不受限制。

⑥正确理解和贯彻工艺评定标准。焊接结构生产企业应致力于全面正确地理解工艺评定标准的实质，认真贯彻执行，既要使焊接工艺评定成为控制产品焊接质量的有效手段，不流于形式，又要吃透标准条款，灵活掌握，在标准允许的范围内经济合理地完成焊接工艺评定工作，特别是要避免重复不必要的工艺评定项目。

应严格工艺评定立项的审核和批准程序。当准备采用焊接新工艺或修改原工艺的重要参数时，应做仔细的经济分析，防止不考虑企业的经济效益，盲目采用新工艺或新材料。例如，产品设计结构决定必须采用新材料和新工艺时，应首先完成相应的材料焊接性试验和工艺性试验，并在此基础上拟定焊接工艺评定任务书，并完成焊接工艺评定试验。焊接低合金钢、高合金钢和特种材料的焊接结构时，应慎重利用标准所允许的壁厚适应范围，在某些情况下，应适当缩小母材壁厚的适用范围，以确保焊接工艺规程的可靠性和接头的各项性能。

第三节　质量体系建立和运行中的问题

焊接质量体系的运转一般是通过控制焊接工艺评定与焊接工艺、焊工培训、焊接材料、焊缝返修、施焊过程、检验等环节来实现的。对这些基本环节的质量控制，可以建立一个完整的焊接质量控制体系。

1. 关于焊接质量控制的问题

焊接工程结构的失效和重大事故，近年来在国内外时有发生。如锅炉的爆炸、压力容器和管道的泄漏、钢制桥梁的倒塌、船体断裂、大型吊车断裂等重大事故，很多是由于焊接质量问题造成的。因此，焊接已成为受控产品制造的关键工艺，必须对焊接结构与工程进行严格的全过程控制。

电站锅炉及承压管道的焊接质量主要靠技术和管理来保证。一台 1000t/h 锅炉的制造和安装，焊接接头有 8 万多个。任何一个焊接接头不合格都可能引起危险和事故。如果引起停炉事故，每天的损失可能高达数百万甚至上千万元。

焊接质量控制在锅炉和压力容器的生产制造中是关键的一个环节，这一环节控制不好，会造成焊接零部件的不断返工甚至使产品报废。因此，生产厂家应高度重视产品的焊接质量控制。焊接质量控制是一个理论性很强、需要积累大量的实际生产经验的工作，从事锅炉和压力容器设计、制造的技术人员、管理人员和生产工人均应从实际出发，熟悉各种标准，不断掌握理论知识和积累实际经验，提高产品质量、避免生产事故的发生。焊接质量控制的技术要求一般在产品图纸或技术文件中提出，可以归纳为以下两个方面。

①产品结构几何形状和尺寸方面的质量要求，它与备料、装配、焊接操作、焊后热处理等工艺环节有关，其中焊接应力与变形是影响这方面质量要求的主要因素。

②焊接接头方面的质量要求，它与材料焊接性密切相关。

生产中的质量问题错综复杂，焊接质量控制要善于抓住主要矛盾。

（1）分析焊接结构形状和尺寸。

在焊接产品图样及技术文件中，常以公差等形式规定了产品几何形状、位置和尺寸精度方面的要求。如果生产过程中备料和装配质量得以保证，焊后产生结构形状和尺寸超差的原因，主要是焊后的应力与变形。必须从影响焊接变形的各种因素进行分析，主要有下述两方面。

①结构因素如刚性不足，接头的坡口形状、焊缝在焊件上的分布位置等对焊接变形的影响。例如，薄板结构，垂直板平面方向刚性弱，焊后易产生波浪变形；细长杆件结构易产生弯曲或扭曲变形；单面 V 形坡口的对接接头焊后比双面 V 形坡口的对接接头角变形大，因为焊缝形状沿板厚不对称；T 形截面的焊接梁，因焊缝在截面上集中于一侧（即偏心分布），焊后产生弯曲变形等。

改变结构设计可以减小和避免焊接变形，但必须以不影响产品的工作性能为前提，否则只能采取工艺措施去克服和消除。

②工艺因素。焊接方法、工艺参数、装配焊接顺序、单道焊或多道焊、直通焊或逆向分段焊、刚性固定（采用夹具）焊或反变形状态下施焊等，都是影响焊接变形的工艺因素，正确地选择与调整，合理地利用与控制这些因素，一般能获得有利的效果。

（2）分析焊接接头的质量。

一般希望焊接接头的性能等于或优于母材，为此须从母材焊接性分析入手，寻找能保证焊接接头质量的办法。首先是分析工艺焊接性，从化学冶金和热作用角度，根据产品结构特点和材料的化学成分，分析用什么焊接方法才能获得最好的焊接接头（包括焊缝金属和热影响区），产生的焊接缺陷最少。其次是根据所选焊接方法的特点，探求是否可以通过调整焊接工艺参数或采取一些特殊措施，消除可能产生的焊接缺陷。最后是分析使用焊接性，预测所用的焊接方法和工艺措施焊成的接头，其使用性能，如强度、韧性、耐蚀性、耐磨性等是否接近或超过母材的性能或是否符合设计要求。不排除重新选择焊接方法或改变某些工艺参数的方案。

从结构和工艺两方面都难以解决的焊接变形问题，不排除采取焊后进行矫形的消极办法。只要不影响焊接结构的安全使用，又能减少制造成本，焊时不控制、焊后再矫形也是一种可行的选择。

近年来计算机越来越多地应用于焊接生产中。计算机辅助焊接工程的内容有：焊接结构设计与分析、结构强度与寿命预测、焊接缺陷与故障诊断、传感器控制系统、焊接质量控制与检验、标准查询与解释、文献检索、焊接过程模拟与计算、焊接生产文件管理、焊接信息数据库等。将计算机辅助焊接工程应用于锅炉和压力容器制造，对焊接质量控制有很大的帮助，有利于生产管理和产品质量的提高，也是未来制造业的发展趋势。

2. 质量体系的建立和文件编制

生产企业要建立起既适合本企业需要又满足外部要求的质量体系，并使之有效地运行。

在建立质量体系的程序方面，质量管理和质量保证之间的主要区别在于，前者质量要素的选择由企业确定，后者质量要素的选择由供需双方（用户和生产厂）共同协商确定，并写入合同文件中。

（1）质量体系建立的几个阶段。

①组织准备阶段。

a. 企业领导层统一认识。建立质量体系是涉及企业内部和外部的一项全面性工作，要统一认识，统筹安排，并在企业职工中进行广泛的宣传和教育。

b. 编制工作计划。编制周密和详细的建立质量体系的计划。包括人员培训、宣传教育、体系分析、职能分配、文件编制、资源配置和体系建立等详细的工作计划，并应在计划中明确各工作项目的承担部门、责任者和完成日期等。

c. 培训骨干和宣传教育。对全企业职工和各层次人员进行不同内容和不同深度的教育和培训，使各类人员熟悉和掌握所需要的标准、规程和方法。

d. 组织工作班子从企业中选出一部分既懂专业技术又懂管理和具有较高分析能力和文字表达能力的业务骨干，组成一个工作班子，并具体分工，从事具体的质量体系的设计和组建工作。

②质量体系分析阶段主要目标是提出具体的质量体系设计方案，应做的工作包括：

a. 收集资料。收集国际、国内和第三方机构发布的有关法律、法规、规程、标准、质量保证文件，收集国内外著名的质量体系文件等，作为本质量体系分析和建立的参考。

b. 制定方针和政策。由企业领导层确定本企业的质量方针和重要质量政策，这是具体制定质量体系方案的重要依据之一。

c. 分析内外部环境。联系企业实际，分析本企业质量体系所处的环境特点，包括在合同环境下需方对本企业质量体系的要求；认真分析国内外的各项法律、法规和标准对质量体系的要求，以便选择建立质量体系的标准和模式。

d. 评估质量要素的重要程度。参照国标 GB/T 10300 和 ISO 9004 等的要求，结合企业的具体情况，对质量要素进行比较和评价，得出其质量要素与本企业产品质量相关的重要程度。

e. 选择质量要素。在对质量要素进行评估的基础上，根据质量要素对保证产品质量的重要程度、对质量保证体系的有效性和适用性及企业实施质量要素的能力选择质量要素。

f. 分析质量要素的相互关系。分析各要素的重要性层次和它们之间的相互关系，并作出相互关系的有关图表，供编制质量体系文件时参考。

g. 对分析结果进行评审。正式编制质量文件之前，要组织有关人员和专家对分析结果进行评审和修改，以便为编制质量体系文件提供尽可能正确和准确的资料。

③质量体系的建立阶段

a. 制定实施计划。结合企业实际，制订质量体系实施计划、质量管理专项计划和产品质量计划等，使质量体系的建立工作有计划、有步骤地进行。

b. 编制质量体系文件明细表，详细列出需要编制或修订的质量体系文件项目，如质量手册、规章制度、管理办法等的详细目录。提出承担编写、校对、审核和批准的人员名单和编制进度计划的具体要求。

c. 发布质量文件。质量手册和质量计划等文件要由企业领导者签署发布，以增强文件的权威性和严肃性，使有关部门明确各自的质量责任、权限和各项活动程序。

d. 建立组织机构。根据质量体系文件的要求和企业建制的实际情况，组建质量管理机构，任命经过培训、考核和资格认证的管理人员和责任人员，如质量检查、监督、测试、管理、统计和操作机构及其人员等。

e. 配置装备。根据质量手册和质量计划等文件的要求和产品特点，配置满足需要的设计和研究设备、工艺工装设备、质量控制、检验和试验设备及相应的仪器、仪表等。

f. 发放规范、印章、标记和图表卡片。质量体系正式运行之前，须将设计、工艺、操作、检验及试验等规程和各类专用印章、标记、标示品、记录图表卡片、报告及单据等发放到有关部门、单位和相关人员。

（2）质量体系文件的编制。

质量体系文件按其作用分为法规性文件和见证性文件两大类。这两类文件的性质不同，其编写要求、内容和格式也有所区别。

a. 法规性文件是规定质量管理工作的原则、说明质量体系的构成、明确有关部门和人员的质量职责、规定各项活动的目标、要求、内容和程序的文件，包括质量方针与政策、质量手册、质量计划等，是企业内部实施质量管理的行为规范。

b.见证性文件是表明质量体系运行情况和证实其有效性的文件，这类文件多数是质量记录类型的。它记载了各质量体系要素的实施情况和产品的质量状态。

①质量方针和政策性文件的编制。质量方针是企业在质量方面的宗旨和方向的高度概括。为了给具体行动提供指南和对行为原则做出规定，还要制定一系列质量政策，如设计质量政策、采购政策、质量检验政策、质量奖惩政策等。制定质量方针和政策的一般程序是：管理部门提出政策草案，由质量管理部门修改，经领导层评审，最后经企业最高领导层批准后执行。

a.编写指导性文件。在指导性文件中应就编制质量文件的要求、内容、体例和格式等做出具体规定，达到使文件标准化和规范化的要求。

b.编制质量体系文件按照文件的层次自上而下，从整体到局部，由粗到细，逐级细化地分析、规划和具体设计，也是一个反复修改的渐进过程。一般是先编制质量要求，再编制各种工作程序，最后编制质量记录等。

②《质量手册》的编制。《质量手册》是一个企业的质量体系、质量政策和质量管理的重要文件，也是质量体系文件中的主要文件。在企业内部，《质量手册》是实施质量管理的基本法规，是企业质量保证能力的文字表述，是使用户和第三方（如锅炉和压力容器的技术监督部门）确信本企业的技术和管理能力能够保证所承制产品的质量的重要文字依据。

《质量手册》分为专为企业内部使用的《质量管理手册》和企业用以满足用户合同和有关法规的《质量保证手册》两种。企业可以就同类产品编制通用的质量手册，也可以就某一种产品根据用户需要再编制补充规定。我国从事钢制压力容器生产和钢结构焊接工程的企业，多数以编制通用的质量管理和质量保证融为一体的质量手册为主，称为《质量保证手册》。

一般按质量要素分章节编写，章节顺序可按质量体系标准中所列各质量要素的顺序编排，也可按组织结构、质量职责和其他要素依次编排。国内不少从事压力容器焊接产品生产的企业是按照后者顺序编写的。例如：

a.组织结构一般用图示表述，辅以简要的文字说明。企业组织建制图描述的是企业领导层的岗位、部门设置之间的关系。质量组织结构图描述企业领导层与质量专职机构的隶属和工作关系。质量专职组织结构图描述本机构内部的领导岗位与其所属科、室、组之间的关系。

b.质量职责。对从事质量工作的部门和人员的职责、权限和相互关系从制度上做出规定。在《质量手册》中，应对直接影响产品质量的从事质量管理、检查、监督、验证、评审等工作的部门责任人及合同环境下的供方代表等岗位，以及生产技术部门的质量职责做出具体的规定。

c.其他质量要素，如质量环上的要素及质量记录、质量成本、质量审核等，一般按质量环上的顺序编写，并着重规定出各要素的目标和实施时应遵守的准则、要素活动的一般程序及各要素之间的相互关系。特别是各要素之间的接口及联系要做出具体规定，以避免出现遗漏和"三不管"现象。

3.焊接质量体系的控制要素及运行

（1）焊接质量体系的控制要素。

质量体系的要素是指构成质量体系的基本单元。所谓焊接质量体系的控制是指对焊接结构生产全过程基本单元的管理，可从管理控制的6个基本要素（人员、设备、材料、工艺规程、生产过程、生产环境）对焊接质量的全过程进行控制和管理。

①人员。优秀的焊接及相关技术人才是高质量焊接结构制造的重要保证。生产厂家应拥有相当数量的业务素质好、实践经验丰富具有高级工程师以上技术职称的管理人员、焊接技术人员和一大批具有一定操作技能水平的焊接技术工人。焊接工程师是焊接工艺文件的制定者、焊接生产的指导者和焊接工艺的管理者。焊接技术人员的水平直接影响焊接工艺文件的编制质量。企业应定期对焊接及相关技术人员进行技术培训、更新。大型企业应建立自己的焊接培训中心，根据产品焊接特点，对焊工进行理论和实际技能培训，不断提高第一线焊接操作者的技能水平。

②设备。先进的焊接和相关设备是焊接结构质量和提高焊接生产效率的重要保证。生产厂家每年应投入一定资金采购先进的焊接设备，其中大型和关键设备要招标采购。设备要有专人管理、保养，定期维修。设备的参数仪表（如电流表、电压表等）应在有效期之内经专业部门检验、校正。保证工装、胎具、卡具的完好，并定期检查登记。

③材料。完善材料（包括钢材、焊接材料等）管理制度。已列入国家标准、行业标准的钢号，根据其化学成分、力学性能和焊接性归入相应的类别、组别中。未列入国家标准、行业标准的钢号，应分别进行焊接工艺评定。国外钢材原则上按每个钢号进行焊接工艺评定。使用和保管好焊接材料是保证焊接质量的基本条件，设置焊接材料一级、二级库，建立焊接材料采购、入库验收、保管、烘干、发放、回收制度等。

a.焊接材料的采购。国家标准中列出牌号的焊接材料，由供应部门按标准规定的要求进行采购和验收。非国家标准中的焊接材料及进口焊接材料应编制相应的采购规范。应对焊材供货厂家进行生产能力、技术水平的评审，确定焊接材料定点供货厂家。

b.焊接材料的验收。入库的焊接材料必须有制造厂家的质保书，检查部门应根据相关标准按材料批号抽样复检。焊接材料复检不合格的应由供应部门和有关技术部门提出处理意见。焊接材料应存放在符合要求的专用焊接材料库房，按分类、牌号分批摆放，并做出明显的标记。焊条、焊剂发放前应按烘干规范进行烘干。

④工艺规程。建立健全严格的焊接工艺规程是焊接质量保证体系的重要内容。焊接技术人员要编制大量的焊接工艺文件，其中焊接工艺守则、焊接工艺规程等是焊接制造与生产直接应用的法规文件。要做好新、旧标准和工艺文件的更换，以及旧标准或工艺文件的回收工作，确保焊接技术人员和第一线操作者使用的标准和工艺文件是有效文件。

产品图纸审批后，工艺部门接到蓝图后才能进行焊接工艺准备。在市场经济形势下，由于产品交货期短，生产周期紧，必须实现焊接工艺准备的快速反应，即要求焊接技术人员在审查产品白图焊接工艺时，就提出新产品的焊接工艺评定项目、新材料采购计划和焊工考试项目，并立即组织有关部门实施。这样可使焊接工艺准备提前一两个月，确保在产品投产前，各种工艺文件全部到位。

a.焊接工艺准备的内容包括：

（a）产品图纸的焊接工艺审查，焊接工艺评定试验及焊接工艺规程等工艺文件的编制。

（b）原材料和焊接材料（焊条、焊丝、焊剂、保护气体等）采购规范编制及采购。

（c）焊工培训和考试的项目计划（项目、培训和考试）。

（d）焊接新设备、工艺装备的采购和新工装的设计与制造。

（e）新工艺、新材料工艺性试验。

b. 产品图纸的焊接工艺审查。为保证产品图纸焊接工艺审查的质量，焊接技术人员须认真分析该产品设计、制造及验收方面的法规、标准及技术条件，特别是针对焊接、材料、检验方面的特殊要求及法规。根据本单位焊接设备能力、技术人员和焊工状况、现有焊接生产条件，制定出产品生产的初步焊接方案。必要时，要提出焊接新工艺、新材料的工艺试验方案、焊接新设备及新工装的设计任务书。

c. 焊接工艺评定。焊接工艺评定是制定焊接工艺规程的依据。对锅炉和压力容器制造企业，要求焊接工艺评定的覆盖率达到100%。焊接工艺评定必须按产品技术条件规定的焊接工艺评定标准进行试验，不同的焊接工艺评定标准对焊接工艺评定的要求不完全相同。除焊接工艺评定规程规定的检验项目（外观检查、无损探伤、力学性能等）以外，还应根据产品的特殊性能要求，增加必要的检验项目。

d. 焊接工艺规程编制。焊接工艺规程（Welding Procedure Specification，WPS）是控制焊接质量的关键工艺文件。按照产品对应的法规，需要做焊接工艺评定的焊接接头，都要求编制该焊接接头的焊接工艺规程。焊接工艺评定合格后，编制的焊接工艺规程才能生效。

e. 焊工培训和考试。从事锅炉、压力容器及相关钢结构生产制造的焊接操作者必须按照相应的考核规程进行考核，考核合格后方可从事合格项目范围内的焊接操作工作。合格焊工要建立档案，档案内容包括：焊工培训和历次考试成绩记录、所焊产品平时考查记录、产品拍片或无损检测一次合格率、两次以上返修记录及奖励和事故记录等。

⑤焊接生产过程控制

a. 焊接生产。

（a）按照焊接工艺规程的要求进行受控焊接结构和产品的焊接，不受控焊接接头按照焊接工艺守则的要求进行焊接。在焊接生产过程中，检查人员应抽查层间温度是否超出规定范围。新产品投产前，应向生产分厂进行关键和特殊焊接工艺的技术交底。受热面管子自动焊或机械化对接接头焊接应进行焊前试样检验，试样检验合格才能进行焊接。确保持证焊工执行焊接工艺。

（b）按热处理参数进行接头的焊后热处理。热处理设备应能自动记录实际热处理参数。对于有再热裂纹倾向的接头，热处理后应进行无损检验，内容包括：目测检查、渗透检验（Penetrative Test，PT）、磁粉检验（Magnetic Test，MT）、超声检验（Ultrasonic Test，UT）和射线检验（Radial Test，RT），对于受控的接头要求进行 UT 或 / 和 RT。在焊接接头形式和焊缝位置设计或编制产品工艺流程时，应为受控接头的 UT 和 RT 检查创造条件。无法进行 UT 和 RT 检查的受控接头，须采取特殊的质量保证措施。

（c）按有关标准的要求进行产品试板的焊接。产品焊接试板检验合格后，才能进入下道工序。产品焊接试板应随它代表的产品同炉进行热处理。

（d）超标焊接缺陷的返修。严重缺陷的返修必须有对应的焊接工艺评定，并制定缺陷返修的焊接工艺规程，同一位置的焊接缺陷的返修不能超过两次。

b. 焊接质量的可追溯性控制。可追溯性控制是焊接质量控制的重要内容。焊接结构在产品制造和以后的运行中，如果出现质量问题，能够有线索、有资料进行焊接接头质量分析，包括焊材领用、焊前准备、施焊环境、产品试板的检查确认、施焊记录、焊工钢印标记、焊后检验记录、焊接缺陷的返修复检记录等。要实现焊接质量的可追溯性控制，应做如下工作。

（a）"标记移植"。凡合格入库的产品制造用材料（如板、管、棒、锻件等）的标记，切割下料时，元件和余料都应做相同的材料标记，该过程称为"标记移植"。"标记移植"是生产现场管理的重要内容，移植的标记应包括：材料名称、规格、炉批号、入库验收编号等。

"标记移植"可防止生产中混料，也为焊接结构的质量分析提供依据和方便。

（b）受控焊接接头的焊接过程应有书面记录。记录内容包括：焊缝名称或编号、施焊焊工的姓名、钢印号、所用焊材牌号、规格、焊接参数、返修记录、无损探伤、预热温度、消氢处理和焊后热处理记录，以及焊接过程不正常情况的记录。这些记录将在产品档案中备案。

（c）焊工完成受控焊缝的焊接后，应在产品规定的位置打上焊工代号。

c.焊接工程质量控制点、停留点和见证点焊接过程中实现控制点、停留点和见证点重要工序的重点控制，进一步加强了受控焊接结构（焊接接头）的质量管理。

（a）控制点。在产品制造过程中，对焊接工程质量不够稳定的重要工序和重要环节，要重点监督和检验，严格控制，这样的点称为控制点。如焊接工艺评定、产品焊接试板、焊工资格、焊接材料、焊接生产操作、焊后热处理、焊接接头检验、水压及气密性试验等，往往被列为控制点。

（b）停留点。在锅炉和压力容器的生产过程中明确规定：关键焊接相关工序及关键环节未经检验合格或未见验证报告不得进入下道工序，此工序称为停留点。如焊接材料的进厂验收、产品焊接试板、焊接接头无损探伤、水压试验等，往往被列为停留点。

（c）见证点。焊接质量控制中关键的控制点为见证点。例如，重要或难度大的焊接接头的焊接、焊后热处理、无损探伤、水压试验等，必须通知该产品的监检方到现场，在监检人员的监督下，该工序才能进行。哪些工序为见证点，根据产品的制造技术条件确定。

⑥焊接工艺纪律和生产环境。为了严明焊接工艺纪律，应组织多部门对焊接生产过程不定期地进行焊接工艺纪律检查。焊接工艺纪律检查的内容包括以下方面。

a.领用的焊接材料牌号是否正确，焊接材料烘干、发放、回收是否符合有关规定。

b.焊接操作者是否具有对应的焊工考试合格项目。

c.焊接操作者是否按照焊接工艺规程操作，特别注意检查预热温度、层间温度、焊接工艺参数是否符合焊接工艺规程。

d.产品试板的焊接过程是否符合规定。

e.焊接设备的电流、电压等仪表是否在有效期之内、运行是否正常。

现代化和良好的生产环境是提高产品质量的重要保证，企业要推行规范化的生产管理。焊接试验室是焊接试验和焊接工艺评定的场地，大型企业应建立焊接试验室，配置各种先进焊接试验、检验设备，并配备一定数量的业务素质好和有丰富实践经验的焊接工程师及焊接技师，能够进行材料焊接性试验、焊接工艺评定和焊接工艺性试验。

（2）焊接质量体系的运行。

①焊前控制主要是检查被焊产品焊接接头坡口的形状、尺寸、装配间隙、错边量是否符合图纸要求，坡口及其附近的油锈、氧化皮是否按工艺要求清除干净，焊材是否按规定的时间、温度烘干，焊接设备是否完好，电流、电压仪表是否灵敏，是否按规定预热，操作者是否具有所焊焊缝的合格项目等。以上各个环节全部符合工艺要求，方可进行焊接。

②焊接过程中控制主要是严格执行焊接工艺，监督操作者严格按焊接工艺卡所规定的焊接电流、焊接电压、焊条或焊丝直径、焊接层数、速度、层间温度等工艺参数和操作要求（包括焊接角度、焊接顺序、运条方法、锤击焊缝等）进行焊接操作。焊工在焊接过程中还要随时自检每道焊缝，发现缺陷，立即清除，重新进行焊接。

③焊后控制目的是减小焊缝中的氢含量，降低焊接接头残余应力，改善焊接接头区（焊缝、热影响区）的组织性能。焊后去氢处理，是指焊后将焊件加热到250~350℃，保温时间2~6h，空冷，使氢从焊缝中扩散逸出，以防止延迟冷裂纹产生。焊后热处理的关键在于确定热处理工艺规范，主要工艺参数是加热温度、保温时间、加热和冷却速度等。一般低碳钢、低合金钢消除应力的回火温度为600~650℃；珠光体铬钼钢、马氏体不锈钢等按产品技术条件规定进行焊后热处理。

a.焊缝返修。一旦产生焊接缺陷（指无损探伤不允许或超标缺欠）要对其进行返修。同一部位的返修次数在国家劳动部《蒸汽锅炉安全技术监察规程》和国家质量技术监督局《压力容器安全技术监察规程》中都有明确规定，最多不得超过三次，因为多次焊接返修会降低焊接接头的综合性能。

焊缝返修的一般工作程序如下：

（a）质量检验人员根据无损探伤结果，发出"焊缝返修通知单"，并反馈到工艺科。

（b）工艺科的焊接责任工程师会同检验人员分析焊接缺陷产生的原因，

根据焊缝返修工艺评定制定焊缝返修方案。

（c）确定返修焊工，根据返修方案进行返修焊接，返修焊工要求技术水平高，责任心强，并且具有所焊焊缝项目的合格资质。

（d）对返修好的焊缝进行外观、无损探伤等检查。

（e）检验科将返修情况（如返修次数、返修部位、缺陷产生的原因、检查方法及结果等）记入质量证明书内。

b.制定返修工艺方案。制定返修工艺方案是进行焊缝返修工作的一个重要步骤。返修方案的内容包括：缺陷的清除及坡口制备、焊接方法及焊接材料、返修工艺等。

（a）清除缺陷和制备坡口。常用碳弧气刨或手工砂轮进行。坡口的形状、尺寸取决于缺陷尺寸、性质及分布特点。所挖坡口的角度或深度应越小越好，只要将缺陷清除便于操作即可。坡口制备后，应用放大镜或磁粉探伤、着色探伤等进行检验，确保坡口面无裂纹等缺陷存在。如果缺陷较深，清除到板厚的60%时还未清除干净，应先在清除处补焊，然后在钢板另一面打磨清除至补焊金属后再进行焊接。如果缺陷有多处，且相互位置较近，深浅相差不大，为了不使两坡口中间金属受到返修焊接应力的影响，可将这些缺陷连接起来打磨成一个深浅均匀一致的大坡口。若缺陷之间距离较远，深浅相差较大，按各自的状况开坡口逐个进行焊接。如果材料脆性大、焊接性差，打磨坡口前应在裂纹两端钻止裂孔，防止在缺陷控制和焊接过程中裂纹扩展。对于抗裂性差或淬硬倾向严重的钢材，碳弧气刨前应预热，清除缺陷后，还要用砂轮打磨掉碳弧气刨造成的铜斑、渗碳层、淬硬层等，直至露出金属光泽。

（b）焊接方法及焊接材料的选择。焊缝返修一般采用焊条电弧焊或气保焊，一般选用原焊缝焊接所用的焊条；或采用与母材相适应的焊条。若返修部位刚性大、坡口深、焊接条件很差时，尽管原焊缝采用的是酸性焊条，此时须选用同一级别的碱性焊条。采用钨极氩弧焊（TIG）返修时，填充焊丝一般为与母材相类似的材料，这种方法一般用于补焊打底。

（c）返修工艺措施。焊缝返修应控制焊接热输入，采用合理的焊接顺序。

i.采用小直径焊条或焊丝、小电流等焊接参数，降低返修部位塑性储备的消耗。

ii. 采用窄焊道、短段、多层多道、分段跳焊等，减小焊接残余应力，每层焊道的接头要尽量错开。

iii. 每焊完一道后，须彻底清渣，填满弧坑，并将电弧引燃后再熄灭，起附加热处理作用；焊后立即用圆头小锤锤击焊缝，以松弛应力；打底焊缝和盖面焊缝不宜锤击，以免引起根部裂纹和表面加工硬化。加焊回火焊道，但焊后须打磨去多余的熔敷金属，使焊缝与母材圆滑过渡。

iv. 须预热的材料，层间温度不应低于预热温度，否则需加热到要求温度后进行焊接。

v. 要求焊后热处理的焊接件，应在热处理前返修，否则返修后应重新进行热处理。

返修焊接完成后用砂轮打磨返修部位，使之圆滑过渡，然后按原焊缝要求进行同样内容的检验，如外观检验、无损探伤等。验收标准不得低于原焊缝标准，检验合格后方可进行下道工序。否则应重新返修。

4. 如何通过质量管理保证焊接质量

1987 年，国际标准化组织（ISO）发布了 ISO 9000~ISO 9004 关于质量管理和质量保证的标准系列。我国 1988 年发布了等效采用该国际标准系列的 GB/T 10300 关于质量管理和质量保证的标准系列。完善的焊接质量管理是一种不允许有不合格产品的质量管理。为实现这一目标，须建立一套与之相适应的、符合 GB/T 10300（ISO 9000~ISO 9004）标准系列的、完整的焊接质量管理体系，并在焊接生产实践中严格执行，以保证焊接产品的质量。

所谓焊接质量管理就是指在整个焊接生产过程中要满足产品的使用目的，制造厂家对此负有全部的责任。要保证焊接质量，不仅是焊接操作的技能要好，而且焊接前各工序的质量，主要是分段和部件装配的精度也要好，再进一步向上追溯，零部件尺寸的正确性和精度是重要的因素。焊接工序的质量管理随操作者的技能而定，此时自主质量管理占主导地位。自主质量管理是一种通过不断改进生产技能努力实现目标的质量管理方式。

质量管理的目标可分为以下三种。

①以降低生产成本为目的。

②以保证最终产品质量和使用性能为目的。

③以提高产品价值为主而达到良好的外观质量为目的。

全面质量管理必须综合考虑产品性能、商品价值和生产成本等因素。为了保证产品质量，生产厂的检查部门要经常对产品质量管理的状况进行监督和检查，并把检查结果记录下来。质量记录是生产厂家售后服务和一旦发生事故追溯原因所必备的资料。对于应保存的质量检查记录的种类、保管场所和保存期限，应制定出公司（或生产厂）标准。

英国管理学会对工程质量事故进行统计分析（表6-6）表明，管理造成的质量事故占很大的比重。要确保产品质量，不仅要有先进的技术和装备，还须进行科学管理。

表6-6 造成质量事故的原因分析

原因	导致因素	所占比例/%	备注
人为差错	个人因素	12	个人原因占12%
不恰当的检验方法	质量管理因素	10	管理原因占88%
技术原因或错误	技术管理因素	16	
对新设计、新材料、新工艺缺乏了解、验证和鉴定		36	
计划与组织工作薄弱	生产管理因素	14	
未能预见的因素	计划管理因素	8	
其他		4	

这里推荐下列一些质量管理的记录资料可供参考。

①钢材成分和力学性能的原始试验记录及产品重要零件所用钢材的原始记录。

②焊接操作者的技能和资格记录。

③焊接检验结果，特别是X射线探伤的原始检验记录。

④用户的监督检查结果，包括水压和气密性试验结果。

⑤施焊重要焊接接头的操作者名单。

⑥焊接方法认可试验、焊接工艺评定任务书和焊接工艺评定报告。

⑦各种精度质量管理和自主质量管理的资料。

锅炉和压力容器在工作中带有压力或承受一定的外压，具有潜在的危险性。压力容器的设计、制造、检验与验收必须严格按照国家标准执行。典型的锅炉和压力容器由封头、筒体、进出料口、接管等组成，各部分以焊接形式相连。锅炉和压力容器的焊接生产是由备料（包括材料复验与矫正、切割和成形加工、开坡口、打磨清理等）、装配、焊接、焊后热处理、质量检验等多道工序组成，每一道工序都将在不同的程度上间接或直接地影响焊接质量。因此，制造过程中的焊接质量管理尤为重要。

为了加强质量管理，国家有关部门颁布了相应的安全监察规程。为了提高质量管理水平，必须加强以下几项工作。

（1）焊接质量标准的完善。

焊接质量控制标准可分为控制操作标准、验收标准、使用标准及可修复标准。在生产中应达到"验收标准"，力求达到"控制操作标准"。从我国现行的标准化管理体制看，在国标、部标、企业标准的关系上，要逐步做到一级比一级技术要求更严。对焊接结构件严格的质量控制，首先要靠企业标准来保证。如果企业标准能达到国外的企标或其他标准的水平，就不仅能够保证焊接质量，而且能够使产品打入国际市场。

（2）焊接工艺规范制定。

焊接工艺规范还包括母材焊接性评定。通过工艺规范可以确保选材的要求。施焊工艺规程、质量检验规程等明确规定后，可成为该种焊接产品制造的完整工艺规范，以保证焊接质量。

（3）重要环节的质量管理工作。

①焊接材料的管理。焊接材料入厂必须复验，对焊条要复验力学性能、化学成分，还应对抗裂性和工艺性能进行复验。焊条保管时应保持干燥、通风，室温应在 $10\sim25\,℃$。使用前应按说明书要求烘干，然后再使用。

②焊接设备和工艺装备的管理。焊接质量的保证也取决于焊接设备和工艺装备的性能。

应经常对焊接设备及工艺装备进行检验和维护。焊接设备日常检查项目见表 6-7。

表 6-7　焊接设备日常检查项目

焊机	施焊前必须检查的项目	检查内容
	初次级绕组绝缘与接线	绝缘可靠性
		接线正确性
		电网电压与铭牌是否吻合
	焊钳	绝缘可靠性
		导线接触是否良好
	接地可靠性	是否接好地线
	焊机输出地线可靠性	地线导线与焊钳电缆截面积是否正确
	噪声与振动	是否有异常噪声与振动
	焊接电流调节装置可靠性	是否能灵活移动铁芯或线圈
	是否有绝缘烧损	是否有烧焦异味
自动与半自动弧焊机	焊枪控制开关	启动、开闭动作准确性
	电源冷却风扇	开机后是否转到，风量是否足够，是否有不规则噪声
	噪声、振动、异味	有无异常噪声与振动，有无烧焦异味
	电磁气阀、水流开关	动作是否正确，是否有漏水、漏气，不正常提前与滞后
	氩与其他保护气体	管路系统连接正确性，流量是否可控，有无泄漏
	焊丝进给系统	送丝与调速系统工作正常与否及可靠性
	是否接地	检查接地是否可靠
	焊接电弧稳定性	检查电弧稳定性，飞溅率是否异常
电阻焊机	水冷系统	是否漏水，流量是否适宜
	电焊、对焊、缝焊、凸焊及电极	表面是否清洁，电极形状是否符合要求，导电过度接触和导电油层状态是否良好
	气压液压、弹簧、凸轮、杠杆加压系统	检查加压系统工作正确性、可靠性、压力数值与加压时序正确性
	电极连接全铜箔	接触是否良好，有 1/4 断裂即不得使用，应更新

③焊工培训及考核。为了保证焊接质量，操作者必须持证上岗，首先要进行理论培训，使焊工系统地掌握焊接冶金、焊接应力及变形、焊接方法及工艺、焊接电源、焊接材料、缺陷防止及焊接接头组织性能等基础知识。在此基础上进行实际操作技能培训并取得相应的资格证书，这样才能保证焊接操作者的技能水平。

④生产许可证制度。生产锅炉、压力容器的单位必须具备生产能力，获得

生产许可证，方能组织和进行生产制造，确保焊接质量。

⑤加强焊接检验。在生产和制造过程中须由生产单位的检验部门进行检验，还须有劳动局和下属检测监督站的监检人员进行检验，确保产品质量。在装备运行过程中同样必须严格监检，才能保证正常运行。

5. 焊接工艺规程及有效性

工艺方案只规定了产品制造中解决重大技术问题的指导原则，要具体实施，须编制成能指导工人操作和用于生产管理的各种技术文件（称为工艺文件），如产品零、部件明细表、部件工艺线路表、工艺流程图、工艺规程等。其中最重要的是焊接工艺规程的编制，它是规定产品或零部件制造工艺过程、操作方法和质量管理的重要工艺文件。

工艺规程包括下列内容：产品或零、整部件制造工艺的具体过程、质量要求和操作方法；指定加工用的设备和装备；给出产品的材料（母材、焊材等）、劳动和动力消耗定额；确定工人的数量和技术等级等。焊接工艺规程应由企业的技术主管部门根据焊接工艺评定试验的结果并结合实践经验确定。重要产品应通过产品模拟件的复核验证之后最终确定。

（1）工艺规程的文件形式。

工艺规程有各种文件形式，表6-8列出常用的几种，可根据生产类型、产品复杂程度和企业生产条件等选用。为了标准化，便于企业管理和使用，文件应有统一格式。某些行业因产品制造工艺复杂或有特殊要求，统一格式难以表述，可在行业范围或企业内部建立统一格式，限在本行业范围内使用。

（2）编写工艺规程的基本要求。

编写工艺规程不是简单地填写表格，而是一种创造性的设计过程。须把工艺方案的原则具体化，解决工艺方案中尚未解决的具体施工问题。如确定详细的加工顺序、规定设备的型号规格、明确工艺步骤、加工余量、确定工艺参数、材料消耗、定额等，是一件很细致的工作。现在已逐渐用计算机进行编制。

表 6-8 工艺规程常用文件形式

文件形式	特点	适用范围
工艺过程卡片	以工序为单位,简要说明产品或零、部件的加工或装配过程	单件小批量生产的产品
工艺卡片	按产品或零、整部件的某一工艺阶段编制,以工序为单元详细说明	适于各种批量生产的产品
工序卡片	在工艺卡片基础上,针对某一工序编制,比工艺卡片更详尽,规定了操作步骤、每一工序内容、设备、工艺参数、定额等,常附有工序简图	大批量生产的产品和单件小批量生产中的关键工序
工艺守则	按某一专业工种而编制的基本操作规程,具有通用性	单件、小批量、多品种生产

编制工艺规程时,除了必须考虑基本的设计原则外,还应达到下述要求。

①工艺规程的编制应做到正确、完整、统一和清晰。

②工艺规程的格式、填写方法、使用的名词术语和符号应符合有关标准规定,计量单位全部采用法定计量单位。

③同一产品的各种工艺规程应协调一致,不得互相矛盾,结构特征和工艺特征相似的零、部件,尽量设计具有通用性的工艺规程。

④每一栏目中填写的技术内容应简要、明确,文字规范化;难以用文字说明的工序或工步内容,应绘制示意图并标明技术要求。

(3)编写工艺规程的方法和步骤。

根据焊接产品的生产性质、类型和产品的复杂程度确定该产品的工艺文件种类。国家标准或行业标准中对必备的和酌情自定的文件作了规定。如单件和小批量生产的产品,编制工艺过程卡和关键工艺的工艺卡片;复杂产品需要有工艺方案、工艺路线表、工艺过程卡片、工艺卡片和关键工序卡片等。大批量生产则要求工艺文件齐全完整,内容要求详尽而具体。工艺文件类型确定后可按相应的格式进行编写,一般编写过程如下。

①除了设计依据、工艺方案和工艺流程图外,还应汇集有关工艺标准、加工设备和工艺装备的技术资料及国内外同类产品的相关工艺资料。

②制定关键零件的毛坯制造方法,焊接结构多用板材和型材,要确定其下料方法(如剪切、气割、锯割、冲裁等);用到铸件、锻件或冲压件所要确定相应的铸造或锻压的方法。

③根据加工方法确定各工序中工步的操作内容和顺序,提出各工序较详细

的技术要求、检验方法和验收标准。

④确定工艺材料、设备和工艺参数，包括：

a.确定焊接材料和辅助材料，标明它们的牌号和规格等。

b.选定加工或检验用的设备、工具或工艺装备，注明其型号、规格或代号。

c.确定各工艺条件和参数，熔焊时的工艺条件包括预热、层间温度、单道焊或多道焊等；工艺参数包括焊接电流、焊接电压、焊接速度、焊丝直径等。

d.计算与确定工艺定额，包括材料（母材、焊材及其他辅助材料等）的消耗定额、劳动定额（工时或产量定额）和动力（电、水、压缩空气等）消耗定额等。

在编制工艺规程中需要使用非标准设备或工装时，须提出非标设备或专用工装设计任务书及外购件明细表等文件。

（4）焊接工艺规程的有效性。

工艺规程编制完成后，应按规定的程序审批，经过总工程师签字确认。对于重要的焊接结构或有特殊要求的产品，焊接工艺规程还要经技术监督部门或用户代表签字认可。最终确定的工艺规程是产品生产中必须遵循的法则。

焊接工艺规程应作为质量文件加以严格管理，并分发到有关生产班组、机台、检查站，以便使焊工、生产管理人员和检查人员遵照执行。焊接工艺规程原则上长期有效，即使有关的国家标准、监督规程及 ASME 法规修改再版，已有的焊接工艺规程继续有效，而新的焊接工艺规程则应按最新版本的有关标准和法规的要求编制。

第四节　现场实例

一、钨金瓦焊接操作方法

（一）问题背景

发电厂的汽轮机和发电机的主轴轴瓦的内衬大多是锡基巴氏合金，这种轴瓦在机组运行过程中由于机组震动、机组转速超标、润滑油中断或温度超标磨损等原因，造成钨金瓦局部或大面积脱落脱胎现象。当机组检修时发现上述问题，要对轴瓦进行修复。轴瓦的修复有两种方法，一种是整体浇铸，一种是局部补焊。整体浇铸的质量容易保证，但工艺复杂、技术要求高，耗资大，而且工艺水平要求高，且时间长。局部补焊的工艺简单、费用低、工期短、工作量小，在现场可以直接实施。从经济和时间上考虑，局部补焊是检修过程中常用的方法。但在现场实施过程中会出现以下问题：

（1）补焊时温度较难掌握，温度过高易产生二次脱胎或瓦胎变形损坏。

（2）由于钨金瓦长期与润滑油接触，如清理不干净，焊接时会产生气孔等缺陷。

（3）最重要的是要保证瓦衬表面和钨金之间的结合性，焊接必须牢固可靠，焊接难度很大。

（二）解决思路

但只要选择切实可行的工艺，认真操作还是可以保证焊接质量的，应采用气焊进行补焊，钨金瓦补焊具体操作技术如下：

焊前准备：①制作钨金条：补焊前用角铁做模具，用氧－乙炔焰把钨金溶化成 8~12mm 粗的条状作为焊丝，以便操作中使用方便。②将脱落处周围用扁铲彻底清除干净，确认钨金与瓦底无脱落为止。③将脱落的瓦面用酒精除去油污。

操作方法操作分为挂锡和堆焊钨金填充金属两步。

（1）挂锡：挂锡就是在需要补焊的地方表面熔敷一层锡，形成一个过渡的扩散连接层。挂锡前，先用大号焊炬在轴瓦背面加热，使轴瓦整体温度达到60℃，再进行补焊。为防止焊炬的火焰烤坏补焊周围的钨金，可用紫铜棒制作一个烙铁挡住焊炬的火焰，同时也起到利用烙铁的温度给瓦底加热，当温度达到200℃时用调配好的氯化锌刷在瓦面补焊处，边加热边注意观察焊锡的熔化，过渡的焊层不需过厚，过渡层焊锡要求均匀，在与钨金边缘处边加热边用烙铁摩擦使焊锡均匀熔化。利用烙铁的摩擦也可起到清除瓦底杂物的作用，使焊锡与瓦底结合良好。过渡层焊完后，进行仔细检查，如有结合不好的地方应及时处理，直至合格。

（2）填充钨金材料：焊完过渡层后，在原有的温度基础上利用焊炬焊钨金，根据补焊的形状不同可分段窄焊道施焊，焊钨金时一定要调整氧气和乙炔的对比，使焊后的钨金表面光泽均匀无气孔，焊接钨金时熔池的温度不易过高，焊接时要注意轴瓦整体温度，一般每焊完一层后用手摸不烫手为宜。（3）焊后检查焊后用车床进行加工，加工完用超声波进行探伤，检查是否有脱落现象，若仍有脱落，就可用扁铲铲掉，重新补焊。

（三）现场应用

2012年5月，设备大修，气缸解体后发现二号轴瓦表面有三处的脱落，通过以上工艺，成功完成了钨金瓦的补焊，经后期检验并进行加工，二号轴瓦完全符合运行条件并投入使用，轴瓦中使用过程中温度震动完全符合机组运行条件，说明以上工艺是正确可靠的，可以在以后的轴瓦补焊工作中加以推广。

二、采用钎焊方法焊接大型电机笼条

（一）问题背景

磨煤机电机笼条断裂，造成断裂的原因有：①笼条端环设计不合理，笼条和端环采用刚性连接，其不能自由伸缩，易在焊接处产生应力集中。②其材质机械性能较低，不能承受打的拉力，如焊接工艺不良，易造成端环处断裂。③运行中离心力作用较大。④电机频繁启动，笼条在启停中加热和冷却过程反复进行，使笼条交替受力。⑤因设备长期运行，电机的基础不平，地脚螺栓松动，电机的振动过大，造成笼条断裂等。

因大型电机检修必须厂家来技术人员焊接，电机的质保期早已过保，最关键是四川厂家工作忙，不能及时来检修焊接，我厂设备不能正常运行，给生产发电造成不良影响。厂家决定成立攻关小组，自行进行焊接处理。电机转子的材质为紫铜，笼条也是紫铜，在现场我们用氩弧焊和氧乙炔火焰焊进行了模拟焊接，实施过程中出现以下问题：

（1）端环与笼条断裂的长度为50cm左右，采用氩弧焊焊接，笼条与笼条距离太近，笼条裂纹处氩弧焊焊枪无法伸到焊接处，笼条断裂处空间小，油污不易清理干净,焊接时易产生气孔。紫铜导热快极易产生裂纹、未熔合等缺陷,通过分析氩弧焊焊接不能达到预期效果。

(2)采用气焊焊接方法,利用氧乙炔火焰焊接(采用轻微氧化焰)。①采用黄焊条:熔点高(898~905℃),因此在焊接过程中母材部分熔化,焊缝和母材基本连成一片,而镍的成分略有减少,焊接质量较差。②采用料302:熔点为745~775℃,焊接质量比黄铜好,若焊接温度较高时,黄铜中的锌也会进入铜银合金中影响焊接质量。

基于以上出现的焊接质量原因,使焊接无法进行,只能等厂家进行处理,影响了机组安全运行。

(二)解决思路

针对以上选用的焊接材料出现的焊接质量问题,我们进行了全面分析,通过查找有关资料,对各种钎焊材料进行分析研究,最后选用了银焊条303配合焊剂201,解决了焊接质量问题,该焊条具有以下特点:

(1)银焊条303,含45%银,含30%铜,流动性好,价格便宜,工艺性能优良。

(2)具有不高的熔点,温度650~725℃,对母材影响较小,良好的湿润性和填满间隙的能力。

(3)接头强度高、塑性好、导电性和耐腐蚀性优良。

在工作现场装设两套氧乙炔瓶,其中一套装设型号为H01-30的焊炬,一套装设型号为H01-6的焊炬,同时加热电机笼条裂纹底部及裂纹中、上部。重点是加热时要从裂纹焊接处200mm往内裂纹处加热以防止因加热面积小造成焊接处应力过大及变形。

工作现场必须有天吊(汽车吊),电动葫芦及大木方(300mm×300mm,长度为2000mm),气焊钎焊法适用于平焊,焊接时就得把电机转子裂纹处放在平位(手表的11点至1点处),大木方放在电机底部两侧,防止电机转子滚动。

先将裂纹处用锉刀、砂布打磨干净,加热电机笼条裂纹处直至变为橘红色时,再将银焊丝头部加热到50~70℃,涂上焊剂,并将焊剂泼到电机笼条裂纹处清理焊道，保证焊道清洁（焊剂的作用就是清理施焊处及周围油污、锈等杂质）。先从笼条一头焊接，铜的熔点是 830℃，银焊丝的熔点为 650~725℃，当铜笼条温度为 750℃ 左右时就可以焊接。将银焊条点接触的方法焊接，银焊条接触到笼条裂纹处时，受到笼条温度的炙烤银焊条开始熔化，这时焊接速度要均匀，焊接厚度不要太厚，一般要控制在 2~5mm（如果补焊的焊道重量大于其他焊缝的重量，电机运行时因动平衡不均会造成振动），当焊到收弧时，不要立即把焊炬抬高或完成，应在收弧处多焊一滴填满熔池，火焰要在焊缝收弧处慢慢抬起，以防冷却太快造成裂纹。电机笼条是 T 字形，焊接完竖一侧开始焊接横一侧，当发现银焊丝不易融化时，焊缝必须加热，温度必须控制在 750℃ 左右，目的是加热时别把已焊的焊道熔化掉，焊接横焊缝时也是从一头开始焊接，控制好温度，别把已焊的焊道熔化，焊接完毕后，可采用石棉布等保温材料进行保温防止电机笼条产生裂纹及变形，保温时间 1 小时。

（三）现场应用

磨煤机电机笼条断裂，电机总重量为 18t。其中电机转子重量为 8t 左右，转子笼条为两种，一种厚度为 30mm 长度为 60cm，另一种厚度为 5mm 长度为 30cm，两者为丁字型焊缝，材质为紫铜。我们利用上述方法对断裂的笼条进行补焊。焊接完成后，采用金属实验着色法对所有焊缝进行着色，检查没有焊接缺陷。焊缝的强度性能能够达到设备所需的标准，设备可以正常运行，缩短了检修工期。利用钎焊方法焊接电机笼条，焊缝的强度性能能够达到设备所需的标准，此方法操作简单，适用性强，工艺简单，成本低，缩短了检修工期，可节约大量维修资金。

三、堵漏焊接几种方法

（一）问题背景

由于制造、安装、运行过程中的某种原因，常常出现设备泄漏现象。特别是设备外部管道、联箱等处，产生泄漏的原因主要有：长时间运行，母材金属因经常启炉停炉会造成钢材内部组织变化、强度降低、韧性降低。管道应力太大，设备在启炉时，热膨胀大，一般设备外围管膨胀 10~15mm，停运时该管线又恢复到安装时的位置，也就是热胀冷缩原理。安装时焊道焊口内部有缺陷，当设备运行一段时间，启停设备频繁，焊口内部缺陷暴露，使焊口泄漏，或者焊缝表面有咬边现象，冷热交替也可以造成泄漏。有的管道与其他管道、走梯、栏杆等其他物体距离太近，由于管子震动与其他物体摩擦，造成管道减薄发生泄漏。焊工技术水平较低，焊接材料选择不当，焊条没有按说明烘干。需要焊前预热的没有预热，焊后热处理的没有热处理等原因造成的焊接缺陷而引起的泄漏。

为处理这种泄漏问题，需要放水焊接再上水启动等一系列开停炉操作过程。顶压补焊的应用，免去了这些复杂的操作过程，在低谷运行时或降压运行后就能实施补焊消除泄漏，节约大量时间并获得较高的经济效益。但在现场实施过程中出现以下问题：

（1）由于泄漏点的形状不同（有点状泄漏、裂纹造成的泄漏、管道减薄造成的泄漏等），单一的堵漏方法不能满足各类漏点的焊接。

（2）由于泄漏设备材料有耐热钢 12Cr1MoV,10CrMo910 等，给焊接操作带来困难。

（3）泄漏点的位置观察和焊接比较困难；环境条件差，气温较高。

因此电厂锅炉使用带压补焊，应更为谨慎，特别是安全方面，要求工艺更加严格。

（二）解决思路

针对管道设备泄漏的原因，我们结合现场的各种泄漏形式进行了全面分析，设计出了适用各种堵漏的不同方法，解决了堵漏过程中的各种问题。以下是各种堵漏方法及注意事项。

1. 堵漏方法

（1）卡具带压堵漏。

一般用在正常生产运行设备上的法兰、管道、阀门等部位，通过打卡子、夹具注胶、填塞、顶压等技术过程完成堵漏。通常是泄漏介质处于高温高压向外喷射状态时，制作密封夹具，在泄漏部位用夹具密封，将具有固化性、耐泄漏介质和温度的密封胶注入密封空腔，使腔内的压力大于系统内的压力，密封胶在一定的条件下迅速固化，从而建立起新的密封结构，达到消除泄漏的目的。

（2）锤击法。

用金属塑性变形的原理进行封堵，使用手锤、铲子等工具对泄漏的金属表面做捻压处理，使金属变形后堵住泄漏。捻压操作完成，当泄漏点已不漏时，应立即停止捻压，需要对捻压部位进行焊接处理。

（3）热胀冷缩法。

根据热胀冷缩的原理用分段逆焊法从裂纹的一端开始，施焊一小段，停焊，在冷却过程中裂纹会收缩一段，收严后使气体不泄漏，再进行施焊一小段，停焊后，沿裂纹方向再收缩，反复进行即可完成。在焊接过程中，若沿裂纹收缩不严，可用錾子在裂纹两侧锤铆，铆严一段焊一段，依次焊完。

（4）螺母焊接堵漏法。

对于一些压力较低、漏点较小的漏点，可采用螺母焊接堵漏法，即在管道漏点处焊上规格合适的螺母，然后拧上螺栓，最后焊死，达到堵漏目的。

（5）加装阀门法。

将阀门焊在事先准备好的短管上，将短管罩在漏点处，将短管与泄漏的管道进行焊接，焊接完成后将阀门关闭，达到堵漏目的，本方法适用中、高压管道的焊接。

（二）注意事项

顶压补焊应遵循安全第一的宗旨：①做好顶压补焊所需防高温用具准备，要有石棉衣、防护罩、石棉手套等；②要有可靠的平台、脚手架等，处理过程中有 2~3 名检修人员配合；③工作人员穿耐高温鞋，但工作人员和焊工不能扎安全带；④在高温运行中绝不能进行焊接，要在锅炉降压 1MPa 以下进行焊接，整个过程中工作人员不要正对漏气直吹方向，要侧身工作，以防不测，在处理过程中只允许降压不允许升压；⑤只许补焊泄漏点，不允许随意在管道上试焊划弧。带压补焊泄漏点必须是能够观察到的位置。

顶压补焊一般采用直流焊机，反接法，焊接电流比正常大 15% ~20%。对

20 钢选用 J422 焊条；对于合金钢选用 J422 焊条补焊，待补焊不漏时再用所需的合金钢材料焊条焊接。

（三）现场应用

2002 年 3 月 16 日，管道焊口发生泄漏，如果停设备检修的话会造成整个机组全部停产，冬季则会造成供热紧张。通过观察泄漏处发现是焊口表面夹渣造成的，泄漏点的长度为 8mm 左右，泄漏点往外射水 5m 左右远。我们采用锤击法焊接。焊接时在泄漏点上方 5mm 处开始焊接，先焊接 7mm 左右的一个橛（必须用 J422 焊条），再用手锤将其往下砸，让其倒向泄漏点，连续锤打将泄漏点处堵住并且扩展到焊道不漏处再点焊，目的是防止焊被震裂。之后在漏点一侧开始点焊，少焊勤点必须保证熔合好。如果发现气水压力把焊条铁水吹跑也不要放弃，用铁锤圆头击打漏点。关键点焊接时间为 1.5s 左右，时间长铁水熔化被吹走，所以必须采用短弧点焊方法。焊接时步子不要太大。当第一道焊完时必须检查有没有其他漏水现象，如果没有再用大一点的电源焊接第二遍，可以采用短弧焊 2~3s 停下来看一看漏点周围，全部熔合好后再进行盖面焊接，可以连弧焊接，一次焊完，焊接时要比堵漏时的焊道增宽 1.5mm 左右。

专用堵漏工具体积小，重量轻，机动灵活性强。一般由 2~3 个人即可进行作业。一般的泄漏都可以在现场迅速完成。本技术所花的费用成本较低，而所获得的效益却是很高的，能避免停产或事故中所造成的巨大经济损失。

四、现场狭小空间的焊接（镜面焊）

（一）问题背景

某电厂需要更换 φ159×10mm 的管道，因管道需要的更换段焊口离墙较近（约 30mm），焊接操作人员无法看到靠墙侧的管子中段焊缝。由于管道的工作压力为 15MPa，焊接结束后必须经 X 射线探伤合格后方可投入运行，要求焊口必须氩弧打底电焊盖面。在焊接电厂锅炉管排过程中，由于管排间相对较密焊接时总是焊完一侧再焊另一侧时，需要用手拉葫芦与钢丝绳配合将管排强

力分开再焊，造成了焊口由于存在着较大的应力而产生裂纹等缺陷，从而无法
100%保证焊接质量，给设备的安全经济运行也带来了很大的隐患。

采用镜面焊反射的方法焊接，但在现场应用中遇到以下问题：

镜面焊焊接过程中，焊工是通过镜面观察熔池。由于弧光反射非常强烈，
氩弧焊枪的钨极看不太清楚，易引起送丝时焊丝与钨极碰撞，造成钨极尖头形
状变形，影响电弧的稳定性，同时易造成夹钨缺陷。

由于镜面成像是反射成像，焊工在焊接过程中从镜面看到的熔池形状与运
条方向与实际的是相反的，电弧控制难度加大，在焊接过程中很容易发生焊丝
往镜中的熔池送丝的现象，导致电弧摆动和填丝动作难以连贯、一致、协调，
影响正常的焊接。

通过镜子看到的焊缝是平面图像，镜中焊缝不具有立体感。且弧光与熔池
的镜像互相叠加，电弧光过于强烈，很难清晰分辨出熔池，因此焊缝的厚度和
直线度的控制将难以掌握。

由于施焊空间狭小，焊接电弧的横向摆动和移动不够灵活，易造成内凹、
未焊透、未熔合、咬边和成形不良缺陷。

（二）解决思路

针对以上难点，我们通过研究分析问题产生的原因，进行多次模拟焊接，
总结出了一套镜面焊的焊接工艺及操作方法。具体焊接工艺及操作方法如下。

我们首先制作了一套简易的镜面焊工具：用 100mm×100mm，厚度为
0.5mm 的镀铬不锈钢板与钢制的蛇形软管一端连接，蛇形软管的另一端连接一
块吸铁石作为底座。焊接工作时，要求先焊较困难的一侧，采用内填丝法焊
接，根据焊接需要调整蛇形软管的角度，吸铁石作为固定侧调整高度相互配合
调整出焊接时所需要的焊接角度。

镜面焊焊接操作工艺如下。

（1）焊前准备：焊口打磨及对口，钝边尺寸控制在 0.5~1.0mm，便于焊工
控制焊接温度，降低焊工打底焊的难度，确保获得熔合良好的根部焊缝。当氩
弧焊打底采用内加丝法时，对口间隙应控制在 2.8~3.0mm，既方便焊接过程中
通过焊缝间隙观察熔池，又防止因间隙过大，造成仰焊位置根部内凹，平焊位

置焊瘤。当采用外加丝法时，对口间隙应控制在 2.0~2.5mm。对口时，错口值不得大于壁厚的 10%。偏折程度不得大于 1/200。

（2）镜子的摆放：在开始镜面焊前，首先要摆放好镜子的位置，一般要达到两个要求，其一要便于肉眼通过镜子的反射观察焊缝的熔池状况，其二要不影响氩弧焊枪的位置摆放和焊接过程中焊枪的行走、摆动。

（3）打底层的焊接：①点焊：镜面焊焊接方法对口点焊的位置与普通焊口是不同的，最佳的点焊位置是各偏离平焊位置 45°的两侧，这样点焊的好处是在氩弧焊打底过程中，肉眼视线能够方便地透过平焊位置的对口间隙观察焊缝熔池。②打底焊 6 点钟至 3 点钟、6 点钟至 9 点钟位置的焊接可采用内加丝焊法。焊丝通过正面的坡口间隙向电弧燃烧处进行送丝。打底层的焊接，仰焊（6 点钟）部位焊接是最易出现缺陷的部位。焊接开始时，从仰焊部位引弧，先不加焊丝，待坡口根部熔化后，将焊丝轻轻地向熔池送，到达坡口根部，以保证背面焊缝的高度和根部熔合良好。送丝采用断续送丝法，将焊丝送入电弧内的熔池前方；送丝的同时，焊枪慢慢摆动，焊丝的送进要有规律，不能时快时慢，保证坡口两侧充分熔合。同时，还要控制好熔池温度，防止铁水下坠。焊接过程中，肉眼可以通过对口间隙观察根部的成形情况，同时观察镜面中电弧的燃烧情况和外观成形，当焊至立焊时收弧。焊接过程中，一方面要注意熔池温度，防止产生焊瘤和未焊透，焊接时不得将焊缝两侧的坡口线破坏，以便于盖面时获得良好的焊缝直线。另一方面，焊工要全身心地投入到镜面的反景之中，焊丝弯曲的弧度要便于送丝，焊枪角度要根据镜面中电弧的情况适时调节，避免焊枪角度过倾使电弧过长，防止未焊透、气孔等缺陷的出现。在焊接过程中，仰焊部位的焊接接头，必须用肉眼在笔式手电筒的照明下检查接头状况，保证氩弧焊打底的质量。氩弧焊打底焊缝根部检查完成后，外表也必须严格检查，检查的主要内容是焊缝与母材的熔化是否良好；焊缝在轴向方向宽度要尽量保持一致，为填充层焊接创造良好的条件，降低在填充层焊接时的焊工操控难度。另外，焊接过程中焊缝表面产生的氧化物在填充前必须清除，否则易产生夹渣。

填充层的焊接氩弧焊打底结束后，进行层间焊缝的填充。采用 R317 直径为 φ3.2mm 的焊条，焊接前要求必须按规定烘干并放入保温桶内拿到工作现场随用随取。填充焊时要从管子底部往上焊接，镜面板要重新安装，要比氩弧焊打底时镜面板离焊道稍远（20~30mm），这是因为电焊燃烧时产生较大的飞溅会把镜面板上溅到很多焊渣而无法使用或者电焊烟尘熏黑而无法看见。焊接半根焊条时应清理一下镜面板，如无法清理干净时可更换镜面板。焊接时焊接电弧不要太高，焊缝两侧要稍作停留，焊接厚度为 2.0~3.0mm 为宜，保证熔合避免咬边。焊条可根据管子距障碍物的距离弯成 70°~90° 等（根据现场需要）。管子接头时，要填满弧坑，但不要过高，否则会给下一层施焊时带来困难。当填充完成时一定要进行清理和自检，要把焊道两侧的药皮用锯条清理。

盖面焊也是从管子底部开始焊接，保证焊道两侧熔合好，焊道高度为 2.0~3.0mm。根据管子的位置调整焊条角度，在焊完一侧与另一侧接头前，要把接头处打磨出缓坡便于接头，当焊道平焊位置时接头后要填满弧坑。焊接工作结束后必须进行自检，如果发现焊口存在表面气孔、咬边等焊接缺陷要及时处理。

（三）现场应用

2015 年 7 月，某厂 2# 炉需更换再热管道（管道直径 ø273 × 10mm，材质为 12Cr1MoV），由于管道距离炉墙 30mm，焊接空间狭小，采用正常焊接方法无法进行施焊。采用以上镜面焊的焊接方法进行焊接，经过检验焊接质量完全合格，能够达到运行使用标准。

由于焊缝是采用镜面焊（反射成像原理）。焊接操作人员要经过镜面焊的培训，要做到手、眼保持一致，重复练习，才能熟练掌握这一焊接操作技术。采用镜面焊方法焊接能够减少复杂的施工过程，成本低，效果好，经济效益高，解决了在狭小空间焊接的难题，确保机组安全运行的需要。

五、高温合金钢螺栓螺纹咬死、螺栓断裂气割拆取工艺

（一）问题背景

火力发电机组的发电设备计划大修一般以 3~4 年为周期，以提高设备的可靠性，同时降低发电成本。汽轮机是发电设备的重要组成设备，汽轮机结

合面高温合金钢螺栓检修又是汽轮机大修的主要检修工作，因为汽轮机结合面高温合金钢螺栓检修是保证汽缸不漏泄的重要零件之一，它直接影响机组安全运行。

汽轮机的外壳叫气缸，它一般做成水平对分式，即分为上、下气缸，上、下气缸由高温合金钢螺栓连接。大容量机组一般分为双缸或多缸即高压缸、中压缸、低压缸。火力发电厂汽轮机大修都要拆开气缸水平结合面的螺栓吊开上气缸对缸内设备进行检修，由于汽轮机结合面高温合金钢螺栓检修是保证汽缸不漏泄的重要零件之一，而且一小半的螺栓直径都在 M52 以上，因此汽轮机结合面高温合金钢螺栓拆卸必须要按一定程序进行。M52 以上的螺栓必须用电加热的方法拆卸，气缸下法兰面载入的双头螺栓在吊开上汽缸后也必须取出，并将螺帽、螺栓垫片按在汽缸上的位置进行编号防止混淆。由于螺栓长期在高温、高压环境下使用，会导致螺栓金属发生蠕变，使其硬度提高，韧性下降，很容易发生断裂，因此要对所有拆卸后的高温合金钢螺栓进行以下检修。

（1）对所有螺栓进行金相组织和硬度检测，不合格及时处理或更换。

（2）除锈后逐个进行外观检查，如有超标缺陷必须更换。

可是在汽轮机结合面高温合金钢螺栓拆卸检修过程中，经常会出现螺纹咬死和螺栓断裂问题，当出现以上两个问题时必须要及时处理，完成汽轮机结合面高温合金钢螺栓拆卸检修工作。基于以上情况，常规的拆卸螺栓的方法已经不能进行汽轮机结合面高温合金钢螺栓拆卸，只能用刨床、磨床、钻床、车床相结合的方法进行拆卸，耽误了大修工期，增加了检修成本。

（二）解决思路

分析汽轮机结合面高温合金钢螺栓螺纹咬死、螺栓断裂原因。

（1）汽轮机结合面高温合金钢螺栓螺纹咬死的原因：

①汽轮机结合面高温合金钢螺栓（螺帽）松紧及检修工艺不当，清理得不干净、有毛刺、伤痕、光洁度不高或有杂物堆积；另外，螺栓加热时加热器功率小，加热时间长螺纹局部因温度过高而导致螺纹之间胀死或粘住。

②螺纹加工质量不好，如螺纹太紧、粗糙度大、与螺帽配合间隙太小等。

③螺纹长期在高温下工作，表面产生氧化物，这些氧化物聚结在一起形成

坚硬的氧化膜。松螺栓（帽）时氧化膜被拉碎后在螺纹表面拉出毛刺造成螺纹咬死。

（2）汽轮机结合面高温合金钢螺栓断裂的原因：

①加热螺栓时加热工具选择不当，螺栓受热不均匀，局部过热而产生裂纹。

②材质不合格或加热时热处理工艺不当。

③螺栓长期在高温环境下工作，使其冲击韧性和塑性降低产生热脆，受冲击作用时发生断裂。

④由于螺栓的裂纹底部加工圆角过小或是尖角，是螺栓产生应力集中。

⑤螺栓与法兰平面不垂直，螺帽端面与法兰平面不垂直或不平行，使螺栓受过大的附加应力。

通过上述分析，找到了汽轮机结合面高温合金钢螺栓螺纹咬死、螺栓断裂主要原因，一个出现了问题另一个可以继续使用，用报废的高温合金钢螺栓进行试验，利用气割的方式破螺帽、掏取螺栓，具体工艺如下：

（1）汽轮机结合面高温合金钢螺帽与螺栓螺纹咬死气割工艺：

首先用割把将螺帽的一侧像刨床一样，割把顺着螺帽径向一层一层割下（片下），要求同一层的厚度基本一致，一直割到近螺纹时停止，并冷却 5 分钟左右；接着将割把火焰调节略小后，像磨床一样一层层将其熔化，至螺纹后停止，并冷却 2~3 分钟；最后将割把火焰调整到尽量小，像车床车螺纹一样将其从螺栓的螺纹处吹扫出去，而不会伤到螺杆的螺纹。再在螺帽此切口对面按此方法进行切割，螺帽就会与螺杆脱开，螺杆可以继续使用。

（2）汽轮机结合面高温合金钢螺栓与下法兰螺纹咬死或螺栓断裂气割工艺（没有通孔螺栓）：

①将断裂螺栓在中压缸结合面附近用气焊切断后，螺栓的近中心位置钻 $\phi 20mm$ 的通孔。

②将螺栓径向六等分，从 1/6 到 1/3 处再到另一侧的 1/6 处，用割把顺着螺栓轴向像刨床似的呈等腰三角形利用气割的方法切割至近下缸法兰螺纹处停火冷却；再像磨床似的一层层将其熔化，至螺纹边缘处停止，用同样的方法切割另两个 1/3 点。

③切割到位后，马上用扁铲和手锤锤击螺栓，当切割后的两半向一起靠拢时，螺栓与法兰螺纹就会出现间隙，再将螺栓的剩余连接处切割开来为止，这样就会使螺栓与法兰螺纹脱离开来，而不会伤到法兰的螺纹。

以上汽轮机结合面高温合金钢螺栓螺纹咬死、螺栓断裂气割拆取工艺可大大降低工人的劳动强度和减少操作时间，顺利地解决了螺栓断裂难拆卸的问题。

（三）现场应用

某火力发电厂三台200MW发电机组，平均一年一次大修。在2000年7月，#2机组汽轮机大修，结合面高温合金钢螺栓拆卸检修时，发现高压缸M105螺帽咬死两根，螺杆与下法兰螺纹咬死一根；中压缸M95螺杆与下法兰螺纹咬死两根，M80螺杆与下法兰螺纹咬死一根；中压主气门M52螺栓断裂四根。经技术部门和相关主管部门同意，利用气割的方式破螺帽、掏取螺栓，取得了成功，而且节省了近半个月时间。此工艺方法沿用至今，效果良好。随着科技的发展，新材料的不断增加及应用，我们在现场也会遇到前所未有的新问题，这就更需要我们勇敢地面对问题，并认真分析问题产生的原因，集思广益，相信一定会获得更好的解决问题的办法。

六、带压补焊警句

带压补焊必安全，安全评估需在前。防烫服装要穿全，安规焊规要遵守。
先观察再定方案，先焊难点再焊易。人站侧面防隐患，闪躲路线要制定。
排空方法好处多，起点不能连弧焊。铁水熔化以漏大，大点电流短弧焊。
铁锤扁铲要带全，铁钉螺丝不能少。根据漏点定咋焊，漏点砂眼锤撵法。
中等漏点用革新，大的漏点用专利。启焊只为不泄漏，中层点焊要短弧。
盖面连弧宽而厚，保证漏点全覆盖。裂纹采用分段焊，止裂孔是最关键。
合金管道碳钢焊，硬度合适堵漏焊。合金元素硬而坚，盖面再用合金焊。
维护再把它来换，保证质量长远久。全包半包方法多，必须锤打把它焊。
一点一砸往前焊，不停设备效益好。安全第一必做到，人身安全最重要。

参考文献

[1] 美国焊接学会 . 焊接手册（第一、二卷）[M]. 黄静文等，译 . 北京：机械工业出版社，1988.

[2] 中国机械工程学会焊接学会 . 焊接手册（第一、二、三卷）[M]. 北京：机械工业出版社，1992.

[3] 俞尚知 . 焊接工艺人员手册 [M]. 上海：上海科学技术出版社，1991.

[4] 傅积和，孙玉林 . 焊接数据资料手册 [M]. 北京：机械工业出版社，1994.

[5] 陈伯蠡 . 金属焊接性基础 [M]. 北京：机械工业出版社，1982.

[6] 范铮 . 电焊 [M]. 北京：机械工业出版社，1991.

[7] 刘积文 . 石油化工设备与制造概论 [M]. 哈尔滨：哈尔滨船舶工程学院出版社，1989.

[8] 曾乐 . 现代焊接技术手册 [M]. 上海：上海科学技术出版社，1993.

[9] 周振丰 . 金属熔焊原理及工艺 [M]. 北京：机械工业出版社，1981.

[10] 北京市技术协作委员会 . 实用焊接手册 [M]. 北京：水利电力出版社，1985.

[11] 田锡唐 . 焊接结构 [M]. 北京：机械工业出版社，1982.

[12] 中国机械工程学会焊接学会压力容器，锅炉与管道委员会 . 钢制压力容器焊接工艺 [M]. 北京：机械工业出版社，1986.

[13] 李一红，等 . 在役压力容器的超声波探伤 [J]. 焊接，1996（6）：2—5.

[14] 王成 . 灰口铸铁 CO_2 冷焊技术的应用 [J]. 焊接技术，1995（2）：42—43.

[15] 杨国尧，王京军．钢芯高韧性铁素体的灰铁冷焊新材料及补焊工艺研究 [J]．焊接技术，1995（5）：30—32.

[16] 王小平，李国强．混合气体保护单面焊双面成形自动焊在薄板中的应用 [J]．焊接技术，1993（2）：7—9.

[17] 黄嗣罗．混合气体保护半自动焊在低温压力容器上的应用 [J]．焊接技术，1992（4）：2—5.

[18] 李长城，肖尔波．手工钨极氩弧焊采用药芯焊丝焊接奥氏体不锈钢 [J]．焊接技术，1992（5）：21—23.

[19] 王士林．不锈钢药芯钨极氩弧焊丝的应用 [J]．焊接技术，1995（1）：22—23.

[20] 汪东明．国内外换热器管子管板焊接技术综述 [J]．压力容器，1995（2）：48.

[21] 程绪贤．金属的焊接与切割 [M]．北京：石油大学出版社，1995.

[22] 中国材料工程大典编委会．中国材料工程大典（第22、23卷）[M]．北京：化学工业出版社，2006.

[23] 徐越兰，等．常用焊接材料手册 [M]．北京：化学工业出版社，2009.

[24] 成都焊接研究所．焊接设备选用手册 [M]．北京：机械工业出版社，2006

[25] 美国焊接学会．焊接手册（第二卷）：焊接方法 [M]．北京：机械工业出版社，1988.

[26] 姜焕中．电弧焊及电渣焊 [M]．2版．北京：机械工业出版社，1988.

[27] 陈伯蠡．焊接工程缺欠分析与对策 [M]．北京：机械工业出版社，2006.

[28] 李亚江．焊接冶金学——材料焊接性 [M]．北京：机械工业出版社，2007.

[29] 史耀武．焊接技术手册（上、下）[M]．北京：化学工业出版社，2009.

[30] 中国机械工程学会焊接学会，杜则裕．焊接科学基础——材料焊接科学基础 [M]．北京：机械工业出版社，2012.

[31] 李亚江．焊接组织性能与质量控制 [M]．北京：化学工业出版社，2005.

[32] 杜国华．新编焊接工艺500问 [M]．北京：机械工业出版社，2009.

[33] 陈祝年．焊接工程师手册 [M]．2版．北京：机械工业出版社，2010.

[34] 王云鹏．焊接结构生产（焊接专业）[M]．北京：机械工业出版社，2020.

[35] 张启运，庄鸿寿 . 钎焊手册 [M]. 北京：机械工业出版社，1999.

[36] 中国石油天然气集团公司人事服务中心 . 电焊工 [M]. 青岛：中国石油大学出版社，2007.

[37] 邱葭菲，蔡郴英 . 实用焊接技术 [M]. 长沙：湖南科学技术出版社，2010.

[38] 韩佳泉 . 焊接基础与实践 [M]. 哈尔滨：黑龙江科学技术出版社，1990.

[39] 任家烈，吴爱萍 . 先进材料的连接 [M]. 北京：机械工业出版社，2000.

[40] 殷树言 . 气体保护焊工艺基础 [M]. 北京：机械工业出版社，2007.

[41] SindoKou. 焊接冶金学 [M].2 版 . 闫久春，杨建国，张广军，译 . 北京：高等教育出版社，2012.

[42] 周振丰 . 焊接冶金学（金属焊接性）[M]. 北京：机械工业出版社，1996.

[43] 雷世明 . 焊接方法与设备 [M]. 北京：机械工业出版社，2005.

[44] 张彦华 . 焊接强度分析 [M]. 西安：西北工业大学出版社，2011.

[45] 周敏惠，等 . 焊接缺陷与对策 [M]. 上海：上海科学技术文献出版社，1989.

[46] 李亚江，刘强，王娟 . 焊接质量控制与检验 [M].2 版 . 北京：化学工业出版社，2010.

[47] 湖北职工焊接协会 . 焊接技术能手绝技绝活 [M]. 北京：化学工业出版社，2009.